U0313224

铀尾矿氡析出的分形动力学与环境治理

谭凯旋　刘泽华　王国全　著

科学出版社

北　京

内 容 简 介

本书对铀尾矿氡的析出进行了系统的室内实验、现场监测与实验、计算机模拟和理论研究。对铀尾矿氡析出的时间、空间变化进行了系统的实验与监测，研究了氡析出时间变化的混沌特性和空间变化的分形特性。实验研究了铀尾矿粒度和粒度分形分布对氡析出的影响，建立了氡析出的分形动力学模型和蒙特卡罗模拟方法。对铀尾矿析出的氡在大气中的迁移进行了数值模拟。研究了覆土密度、不同覆盖物、覆盖物分形结构对铀尾矿覆盖降氡的影响，建立了覆盖层厚度估算和降氡效果评估的分形方法，探讨了铀尾矿覆盖治理的优化措施。

本书可供从事环境地球化学、环境工程、辐射防护、放射性安全、矿山环境、铀矿冶退役治理等领域的研究人员参考，也可供上述相关专业的高年级本科生和研究生参考。

图书在版编目（CIP）数据

铀尾矿氡析出的分形动力学与环境治理/谭凯旋，刘泽华，王国全著. —北京：科学出版社，2016. 1

ISBN 978-7-03-046909-0

Ⅰ. ①铀… Ⅱ. ①谭…②刘…③王… Ⅲ. ①铀矿-尾矿-氡-动力学-研究②铀矿-尾矿-氡-矿山环境-环境管理-研究 Ⅳ. ①P619. 14

中国版本图书馆 CIP 数据核字（2015）第 317805 号

责任编辑：霍志国/责任校对：何艳萍

责任印制：徐晓晨/封面设计：耕者设计工作室

科 学 出 版 社 出版

北京东黄城根北街16号

邮政编码：100717

http://www.sciencep.com

北京中石油彩色印刷有限责任公司 印刷

科学出版社发行 各地新华书店经销

*

2016 年 1 月第 一 版 开本：720×1000 B5

2016 年 1 月第一次印刷 印张：11 3/4

字数：250 000

定价：80. 00 元

（如有印装质量问题，我社负责调换）

前　言

氡是天然放射性铀钍衰变系列中镭同位素的衰变子体，本身也具有放射性，它是许多领域应用研究和辐射防护研究的热点。

铀是重要的核电燃料，虽然核电因不产生温室气体而被认为是清洁能源，但是为核电提供燃料的铀矿的开采和选冶工作所产生的环境影响是不容忽视的。在铀矿开采和加工过程中产生了大量的尾矿，它们一般集中堆置在地表的特定地方并形成尾矿库，这些尾矿是潜在的大体积低放射性物质和放射性惰性气体氡的重要来源。与尾矿有关的典型环境问题是氡的析出，尽管氡的半衰期短（只有3.8d），但是铀尾矿中所产生的氡大部分可以通过尾矿迁移而到达大气中。因此，铀矿山尾矿的治理是非常重要的环境问题，引起了国际原子能机构和广大科技工作者的高度重视。其中，铀尾矿中氡的析出、迁移机理和影响机制的研究是放射性环境治理研究要重点解决的课题之一，是寻求有效治理措施的基础，对促进核行业可持续发展具有重要意义。

铀尾矿氡的析出是一个极为复杂的动力学过程。本书以我国南方铀矿山尾矿为研究对象，在进行了大量室内实验和现场实验的基础上，应用混沌与分形理论分别研究了铀尾矿氡析出率的时间变化的混沌特征值和空间变化的分形特征值、铀尾矿粒度和粒度分布分形对氡析出的影响，初步揭示了铀尾矿氡析出的混沌和分形特征，为深入研究铀尾矿氡析出分形动力学机理打下了基础；对铀尾矿氡析出动力学过程进行了蒙特卡罗模拟，利用CFD方法模拟了复杂山地气流环境下铀尾矿析出氡在大气中的迁移分布，分析了环境风速对铀尾矿氡污染扩散的影响，为铀尾矿环境评价提供了参考；研究了不同覆盖物的降氡效果、覆盖物粒度分布的分形结构特征及其对降氡的影响，建立了基于覆盖材料分形维数的评价覆盖效果和计算覆盖层最小厚度的新方法，可供我国南方铀矿山和其他具有相似地质地理特征铀矿山的尾矿治理推广使用。

希望本书能为氡析出过程的研究提供新的思路和新的手段，为铀尾矿的治理提供理论参考。

本书的研究工作得益于国家自然科学基金项目“铀废石和尾矿氡析出的分形动力学研究”（项目编号：10675059）和“铀尾矿库放射性核素迁移转化的生物-地球化学耦合动力学研究”（项目编号：11275093）的支持，研究期间与新疆维吾尔自治区辐射环境监督站开展了产学研合作。本书共5章，第1章简述了铀尾矿与氡的特性，第2章对铀尾矿氡析出过程进行了分形和混沌分析，第3章进行了铀尾矿氡析出动力学模拟研究，第 4 章对铀尾矿氡在大气中的迁移进行了模拟分析，第 5 章为铀尾矿库降氡覆盖治理研究。

本书由谭凯旋、刘泽华、王国全著。参加部分研究工作的还有夏良树教授、吕俊文副教授、刘栋、黄永香，研究生刘畅荣、刘岩、刘静、潘永、冯松、胡寒桥、李咏梅等。研究期间得到了周星火研究员的重要帮助，同时湖南、广东、新疆的多个厂矿为项目的实验研究提供了大力支持。本书的出版得到南华大学、矿业工程湖南省重点学科、核燃料循环技术与装备湖南省协同创新中心的支持，在此一并表示感谢。

作　者

2015 年 12 月

目　录

第1章　铀尾矿与氡

1.1　氡的基本性质

1.1.1　氡的理化性质

氡(英文名称 radon，元素符号 Rn)是 1900 年由德国物理学家 Dorn 发现的，但作为同位素，氡则是不止一次被发现(1900～1904 年)。氡的原子序数为 86，相对原子质量为 222，是周期表中第 6 周期的零族元素，是惰性气体族的最后一个元素，也是自然界最重的气体。

氡是无色、无味的惰性气体，熔点为－71℃，沸点为－61.8℃，溶解度为 4.933g/kg 水。在标准压力和 0℃下，氡气的密度为 9.73kg/m^3，氡在－65℃和 101.325Pa 压力下转化为液态，氡转化为固态的温度为－113℃。

氡的熔化热为 2.89kJ/mol，汽化焓为 16.4kJ/mol，原子体积为 50.50cm^3/mol，比热容为 94J/(kg·K)，热导率为 0.00364W/(m·K)，第一电离能为 1037kJ/mol，原子半径为 134pm。

氡的化学性质极不活泼，没有稳定的核素，已制得的氡化合物只有氟化氡，它与氙的相应化合物类似，但更稳定，更不易挥发。氡易被橡胶、黏土和活性炭等多孔材料吸附。氡可溶解于水和多种液体中，也可溶于血液和脂肪中，尤其是各种油脂和煤油中。

氡的已知同位素有 34 种，从氡-195 到氡-228。但是大多数同位素的半衰期很短，不能算为独立同位素。一般所指的氡包括三种天然产生的同位素，即 ^{222}Rn、^{220}Rn 和 ^{219}Rn。氡-222 是由铀系的镭-226 衰变而来，半衰期为 3.825d；氡-220 是由钍系的镭-224 衰变成的，又称钍射气(thoron)，半衰期为 55.6s；氡-219 是由锕铀系中的镭-223 衰变成的，又称锕射气(actinon)，半衰期为 3.96s。这三种氡同位素都会放出 α 粒子来继续衰变，产生一系列短寿命的衰变子体，最终衰变成铅的稳定同位素。三种氡同位素衰变系列的放射性特征和物理参数见表 1-1，这些参数是进行放射性评价的基础。上述三种氡同位素中，^{222}Rn 的半衰期最长，^{220}Rn 和 ^{219}Rn 的半衰期很短，^{219}Rn 的半衰期仅 3.96s，因而在环境中含量最高、对人体危害最大，研究最多的主要是 ^{222}Rn 及其短寿命子体，在一些特殊场所有少量 ^{220}Rn 的研究。本书中也主要是研究 ^{222}Rn。

表 1-1　三种天然放射性氡同位素衰变系列的半衰期和衰变类型

元素	同位素	半衰期	衰变类型
^{238}U 系：			
铀(uranium)	^{238}U	4.47×10^{9}a	α(100%)
钍(thorium)	^{234}Th	24.10d	β(100%)
镤(protactinium)	^{234}Pa	1.17min	β(99.8%)，内部转换
铀(uranium)	^{234}U	2.45×10^{5}a	α(100%)
钍(thorium)	^{230}Th	7.54×10^{4}a	α(100%)
镭(radium)	^{226}Ra	1600a	α(100%)
氡(radon)	^{222}Rn	3.824d	α(100%)
钋(polonium)	^{218}Po	3.05min	α(99.98%)，β(0.02%)
铅(lead)	^{214}Pb	26.8min	β(100%)
铋(bismuth)	^{214}Bi	19.9min	α(0.02%)，β(99.98%)
钋(polonium)	^{214}Po	164μs	α(100%)
铅(lead)	^{210}Pb	22.3a	β(100%)
铋(bismuth)	^{210}Bi	5.013d	β(100%)
钋(polonium)	^{210}Po	138.4d	α(100%)
铅(lead)	^{206}Pb	稳定	
^{232}Th 系：			
钍(thorium)	^{232}Th	1.405×10^{10}a	α(100%)
镭(radium)	^{228}Ra	5.75a	β(100%)
锕(actinium)	^{228}Ac	6.15h	β(100%)
钍(thorium)	^{228}Th	1.912a	α(100%)
镭(radium)	^{224}Ra	3.66d	α(100%)
氡(radon)	^{220}Rn	55.6s	α(100%)
钋(polonium)	^{216}Po	0.145s	α(100%)
铅(lead)	^{212}Pb	10.64h	β(100%)
铋(bismuth)	^{212}Bi	60.55min	α(36%)，β(64%)
钋(polonium)	^{212}Po	0.299μs	α(100%)
铊(thallium)	^{208}Tl	3.053min	β(100%)
铅(lead)	^{208}Pb	稳定	
^{235}U 系：			
铀(uranium)	^{235}U	7.038×10^{8}a	α(100%)
钍(thorium)	^{231}Th	25.52h	β(100%)

续表

元素	同位素	半衰期	衰变类型
镤(protactinium)	^{231}Pa	32760a	α(100%)
锕(actinium)	^{227}Ac	21.77a	α(1.4%)，β(98.6%)
钍(thorium)	^{227}Th	18.72d	α(100%)
钫(francium)	^{223}Fr	21.8min	β(100%)
镭(radium)	^{223}Ra	11.44d	α(100%)
氡(radon)	^{219}Rn	3.96s	α(100%)
钋(polonium)	^{215}Po	1.781ms	α(100%)
铅(lead)	^{211}Pb	36.1min	β(100%)
铋(bismuth)	^{211}Bi	2.14min	α(99.7%)，β(0.3%)
铊(thallium)	^{207}Tl	4.77min	β(100%)
铅(lead)	^{207}Pb	稳定	

注：数据来自 Firestone et al，1998。

1.1.2 氡的危害

氡是严重的致癌物质。1988 年国际癌症研究机构将氡列为人类致癌物，它是除吸烟以外引起肺癌的第二大因素；世界卫生组织(WHO)公布放射性氡是 19 种人类重要的致癌物之一。

早在 400 多年前的 1546 年，人们就发现了一种怪病(后来称为肺癌)。由于当时对氡的认识不足，将这种怪病称为“斯尼伯格矿山病”。直到 1924 年人们才认识到氡是这种怪病的病因，并于 1951 年被正式确定。人们很早就认识到了地下矿山高氡暴露所带来的健康危险，20 世纪 70 年代人们又开始认识到，非铀矿山也有高氡暴露的危害，到 20 世纪 80 年代人们开始注意环境中的氡暴露问题，一些科学家开始认识到室内氡暴露量可以很高，某些情况下可与很多地下矿山的暴露程度相当，正常的生活环境中的氡也会对人体造成伤害。

氡的“无色、无味、摸不到和看不见”的特殊性质，表征着氡是“隐形”的，或是“无形”的；氡是 A 族致癌物质，是放射性气体，会“杀人”，并被古今中外大量事实所证实。氡是仅次于吸烟能诱发肺癌而死亡的第二大病因；氡还会使人患白血病、骨癌、肾癌等一系列疾病。以下为氡气危害的数据域实例：

(1) 全世界患肺癌死亡的总人数中有 8%～25%是由于以前吸入空气氡而造成的。

(2) 经流行病学调查，近年来在瑞典、英国和美国等国又发现氡还可以诱发多种白血病。调查研究认为，英国有 12%的白血病是由氡诱发的。

(3) 1922 年多名考古学家在发掘古埃及金字塔——度唐卡门法老陵墓之后，离奇死去。后来，加拿大和埃及学者经研究发现，考古学家之死是由金字塔石块和泥土内因含高铀而释放高氡所致。

(4) 近年来，我国的媒体也报道"高放射性花岗岩石地板引起不育"、"高放射性花岗岩石洗脸盆引起癌症"、"从事多年石材加工的人患白血病"等。这些很可能是由高铀引起的高氡所致。

美国每年有大约 21 000 人死于因氡引起的肺癌，远高于其他各种因素。因此美国由环保部(EPA)牵头，联合卫生与公共事业部、农业部、能源部、住房与城市建设部等部门开展联邦氡行动计划，发布了公民氡指南，建立了专门的氡防护的网页(http://www.epa.gov/radon)。1990 年美国兴起美国国家氡行动周，2002 年美国环保部又指定每年的 1 月为美国氡行动月(NRAM)，通过各种各样的活动来提高公众对氡的认识、促进氡的监测和控制。

大气中的氡及其短寿命衰变产物是人类最主要的天然放射性暴露的来源。联合国原子辐射效应科学委员会(UNSCEAR，2000，2008)及一些国家研究机构分析了全球和不同国家各种辐射源对公众暴露的贡献(图 1-1)，在各种来源的辐射中以氡的贡献最大，氡的全球平均年剂量为 1.2～1.26mSv，占到全部天然辐照剂量的 40%以上。不同的国家之间氡的年均剂量有一定的差异。例如，美国的氡年平均剂量为 1.98mSv，这可能与地理位置和区域地质特征有关。

氡及其子体对人体健康的危害(生物效应)主要是通过电离和激发来破坏肌体的正常机能，以致人体患病致癌。一般来说，射线与生物机体的作用可以是直接的，即直接作用于组成机体的蛋白质、碳水化合物和酵素等而引起电离和激发，并使之原子结构发生变化，引起人体生命过程的改变；也可以是间接作用，即射线与机体内的水分子作用，产生强氧化剂(·OH 等)和强还原剂，破坏机体的正常物质代谢。由于人体质量的 70%是水，所以后者的破坏性往往比前者要大。

氡对人类健康的影响主要有确定性效应 (determination effect)和随机效应(stochastic effect)。确定性效应表现为：在高浓度氡的暴露下，机体出现血细胞的变化如外周血液中红细胞增加，中性白细胞减少，淋巴细胞增多，血管扩张，血压下降，并可见到血凝增加和高血糖。氡对人体脂肪有很高的亲和力，特别是神经系统与氡结合产生痛觉缺失。随机效应主要表现为肿瘤的发生，由于氡是放射性气体，当人们吸入后，氡衰变过程产生的 α 粒子可在人的呼吸系统中造成辐射损伤，特别是氡衰变产物(氡子体)都是固体金属粒子，很容易沉积在支气管树的各种气道壁上，并能在局部区段内不断积累。由于其半衰期更短，可全部在原处衰变，这是大支气管上皮细胞剂量的主要来源，因此大部分氡致肺癌首先就是在这一区段发生。氡致肺癌主要是由氡的短寿命子体所致，如钋-218、钋-214、铋-214 等。

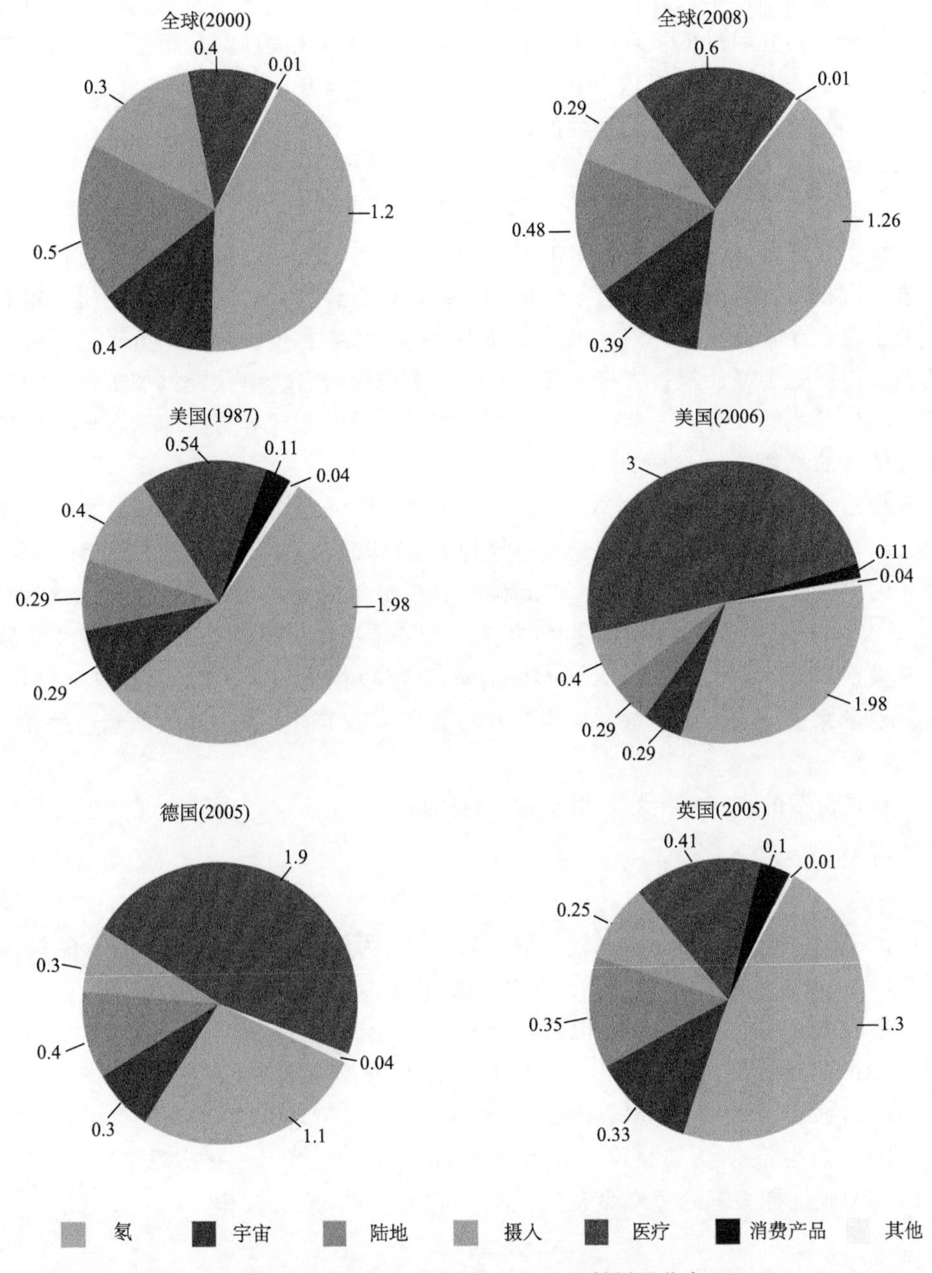

图 1-1　全球和不同国家公众接受的不同来源年平均辐射剂量分布(UNSCEAR，2008)

高剂量的氡对健康的影响已经众所周知，几个希[沃特](Sv)的剂量会引起多种细胞的损伤，并导致器官破裂和可能的死亡。低剂量的氡也能致病致癌：

①造成细胞损伤但不致死亡；②受损伤细胞可引起癌症；③生殖细胞的损伤可导致遗传效应。同时过低氡环境对人的生存不利。据季托夫(1991)报道，低氡致肺癌一般需15～40a；亨绍认为，当室内氡含量为 $50Bq/m^3$ 时，估计世界上有13％～25％的白血病是由氡诱发的。

1.1.3 氡的来源、产生与聚积

氡主要来自岩石和土壤，氡的释放和氡浓度与铀含量有关。各类岩石包括岩浆岩、沉积岩、变质岩都含有一定的铀和镭，岩石经风化作用和其他地质作用形成的土壤也含有铀和镭，因此氡是无处不在的。植物在生长过程中可吸附土壤中的铀，因而也会释放氡；直接来自岩石、土壤或由岩石、土壤经过加工而成的建筑材料也是氡的来源。一些矿床如铀矿、煤矿、磷酸盐矿等有高的铀含量，可产生高浓度的氡释放。

理论计算表明，陆地释放进入大气的氡每年可达 7.6×10^{19} Bq；海洋、湖泊、河流等地表水每年向大气释放的氡为 8×10^{16} Bq；植物和地下水每年向大气释放的氡在 1×10^{19} Bq 量级；铀矿山和水冶厂每年向大气释放的氡也在 1×10^{19} Bq 量级；全世界每年燃煤释放的氡在 1×10^{13} Bq 左右；磷酸盐工业(包括磷酸盐矿开采)每年可向大气释放 1×10^{14} Bq 的氡；建筑材料每年向大气释放氡 1×10^{16} Bq。总的来说，岩石、土壤、矿床及其相关产物每年向大气中释放的氡超过 $n\times10^{20}$ Bq。

氡是由镭的衰变产生的，根据放射性同位素衰变定律，由镭衰变产生的氡原子数为

$$N_{Rn}=N_{Ra}^{0}(1-e^{-\lambda_{Ra}t})=N_{Ra}(e^{\lambda_{Ra}t}-1) \tag{1-1}$$

式中，N_{Ra}^{0}为衰变前 $t=0$ 时刻镭的原子数，N_{Ra}为经过时间 t 衰变后剩余的镭原子数，N_{Rn}为经过时间 t 衰变后产生的氡原子数，λ_{Ra}为镭的衰变常数。

氡的化学性质很不活跃，但因其是放射性气体，可衰变产生一系列的子体核素。^{222}Rn 的半衰期为 3.825d，是气体，接下去的衰变，顺序生成 ^{218}Po($\lambda=3.05$min)、^{214}Pb($\lambda=26.8$min)、^{214}Bi($\lambda=19.9$min)、^{214}Po($\lambda=164$ μs)，再衰变生成 ^{210}Pb，其半衰期为 22.3a，最后衰变成稳定的 ^{206}Pb。一般把 ^{218}Po、^{214}Pb、^{214}Bi、^{214}Po 统称为氡的短寿命衰变子体，即氡子体。衰变规律为

$$N_{Rn}=N_{Rn}^{0}e^{-\lambda_{Rn}t} \tag{1-2}$$

式中，N_{Rn}^{0}为氡衰变前的原子数；N_{Rn}为经过时间 t 衰变后剩余的氡原子数；λ_{Rn}为氡的衰变常数；t 为衰变时间。氡及其子体构成一组衰变链，整个衰变过程见表 1-1。

氡是由镭衰变而来的，又继续衰变成其他子体核素，在此过程中氡不断地积

聚，其规律为

$$N_{Rn}=\frac{\lambda_{Ra}N_{Ra}^{0}}{\lambda_{Rn}-\lambda_{Ra}}(e^{-\lambda_{Ra}t}-e^{-\lambda_{Rn}t})$$

$$=\frac{\lambda_{Ra}N_{Ra}}{\lambda_{Rn}-\lambda_{Ra}}(1-e^{\lambda_{Ra}t-\lambda_{Rn}t}) \tag{1-3}$$

由于氡的所有同位素都有 $\lambda_{Rn}\gg\lambda_{Ra}$，因此，上式可简化为

$$N_{Rn}=\frac{\lambda_{Ra}N_{Ra}}{\lambda_{Rn}-\lambda_{Ra}}(1-e^{-\lambda_{Rn}t}) \tag{1-4}$$

表1-2中给出了氡同位素的辐射性质。

表1-2　氡同位素的辐射性质

同位素	半衰期	衰变常数	射线		
	($T_{1/2}$)	(s^{-1})	类型	能量(MeV)	空气中的射程(cm)
^{222}Rn	3.824d	2.097×10^{-6}	α	5.481	4.04
^{220}Rn	54.5s	1.272×10^{-2}	α	6.287	4.99
^{219}Rn	3.92s	0.1768	α	6.423(7.5%) 6.551(11.5%) 6.817(81.0%)	5.56
^{218}Rn	0.03s	23.1	α	7.13(99.8%) 6.54(0.16%)	6.01 (自然界丰度 $<10^{-4}$)

氡的所有子体衰变到 ^{210}Pb 时所发射的α粒子能量的总和称为氡子体潜能。单位体积空气中氡子体的α潜能为潜能浓度，即潜能值，单位为 J/m^3。氡子体在衰变过程中发射出α、β、γ三种粒子，都有一定的能量，由于α粒子的能量最大，且三种粒子对肺剂量的贡献不同，因此只计α粒子的能量。

1.1.4　放射性活度和辐射剂量的测量单位

测量放射性活度和辐射剂量的单位较混乱，辐射单位可以划分为两个主要类别(Nielson et al.，1991；Wilson，1994)(表1-3)。

1. 放射性活度

物料的放射性活度采用每单位时间核衰变的数量来测量。因此刻画放射性活度的单位是基于特定体积的放射性物料在单位时间内计数的核衰变。辐射的基本单位和固定单位是居里(Ci)，定义为每秒核衰变的数量，1居里等于 3.7×10^{10} 衰变数每秒也即1g镭的活度。活度也用贝可[勒尔](Bq)为单位测量，定义为放

射性同位素每秒一个核发生衰变。固体物料中放射性核素的比活度是指单位质量物料每秒的核衰变数量(例如，尾矿样品有 100Bq/kg 的^{226}Ra)。在氡测量中，通常采用皮居里每升（pCi/L），饮用水标准和水质分析是用 FAI 单位给出(例如，水样含有 10pCi/L ^{226}Ra)。

表 1-3 放射性活度与辐射剂量测量单位及其转化关系

(Nielson et al.，1991；Wilson，1994；Sharma，1997)

单位	定义	转化
放射性活度＝每单位体积放射性物质单位时间的核衰变数		
Bq	放射性同位素每秒一个原子衰变	1Bq ＝27pCi
Bq/kg	放射性同位素每单位质量的比活度	
Ci	1g 镭的活度；3.7×10^{10}原子衰变每秒	1Ci＝3.7×10^{10}Bq
Ci/kg	放射性同位素每单位质量的比活度	
pCi/L	水中放射性同位素的比活度	1pCi/L＝37Bq/m^3
R（伦琴）	1cm^3 干燥空气中产生 1 个静电单位电荷所需要的辐射量	1R/min＝1Ci
辐射剂量＝核衰变的生物效应		
Gy(戈[瑞])	吸收的辐射剂量；对应于每千克的生物物质吸收 1J 的辐射	1Gy ＝100rad 1Gy＝1J/kg
Sv	刻画组织损伤的单位；吸收辐射剂量乘以辐射类型的质量因子和辐射组织的权重因子	1 Sv ＝1J/kg 1 Sv＝100rem
rem（雷姆）	人体伦琴当量；电离辐射等于 1R 高压 X 射线对人的损伤	1rem＝0.01Sv
rad	每单位质量辐射吸收剂量	1rad＝0.01J/kg

2. 辐射剂量

使用由生物物质接受的辐射量进行辐射效应评价。个人接受的辐射量是人类健康研究中主要关注的问题。辐射量用辐射剂量来测量，指每单位生物质量接受的能量的量。rem、rad、gray(Gy)和 sievert(Sv)都是与人相关的辐射效应，这些单位不是基于纯粹的物理测量，而是基于辐射研究和统计学。术语“雷姆(rem)”经常用来描述施加于人类的剂量，它是取“roentgens equivalent in man”的首字母。rad 是辐射吸收剂量，被人体组织吸收能量的剂量用 grays (Gy)测量。人体暴露于不同类型的相等剂量辐射中并不一定产生相等的生物效应。1Gy

的α辐射比1Gy的β辐射的效应大。无论何种辐射类型，辐射效应都用Sv来计量。一般公众的辐射水平和最大允许辐射剂量用每年毫希[沃特](mSv/a)给出。

1.2　铀尾矿与氡的析出

1.2.1　铀矿采冶与铀尾矿的产生

铀是可持续利用核能，是为核反应堆提供燃料的关键元素和原材料。截止到2013年1月，世界上运行的核电机组达437套，总发电装机容量高达371.8GW(e)，有68座核电站在建，2012年消耗铀61 600t（OECD and IAEA，2014）。据国际原子能机构作出高值预测，全球核电容量到2030年估计上升到803GW(e)，这将意味着每年的平均增长率约为2.5%，就低值预测而言，到2030年，核电容量也将增加到546GW(e)。预计到2035年全世界核电反应堆对天然铀的年需求量将达到138 000t左右。

我国正在经历能源的巨大增长，并且正在努力扩大包括核电在内的可再生能源的比重。目前我国核电装机容量为960×10^4kW(13套)、在建为2000×10^4kW(23套)，计划到2020年核电装机容量要达到7600×10^4kW、在建5400×10^4kW，其发电量占总发电量的比例将达到5%；而核电所占总发电量比例最高的国家法国，其核电所占比例早已经高达78%。

核能的发展必然要求铀矿冶工业稳定持久地发展，而铀矿冶工业必然要产生大量的铀废石、铀尾矿。由于绝大多数铀矿品位较低，因此采出的矿石量基本上等于尾矿量。通常情况下，生产900GW(e)的轻水反应堆(LWR)每年需用20t的金属U燃料(富集到大约4% ^{235}U)，大约需要从160t天然铀中来富集生产。假设铀矿品位为0.5%，铀提取率为85%，则每年需要开采铀矿石大约38000t。为提供1000MW(e)轻水堆所需的铀，每年将产生铀尾矿达6×10^4 t(潘英杰，1998)。据不完全统计，全世界4300多座铀矿山产生了超过9.38×10^8m^3、2.355×10^9t的铀尾矿(Abdelouas，2006；UNSCEAR，2008)(表1-4)。主要产铀国每年产生的铀尾矿量约数千万吨(王志章，2003)。

表1-4　世界铀尾矿分布情况(10^6t)

国家	铀尾矿量	国家	铀尾矿量	国家	铀尾矿量	国家	铀尾矿量
美国	235	加拿大	202.13	澳大利亚	79	德国	174.45
乌克兰	89.5	捷克	89	哈萨克斯坦	165	南非	700
纳米比亚	350	乌兹别克斯坦	60	俄罗斯	56.85	吉尔吉斯斯坦	32.3

续表

国家	铀尾矿量	国家	铀尾矿量	国家	铀尾矿量	国家	铀尾矿量
法国	29.32	匈牙利	20.4	葡萄牙	4	加蓬	6.5
西班牙	1.41	波兰	0.25	尼日尔	17.2	芬兰	0.04
巴西	2.45	阿根廷	0.7	瑞典	4		
印度	8	爱沙尼亚	4	保加利亚	16		
日本	0.054	罗马尼亚	6.8	斯洛文尼亚	0.7		
合计	2355						

我国铀矿冶工业历经数十年的发展，堆积了大量的铀尾矿和废石，铀尾矿、废石场等固体废弃物堆存场地有 150 多处，在全国的分布情况见表 1-5(潘英杰，1997)。

表 1-5　我国铀尾矿、废石场的分布(%)

地区	铀尾矿		废石场	
	按质量分布	按面积分布	按质量分布	按面积分布
华东	19.0	41.8	47.0	43.0
华中	58.0	33.6	20.0	18.0
华南	18.0	17.0	15.0	10.7
西北	4.2	6.5	11.2	16.9
西南	0.3	0.3	5.5	9.5
东北	0.5	0.8	1.3	1.9
合计	100	100	100	100

从表 1-5 可见，按质量计算，约 95%的铀尾矿、82%的废石场分布在人口稠密的湘、赣、粤地区。截止到 2001 年，我国仅江西、湖南和广东六个已退役铀矿山的铀尾矿量就已达到 854×10^4 t。到 2008 年年底，我国铀成矿区已扩展到 40 多个，已探明铀矿 340 余个，随着铀矿冶业的发展和铀矿石品位的降低，铀废石、铀尾矿量还将大幅度增加。

1.2.2　铀尾矿的放射性和氡析出的特征

铀尾矿是铀矿石在加工和水冶提取铀过程中产生的固体废渣。大多数铀矿山铀的提取过程是：①将矿石破碎至细粉末；②在水冶厂用化学试剂浸出矿粉；③提铀后的固体废渣与废水一起用泵送入尾矿库。采用常规流程的铀水冶厂产生的尾矿是粒度小于 1mm 的砂粒状固体，其中粒度小于 0.074mm 的细粒约占

40% ～ 60%。随着铀矿冶技术的发展，在一些矿山采用堆浸法从低品位矿石中提取铀，先将矿石破碎筑堆，然后将溶浸液喷洒在矿堆顶部，溶液向下渗透直到矿堆底部，在底部收集浸出液并用泵送至加工厂。堆浸尾矿的粒度比常规水冶尾矿的粒度大。

铀矿石的水冶过程(包括常规水冶和堆浸)对铀具有较强的选择性，从矿石中已提取了大多数铀，通常铀尾矿中残留的铀不超过原矿石含量的10%。所提取的铀仅有很弱的放射性，因为^{238}U的半衰期长，氧化铀浓缩物只含有铀矿石原始放射性的约15%(OECD，1999)。而大多数^{238}U和^{235}U系子体核素除了氡气及其短寿命子体在矿石的破碎、磨细、浸出和搅拌等过程中释放外，其余大部分都残留在尾矿内，几乎99%以上的^{230}Th、^{226}Ra等放射性核素都集中在尾矿中，尾矿残留了铀矿石原始放射性的85%（Abdelouas et al.，1999；Landa，1999；OECD，1999)。此外，由于自然风化、水-岩反应等作用，从尾矿中自然淋浸到水中的各种放射性核素、非放射性元素与酸性水也是造成辐射剂量和危害的重要来源。铀尾矿放射性产生的因素包括：①具有相对较短半衰期的高放射性核素(如^{218}Po、^{214}Po、^{210}Po、^{210}Pb)；②具有长半衰期的少量放射性核素(如^{230}Th、^{226}Ra)；③如果铀矿石富集Th，尾矿将具有丰富的^{232}Th系子体核素。因此，铀尾矿是一种高容量、低放射性废物，它们将长期衰变释放氡及其子体，构成了铀矿山长久的辐射环境潜在危害。

尾矿库尾矿包括尾矿固体物和尾矿液体，尾矿固体物按其粒度又可以进一步分为沙和黏土。尾矿的三个组成部分具有明显不同的化学、矿物学和辐射化学特征(表1-6)。

表1-6　铀尾矿的组成和特征(Lottermoser，2010)

尾矿成分	粒度(μm)	化学组成	矿物组成	铀含量和放射性活度
沙	>75	SiO_2为主，含有<1 wt%* Al、Fe、Mg、Ca、Na、K、Se、Mn、Ni、Mo、Zn、V、U	大多数为原矿石中脉石矿物	0.004wt%～0.01wt% U_3O_8 酸性浸出： 26～100 pCi ^{226}Ra/g； 70～600 pCi ^{230}Th/g
黏土	<75	SiO_2为主，含有<1 wt% Al、Fe、Mg、Ca、Na、K、Se、Mn、Ni、Mo、Zn、V、U	大多数为原矿石中细粒脉石矿物，以及黏土矿物、氧化物、氟化物、硫酸盐和非晶质物质	U_3O_8和^{226}Ra含量几乎是沙中的2倍 酸性浸出： 150～400 pCi ^{226}Ra/g； 70～600 pCi ^{230}Th/g

续表

尾矿成分	粒度(μm)	化学组成	矿物组成	铀含量和放射性活度
液体	—	酸浸出： pH 为 1.0～2.0； Na^+、NH_4^+、SO_4^{2-}、 Cl^-、PO_4^{3-}； 总固体溶解物可达 1wt% 碱浸出： pH 为 10～10.5； CO_3^{2-}、HCO_3^-； 总固体溶解物可达 10wt%		酸浸出： 0.001%～0.01% U； 20～7500pCi ^{226}Ra/L； 2000～22000pCi ^{230}Th/L； 碱浸出： 200pCi ^{226}Ra/L； 无 ^{230}Th(不溶)

* wt%为质量分数。

1. *尾矿固体物*

一般来说，尾矿固体物包括：①原生矿和脉石矿物；②风化过程中形成的次生矿物；③矿物加工过程中和加工后形成的化学沉淀物；④处置在尾矿库之后形成的化学沉淀物。铀尾矿中的化学沉淀物可以在如下阶段形成：①水冶提取过程中和之后；②处置之前采用石灰中和酸性尾矿渣时；③尾矿处置之后。

尾矿固体物可以是结晶的、低结晶的和非晶质物质，它们含有放射性核素、重金属和非金属(Langmuir et al.，1999；Pichler et al.，2001)。这些固体物是不溶性的或潜在可溶的(Willett et al.，1994；Landa，1999；Donahue et al.，2000)。详细的分析表明核素(如^{230}Th、^{226}Ra、^{235}U、^{238}U)、重金属、非金属的存在形式有：①离子交换的、碳酸盐和易溶于酸的形式；②铁和锰的水合氧化物；③氟化物；④碱土硫酸盐(如 $BaSO_4$、$SrSO_4$)；⑤有机物；⑥硫化物；⑦砷酸盐(Willett et al.，1994；Landa and Gray，1995；Donahue et al.，2000；Somot et al.，2000；Pichler et al.，2001；Donahue and Hendry 2003；Martin et al.，2003)。这些固相的稳定性决定了放射性核素、重金属和非金属进入尾矿孔隙水的潜在活动性。

^{226}Ra 是铀矿开采中非常重视的放射性核素。它往往富集在细颗粒铀尾矿上(Landa and Gray，1995)(表 1-6)。Ba 和 Ra 具有相似的地球化学性质，包括它们的硫酸盐具有低溶解度、Ra 和 Ba 以固体硫酸盐形式共沉淀[$Ba(Ra)SO_4$]。此外，吸附和共沉淀过程导致^{226}Ra 固定在铁氢氧化物、长石、黏土、非晶质二氧化硅、有机物、硫化物、重晶石和其他硫酸盐颗粒上。铁氢氧化物、碱土和铅硫酸盐对^{226}Ra 和其他放射性核素在酸性尾矿物料中的固定起了重要作用(Landa and Gray，1995；Goulden et al.，1998；Landa，1999；Somot et al.，2000；

Martin et al.，2003)。

与其他各种尾矿一样，铀尾矿在尾矿库中发生化学反应。随着时间的推移，尾矿矿物学和孔隙水的成分会发生变化。溶解的放射性核素、金属和非金属可以：①持续存在于溶液中；②与尾矿中其他组分相互作用发生沉淀或共沉淀；③被吸附在尾矿固体物上如石英、高岭石、黏土或非晶质物质(Landa and Gray，1995；Landa，1999)。放射性核素、金属、非金属从尾矿固体物中释放出来进入孔隙水中和这些元素存在于溶液中都是不希望发生的，含污染物的尾矿液体可以从尾矿储存区域泄露并影响地下含水层和地表水。因此必须了解铀尾矿中的矿物学和化学反应特征，以便确定尾矿库中放射性核素、金属和非金属的长期行为。放射性核素、重金属和非金属从尾矿固体物活动进入尾矿溶液中可以通过如下几个因素引起：①酸性矿水的发展；②加工中化学药品的存在；③酸浸出或铁锰氢氧化物的还原；④细菌还原；⑤黏土矿物的存在。

2. 镭

放射性成因同位素^{226}Ra是^{238}U系的一个子体产物，是^{230}Th(半衰期为80 000a)的直系子体。^{226}Ra是铀矿采冶和尾矿治理中最重要的问题之一，这是因为(Landa and Gray，1995；Kathren，1998；Ewing，1999；Landa，1999)：

(1) ^{226}Ra的半衰期为1622a，因此将长期存在于铀尾矿中。

(2) ^{226}Ra具有与其同系第Ⅱ族元素(Ca、Ba、Sr)相似的地球化学和生物地球化学性质，形成的化合物可以被人体、植物和动物吸收。

(3) ^{226}Ra具有较高的放射毒性和在骨骼中聚集的亲和力。

(4) 与U和Th相比，在自然风化和矿物加工过程中^{226}Ra更容易从铀矿石矿物中释放出来，它比U和Th更易溶解；它可从土壤、岩石、矿石和废物中浸出；它很容易迁移进地下水和地表水中。

(5) ^{226}Ra通过α发射衰变成重要的氡同位素^{222}Rn。因此，它是包括^{222}Rn在内的衰变子系列的头和来源。

3. 氡

氡有三个天然放射性同位素(^{219}Rn、^{220}Rn、^{222}Rn)。铀矿山辐射防护中，术语氡通常只指^{222}Rn(Sharma，1997)。^{219}Rn是^{235}U系列的子体产物，^{220}Rn是^{232}Th系列的一员，^{222}Rn是^{238}U系列的子体产物、^{226}Ra的直接子体。最丰富的同位素是^{222}Rn，这是因为其母体同位素^{238}U丰度最高。其余两个同位素^{219}Rn和^{220}Rn有显著低的丰度、更短的半衰期，因此在环境中关注较小(Sharma，1997)。相反，^{222}Rn的半衰期为3.8d。^{222}Rn在铀矿采冶和尾矿治理中受到高度关注，原因包括以下几方面：

(1) ^{222}Rn 是具有长半衰期的母体放射性核素(^{230}Th：半衰期为80 000a，^{226}Ra：半衰期为 1622a)的子体，尾矿提供了长期向大气释放氡的源库。

(2) ^{222}Rn 是一种惰性气体，易溶于水，这些特征使氡可以在地下水和地表水中自由迁移。

(3) ^{222}Rn 本身发射 α 粒子而衰变，子体产物为^{218}Po、^{214}Pb、^{214}Bi，即氡子体。这些固体子体产物具有高放射性并发射 α、β 粒子及 γ 射线。

(4) 一旦^{222}Rn 被吸入人体，其放射性固体衰变产物直接沉积在肺中，这些氡子体将导致电离辐射诱发肺癌。

联合国原子辐射效应科学委员会一直重视铀矿采冶中的辐射研究(UNSCEAR，1993，2000，2008)，建立了铀矿山和尾矿辐射剂量的评估模型，报告了评估结果(表 1-7)。对于地下采矿中氡的释放，以铀氧化物(U_3O_8)的产量进行归一化，变化范围为 1～2000GBq/t，产量加权平均值为 300GBq/t。目前使用的反应堆类型对铀燃料的需求量为生产 1GW · a 电量需要 250t 铀氧化物，由此得出铀矿山的平均归一化氡释放量为 75TBq/(GW · a)。在 1993 年的报告中，根据澳大利亚和加拿大铀矿冶厂的数据，平均标准化氡析出估算为 3TBq/(GW · a)。

联合国原子辐射效应科学委员会 1993 年的报告中估算运行期尾矿的氡析出率为 10Bq/(s · m^2)，关闭后并进行稳定化处理的尾矿的氡析出率为 1Bq/(s · m^2)(假定不变化释放 10 000a)。假设一个矿山生产中产生的尾矿为 1hm^2/(GW · a)，运行期和关闭后的尾矿库的标准化的氡析出率分别为 3TBq/(GW · a)和 0.3TBq/(GW · a)。

对于铀矿山和尾矿库集体有效剂量的估算，假设矿山和加工厂的人口密度为 0～100km 范围内每平方千米 3 人，100～2000km 每平方千米 25 人。有效释放高度为 10m，半干旱地区集体有效剂量因子为 0.015man Sv/TBq，基于氡的剂量系数为 9nSv/(h · Bq · m^3)(EEC)。由于 1km 处的稀释因子从 $3\times10^{-6}s/m^3$ 减小至$5\times10^{-7}s/m^3$，每单位氡释放的剂量为 0.0025man Sv/TBq。使用该因子，运行矿山和加工厂的每单位发电量的集体有效剂量估算为 0.2man Sv/(GW · a)，尾矿库所释放的氡为每年 0.0075man Sv/(GW · a)。关闭后的尾矿库假定连续释放 10 000a 周期，标准化的集体有效剂量为 7.5man Sv/(GW · a)。

根据尾矿库修复前和修复后的氡析出测量结果，对法国 Lodeve 铀矿尾矿库的暴露进行了评估。实际人口密度为 0～100km 范围内 63 人/km^2、100～2000km 内 44 人/km^2，修复前平均氡析出率为 28Bq/(m^2 · s)，尾矿库 10km 范围内对个体的平均年有效剂量为 20μSv 左右。考虑在整个采矿过程中有 12850t 铀提取出来，居住在尾矿库 2000km 范围内的人群的集体有效剂量估算为 380man Sv/(GW · a)。尾矿库修复后氡析出率与背景值没有显著差别，集体剂量评估为接近 0。

表 1-7　铀矿山和尾矿氡释放剂量的估算结果

源	单位产量释放 (GBq/t)	单位面积释放率 [Bq/(s · m^2)]	标准化释放量[a] [TBq/(GW · a)]	标准化集体有效剂量 [man Sv/(GW · a)][b]
采矿	300		75	0.19
加工	13		3	0.0075
尾矿				
运行中		10	3[c]	0.04[d]
关闭后		1	0.3[c]	7.5[e]

a 标准化基础：生产，250t/(GW · a)；尾矿，$1hm^2$/(GW · a)。b 剂量系数：0.0025 man Sv/TBq。c 标准化释放率：TBq/[a · (GW · a)]。d 假设释放周期为 5a。e 假设释放周期为 10 000a 且人口密度不变。

1.2.3　铀尾矿氡析出的机理及影响因素

1. 氡的析出机理

氡是通过物质的固体基质中镭衰变时的反冲所释放的，固体颗粒内的氡原子并不是都能释放到大气中，因为它们在固体中的扩散系数很低。只有在反冲作用下从颗粒中逃逸出来进入颗粒之间的孔隙空间中的这部分氡原子才可能扩散至地面。因此，氡从尾矿释放到大气中要经过下列 3 个过程(IAEA，2013)：

(1) 射气(emanation)：镭衰变形成的氡原子在反冲作用下从颗粒内逃逸出来进入颗粒之间的孔隙空间。受反冲能量的控制，只有衰变发生在颗粒表面的反冲距离以内才可能射气进入孔隙空间，^{222}Rn 反冲距离在普通矿物中为 20～70nm。发生射气的能力一般采用射气系数描述。

(2) 输运(transport)：扩散和平流引起已射气出来的氡原子穿越废物或土壤剖面而到达地面。大多数情况下，主要的输运机制是扩散，平流输运可忽略不计，因此氡的输运通常称为扩散，采用扩散系数描述。在某些情况下由于地面裂隙或洞穴、水输运或存在大空隙，平流才会起显著作用。

(3) 析出(exhalation)：输运至地面的氡原子析出进入大气中。通常用析出率或析出通量密度[Bq/(m^2 · s)]来表示。

上述过程可用图 1-2 来说明，有关物理化学参数见表 1-8。

表 1-8　氡析出有关的物理化学参数

同位素	半衰期	衰变常数	反冲能 (keV)	反冲射程(nm)			扩散系数(m^2/s)		
				空气	水	石英	空气	水	固体
^{222}Rn	3.824 d	2.0984×10^{-6}	86	63×10^3	77	34	1.1×10^{-5}	1×10^{-9}	10^{-25}～10^{-27}
^{220}Rn	55.6 s	1.242×10^{-2}	103	60×10^3	87	38			
^{219}Rn	3.96 s	1.74×10^{-1}	104						

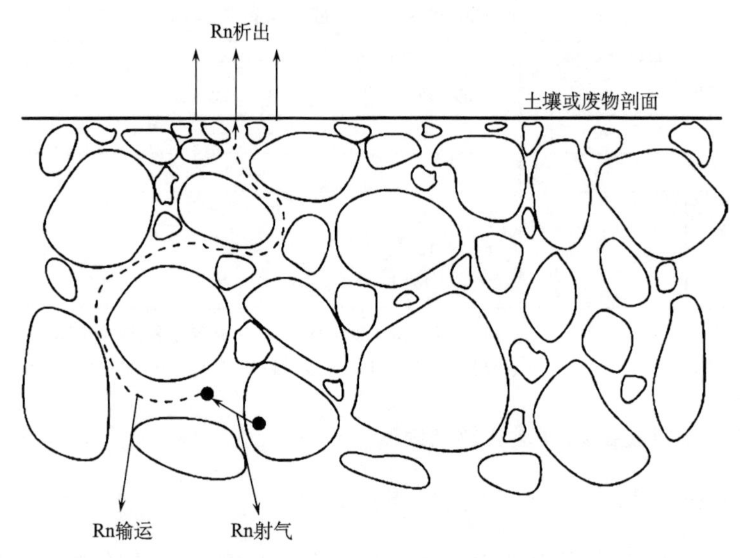

图 1-2 氡释放进入大气的主要过程(IAEA, 2013)

1) 射气系数

射气系数定义为形成氡原子的固体相能逃逸出来并在松散介质中迁移的氡原子分数，有的也称为射气分数(emanation fraction)或射气率(emanation power)。已经公认氡从颗粒中逃逸出来是其母体镭衰变时反冲的结果。由于固体中反冲射程小(表 1-8)，通常小于 0.05μm，大多数反冲氡原子停留在矿物颗粒晶格内。这些氡原子的进一步运动对氡释放没有贡献，因为在矿物内的扩散系数很小，一般在 $10^{-25}\sim10^{-27}\,m^2/s$ 量级。如果反冲终止在颗粒外或孔隙中，则氡发生射气。岩石和土壤中典型的射气系数值为 0.05～0.7。影响射气的因素很多，很多研究者和一些模型研究了主岩和铀矿物学、铀矿石品位、颗粒大小、水分含量等对射气系数的影响及它们的复合影响(Fleischer, 1983; Morawska and Phillips, 1993; Sakoda et al., 2010a, b; Sasaki et al., 2004; Barillon et al., 2005)。

2) 扩散系数

氡的分子扩散系数用 Fick 第一定律定义，即氡通量密度与浓度梯度成正比：

$$J = -D_M \nabla C \tag{1-5}$$

式中，J 为氡通量密度[$Bq/(m^2 \cdot s)$]；D_M 为分子扩散系数(m^2/s)；∇C 为氡活度浓度梯度(Bq/m^4)。

负号是因为氡从高浓度向低浓度扩散。氡在空气中(D_{MA})和水中(D_{MW})的分子扩散系数分别近似为 $1\times10^{-5}\,m^2/s$ 和 $1\times10^{-9}\,m^2/s$，可用来代入方程(1-5)中

的 D_M。

在孔隙介质如土壤中，氡在土壤颗粒之间的孔隙空间中扩散而运动。氡在土壤中运动或流动的速率比均匀介质(如纯空气)内要慢，主要有两个原因：①更小的流体体积限制了流动(孔隙度，ϕ_s)；②围绕颗粒的弯曲的流动路径(曲度，τ)。

考虑这些因素，孔隙介质中氡析出率可表示为

$$J = -\phi_s \tau D_M \nabla C \tag{1-6}$$

式中，ϕ_s 为尾矿孔隙度；τ 为曲度系数，在纯溶液中等于1，在尾矿中通常要小于1(例如，紧密装填单位球体所获得的典型值为 $\tau=0.66$)。孔隙度 ϕ_s 也可用下式计算：

$$\phi_s = 1 - \frac{\rho_s}{\rho_g} \tag{1-7}$$

式中，ρ_s 为尾矿密度(kg/m^3)，ρ_g 为尾矿基质颗粒密度(~2700kg/m^3)。

项 τ 和 D_M 通常合并起来定义为孔隙流体扩散系数：

$$D = \tau D_M \tag{1-8}$$

代入到方程(1-6)给出：

$$J = -\phi_s D \nabla C \tag{1-9}$$

量 $\phi_s D$ 可用标记 D_e 来表示，表示尾矿的总有效扩散系数。一般采用氡扩散系数 D 而不用总有效扩散系数 D_e，因为它直接与基质中氡扩散长度相关，因此它是更重要的参数。在均匀裸露的尾矿表面，氡析出率仅仅取决于 D 而不是取决于 ϕ_s。

尾矿中氡的扩散系数与其位置有关，一般来说与其颗粒大小、孔隙大小分布、水含量、压实程度和压实方式有关(Rogers and Nielson，1991；Schumann and Gundersen，1996；Papachristodoulou et al.，2007)。因为水中和空气中 D_M 值相差很大，所以水分的影响比其他物理因素更加重要。

3) 氡析出率

氡析出率或氡通量密度描述了单位面积上氡的释放量[$Bq/(m^2 \cdot s)$]。

尾矿孔隙中可供输运至地面的氡原子总量用单位体积尾矿氡产生率 P[$Bq/(m^3 \cdot s)$]来表示：

$$P = \lambda E C_{Ra} \rho_s \tag{1-10}$$

式中，λ 为氡的衰变常数(s^{-1})；E 为射气系数(无量纲)；C_{Ra} 为尾矿中Ra的活度浓度(Bq/kg)；ρ_s 为尾矿密度(kg/m^3)。

尾矿中Ra的活度浓度可以由测量获得。在大多数情况下，原矿石基质中Ra的活度浓度与基质中长寿命母体处于平衡状态，因此尾矿中Ra的活度浓度可以从原矿石的品位估算出来。铀矿石经过加工与铀提取之后，几乎所有的 ^{226}Ra 仍

留在尾矿中。由于各种化学处理试剂的加入导致排放到尾矿库的浆体会有一定的稀释。这样，尾矿堆中^{226}Ra浓度会小于矿石中的浓度。假定一个稀释因子w(固体废物的质量与原加工矿石质量的比值)，尾矿中Ra浓度可通过矿石品位(铀的质量分数)粗略估算出来，矿石中1%的铀等于1.24×10^5Bq/kg，这样

$$C_{Ra}=\frac{1.24\times10^5 G}{w} \tag{1-11}$$

式中，G为矿石的平均品位。

在无氡输运时，尾矿中氡的浓度表示如下：

$$C_{Rn}=C_{Ra}E\rho_s\phi_s^{-1}(1-\phi_s)(m[K_T-1]+1)^{-1} \tag{1-12}$$

式中，m为水饱和度(水充满的孔隙度的分数，也称为饱和分数)；K_T为氡在水和空气相间的分配系数。水饱和度可由下式计算：

$$m=\frac{\rho_s\theta_d}{100\rho_w\phi_s} \tag{1-13}$$

式中，θ_d为干重基础上的水分含量；ρ_w为水密度。

一些学者研究了多孔介质氡析出率的计算模型，目前普遍使用Rogers和Nielson(1991)提出的半无限延伸的均质多孔介质扩散模型(图1-3)。UNSCEAR(1988，1993)的报告中提出了估算氡扩散进入大气的表达式，对于半无限延伸的均质多孔介质，表面氡析出率表达式为

$$J_D=C_{Ra}\lambda_{Rn}E\rho_s(1-\phi_s)L \tag{1-14}$$

式中，L为扩散长度，是氡原子在它们衰变之前在尾矿基质中迁移的平均距离。定义为

$$L=(D/\lambda_{Rn})^{1/2} \tag{1-15}$$

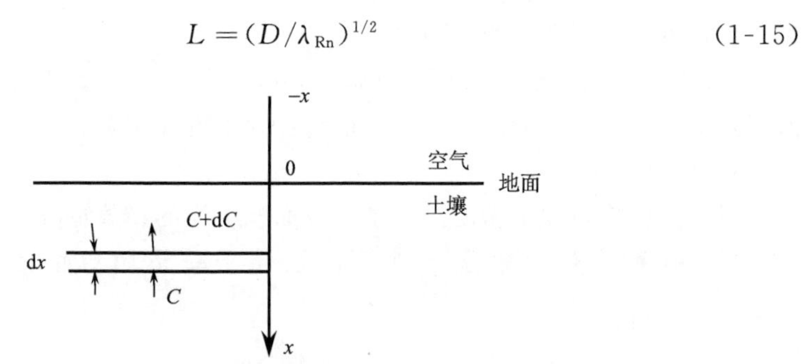

图1-3　半无限介质示意图

2. 多孔介质中氡析出的影响因素

铀尾矿同岩石、土壤一样都属于多孔介质。前面已述及，氡从多孔介质表面

析出进入大气包括三个过程或阶段：第一个过程或阶段是射气，即固体晶格中的镭原子放出 α 粒子而衰变成氡原子，由于核反冲作用，氡原子离开固体晶格进入连通的孔隙或微裂隙中形成可迁移的氡；第二个过程或阶段是这些可迁移的氡原子在介质的孔隙和裂隙中通过扩散、渗流等机制向多孔介质表面运移；第三个过程或阶段是到达介质表面的氡最终离开多孔介质表面进入到周围空气中。

氡在多孔介质中产生、运移并析出多孔介质表面是一个错综复杂的过程，涉及射气的产生、扩散、渗流、吸收和吸附等过程，每个过程都是氡在固、液、气三相物质中的分配、转移和流动等复杂作用的结果。氡析出的整个过程一方面受多孔介质本身物理化学性质的影响，主要包括多孔介质的组成、结构、镭的含量与分布、粒度大小、孔隙度、渗透性等，另一方面又会受外界因素的影响(如气压、气温、风速、降水等)，是一个内外因共同作用的过程(程冠等，2006)。

1) 镭含量与分布

核素镭是氡衰变的直接母体，其在多孔介质中的含量是决定多孔介质氡浓度水平和地表氡析出率的关键因素。研究表明，多孔介质中的铀、镭核素的含量与氡析出率有良好的线性关系(Chau et al.，2005)。由于氡原子的反冲射程有限(矿物中反冲射程仅几十纳米)，只有位于接近颗粒表面的镭衰变的氡才可能进入孔隙空间，因此氡的析出率还与镭的分布有关(Semkow and Parekh，1990)。在相同的镭含量下，如果镭集中分布在颗粒表面几十纳米深度范围内，其氡析出率要明显高于镭均匀分布于颗粒中(孙凯男等，2005)。

2) 颗粒大小和形状

颗粒大小和形状是控制介质中氡射气的两个重要因素，它们决定了有多少铀和镭足够接近颗粒表面而使氡能逃逸进入孔隙空间。大量研究表明，介质中的氡浓度随着粒度减小而增大，介质表面氡的析出率也呈增大趋势。

一般来说，氡射气系数与颗粒大小成反比(Barton and Ziemer，1986；Amin et al.，1995；Chau et al.，2005)，因为颗粒粒度减小使颗粒本身的体积表面积增大，从而增大了氡射气的表面积，因此氡射气系数和析出率增大；同时，还与氡的母体衰变时产生的反冲作用有关，即反冲作用可以使小颗粒中的氡更容易逃逸颗粒进入孔隙，提高氡的射气和在多孔介质中的累积浓度，从而提高氡析出率(Amin et al.，1995；Sakoda et al.，2010b；Kumar et al.，2003)。但是，如果镭主要分布在颗粒表面，则射气系数是与粒度无关的常数(IAEA，2013)。

自然界中岩石、土壤等颗粒的形状通常都不会是简单的球形、立方体等形状，而是呈现各种复杂的形状，特别是颗粒表面具有复杂的分形特征(Pfeifer et al.，1989；Sahouli et al.，1996)，分形表面会显著增大颗粒的比表面积和介质的孔隙度，从而可以增大氡的射气系数和氡析出率，并且射气系数与颗粒表面分维值有关(Semkow，1991；Sun and Furbish，1995)。

3）孔隙度和孔径大小

孔隙介质的孔隙度是指介质中非固体颗粒所占体积占总体积的比例，即由空气或水占据的介质颗粒之间的孔隙比例。研究表明(Semkow and Parekh，1990；孙凯男等，2005)，土壤总孔隙度的增加会提高土壤中氡原子离开固体颗粒的可能性，从而增加土壤中的氡浓度。介质中的含水饱和度与有效孔隙度之间呈反增长关系(Lysenko et al.，2004)，而且往往孔隙中会存在一些没有传导作用的死角，在压力小的情况下氡原子容易被死角捕获，这些因素都导致多孔介质的有效孔隙度降低，从而导致氡析出率降低。多孔介质孔隙的相互连通性也是影响氡析出的重要因素，连通性好，氡的析出就相对容易。

孔径大小一方面影响氡的射气，如果孔径很小，一些射气进入孔隙的氡原子在剩余能量的作用下会穿过孔隙而嵌入相邻的颗粒中，导致射气系数降低；另一方面，孔径影响氡的扩散，孔径大则扩散速率高，孔径小则扩散受阻(李小彦和解光新，2004)。所以，多孔介质的大中孔径分布范围越大，氡的扩散速率越大，析出率相应增加。

颗粒内的微观断裂和裂缝(两者称为纳米孔隙)，以及早前放射性衰变产生的凹坑或开口提供了氡释放的额外途径。特别在沙粒级和更大的颗粒中，纳米孔隙可增大颗粒的比表面积，提高射气1～2个数量级。

4）渗透性

渗透性是衡量多孔介质允许流体从中通过能力大小的一个物理量。介质渗透性与介质粒度大小、介质成分、孔隙大小以及孔隙的连通情况有密切关系。具有相同孔隙度的多孔介质，孔隙大的渗透性就大，而细小的孔隙对流体的阻力较大。在相同的气压变化下，对于渗透性大的多孔介质，渗流作用对氡的运移过程的影响相对更强，更有利于以渗流为主要迁移机制的氡析出。Burke等的研究表明，氡的析出和多孔介质的渗透性存在较好的线性关系，渗透性的降低直接导致氡析出减少(Burke et al.，2003)。

5）水分含量

尾矿中的水分对氡的射气和氡的扩散起重要作用。尾矿中的水分，主要形式为围绕尾矿颗粒的水的薄膜，通过捕获固体基质中氡的反冲而强烈影响氡的射气(Strong and Levins，1982；Barton and Ziemer，1986；Markkanen and Arvela，1992；Bossew，2003；Breitner et al.，2010)，随着含水率的增加，射气系数线性增长，然后在大于一定的含水率之后保持稳定。水的捕获增加了氡原子留在孔隙空间的可能性，因为水中的反冲射程比空气中小很多(表1-8)，因此水可以更有效地将氡原子阻止在孔隙空间内以免氡穿越孔隙并嵌入相邻土壤颗粒内。

理论估算和实验室实验都表明土壤颗粒的吸附作用随水含量的增高而快速降低，在水分含量高于0.3～0.4饱和度时变得可以忽略不计。在较低水含量时降低吸附作用可增高射气系数。一旦氡进入孔隙空间，它在气相和液相之间的分配取决于孔隙空间中水的相对体积和温度。氡在水中的溶解度随温度的降低而降低。氡在水和气体间的分配系数，即奥斯特瓦尔德系数 K_T，给出了水中氡浓度与空气中氡浓度的比值。水中 K_T 值的变化为从 0℃时的 0.53 至 25℃时的 0.23，具有代表性的值为 15℃时 $K_T=0.30$。分配作用和增大射气都导致充注空气的孔隙中氡的浓度在潮湿条件下比干燥条件下高。

以下经验方程给出氡射气系数与水分饱和度的关系(Zhuo et al.，2006)：

$$E=E_0\{1+1.85[1-\exp(-18.8m)]\} \tag{1-16}$$

式中，E 为射气系数；E_0 为干燥条件下废物的氡射气系数；m 为水饱和度。

大量的研究人员研究了不同类型土壤中氡扩散系数与水分含量的关系(Rogers and Nielson，1991；Papachristodoulou et al.，2007)。这些研究都证实了当土壤中水分超过一定临界值后氡的扩散受到严重的阻碍，氡扩散系数 D 与水分含量的关系具有如下变化特征：

(1) 水饱和度小于 0.25 时，氡扩散系数 D 相对来说是常数，变化于 9×10^{-7} 和 $7\times10^{-6}\,m^2/s$ 之间。

(2) 随着水饱和度的增大，氡扩散系数 D 逐渐降低，至中间饱和度时降低近 2 个数量级，在总饱和范围内可降低近 4 个数量级。

(3) 在水饱和度达到 0.8～1.0 时，氡扩散系数 D 降低至水中的扩散系数值。

水饱和度对扩散系数的影响可以进行如下定量解释。对于干的土壤，扩散系数可用以下公式计算：

$$D=\tau D_{MA} \tag{1-17}$$

式中，D_{MA} 为氡在空气中的扩散系数。当水分含量低时，氡的扩散没有受到这些少量存在的水的阻碍，这些少量的水围绕土壤颗粒形成薄的、不连续的水膜，因此该方程仍然适用。在高的水含量时，自由水出现在颗粒间的孔隙中，氡粒子必须选取更长的路径来通过空气充填孔隙空间，或者有部分粒子在水中扩散。在这个区间，扩散系数不是唯一地由水的质量分数确定，而是取决于水和空气相在孔隙中是如何分布的。当孔隙介质接近饱和时，扩散系数接近于式(1-18)给出的值：

$$D=\tau D_{MW} \tag{1-18}$$

式中，D_{MW} 为氡在水中的扩散系数。

氡扩散系数与水分含量具有如下经验方程(Rogers and Nielson，1991)：

$$D=\phi_s D_{MA}\exp(-6m\phi_s-6m^{14\phi_s}) \tag{1-19}$$

式中，$D_{MA}=1.1\times10^{-5}\,m^2/s$，为氡在空气中的扩散系数；$m$ 为水饱和度。

6）气象因素

气压、温度、湿度、风速等气象因素对多孔介质中氡析出的影响见表1-9。其中湿度是影响多孔介质中氡析出的主要气象因素，温度的影响相对不是很明显(Iskandar et al.，2004；Mudd，2008)。

表1-9　气象因素对氡析出的影响

气象参数	主要原因	氡析出率的变化
气压	大气和介质之间产生压力梯度，引起介质中氡气体垂直迁移即渗流	气压升高导致氡气向介质内部渗流，气压降低则反之。气压梯度越大，渗流速度越快，氡析出率越大
温度	地温和气温之间产生温度差，从而在介质与介质表面的空气间形成密度差及压力差，引起气体的对流运动	空气温度升高，其密度和压力均减小，氡气向介质表面迁移，氡析出率提高。介质温度升高，使氡扩散系数增加，氡析出率也提高。总之，温度高，氡析出率提高
湿度	介质中含水率发生变化，从而引起射气系数和扩散系数的变化。含水率提高，射气系数增加，扩散系数减小	湿度越大，氡气被束缚越严重，扩散也越慢，氡析出率降低。反之，氡析出率提高
风速	改变介质表面氡的扩散快慢，从而改变介质内部和近表面浓度差的变化	风速越大，介质表面氡扩散越快，介质内部氡的析出就越快

关于气象等因素影响氡析出率或体积活度的研究，国内外都开展了大量工作。Jha等(2000)研究了大气压力、环境温度和风速等对氡析出率的影响，研究表明氡析出率随气压的增高而降低，相对于大气压和降雨来说，氡析出率受环境温度和风速的影响较小。李韧杰(2000)分别探讨了降雨、湿度、气压和温度对氡析出率的影响，认为氡析出率的测定受气象因素的影响较大且随季节变化，采用年平均氡析出率作为废石和尾矿治理标准是正确合理的。吴桂惠和周星火(2001)在实测氡析出率和气象参数的基础上，根据铀废石的堆放形式，分析了平坦型、沿山坡堆放型、山型三类铀废石场地的氡析出特征，得出了平坦型废石场以扩散析出为主，沿山坡堆放型和山型废石场既要考虑氡的扩散析出，还要考虑氡渗流的影响，但废石含水量是影响三类废石场氡析出的主要因素。

1.3　铀尾矿氡的监测与治理

1.3.1　铀尾矿氡析出率测量

氡析出率是指物质表面单位面积、单位时间内析出氡的量，单位为Bq/(m^2·s)。

快速准确地测量氡析出率是氡防护和治理的基础，国内外科学家对氡的测量做了大量研究。目前我国矿冶系统常用的氡析出率的测量方法有局部静态法、活性炭吸附法、γ 能谱法等，热释光法作为一种新的测氡方法也在不断探索中。

1. 氡析出率测量方法简介

1）局部静态法

目前国内铀矿冶系统采用最多的是局部静态法，又称积累法。该方法主要是在待测表面扣一个不透气、不吸氡、不溶氡材料制成的集氡罩，周边用不透气的材料密封。所扣表面析出的氡被集氡罩收集，其浓度随时间增长，最后达到平衡（图 1-4）。在集氡罩内的氡浓度呈线性增长的时间范围内，取样并测量其浓度，再根据集氡罩的体积、底面积和积氡时间等计算待测表面的氡析出率。

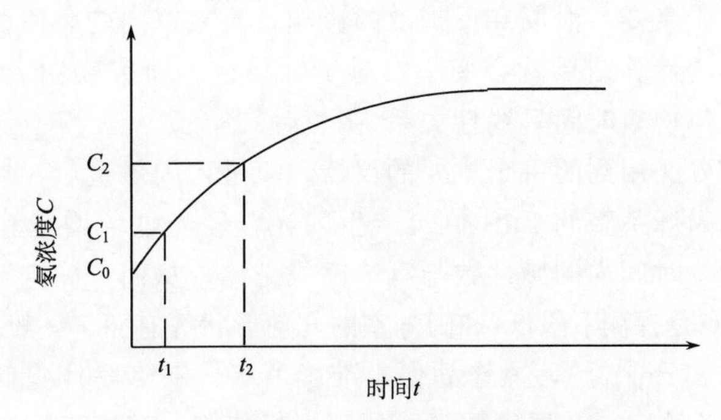

图 1-4　集氡罩内氡浓度随时间的变化

如图 1-4 所示，t_1到 t_2的浓度差 $\Delta C=C_2-C_1$ 是由被罩表面 t_2-t_1这个时间差的氡析出引起的。因此可以测量这两个时间的浓度，t_1时的浓度为

$$C_1=\frac{K_1(n_{12}-n_{11})}{1/\mathrm{e}^{\lambda t}} \tag{1-20}$$

当静置 3h 后，氡及其子体达到平衡，衰变因子 $1/\mathrm{e}^{\lambda t}$ 约等于 1，上式变为

$$C_1=K_1(n_{12}-n_{11}) \tag{1-21}$$

同样 t_2时的浓度为

$$C_2=K_2(n_{22}-n_{21}) \tag{1-22}$$

则

$$\Delta C=C_2-C_1=K_2(n_{22}-n_{21})-K_1(n_{12}-n_{11}) \tag{1-23}$$

式中，C 为氡浓度(Bq/ m^3)；K 为仪器刻度系数；λ 为氡的衰变常数；t 为取样时间(包括积累时间、转移时间、静置时间)，单位为 s；n 为定标器测得的 α 脉冲计数，单位为每分钟计数，n_{11}、n_{21}为本底计数值。

由于集氡罩的体积为 $S\times H$，因此集氡罩内氡的量的变化为 $\Delta C\times S\times H$，因此氡析出率 $J[\text{Bq}/(\text{m}^2\cdot\text{s})]$由下式确定：

$$J=\frac{\Delta C\times S\times H}{S\times(t_2-t_1)}=\frac{K_2(n_{22}-n_{21})-K_1(n_{12}-n_{11})}{t_2-t_1}\times H \qquad (1\text{-}24)$$

从图 1-4 可见，可以取 0 时刻的浓度作为 t_1的浓度，此时的浓度实际上可以认为是尾矿地面附近空气中的氡浓度。即有

$$J=\frac{\Delta C\times S\times H}{S\times t}=\frac{K_2(n_{22}-n_{21})-K_0(n_{02}-n_{01})}{t_2}\times H \qquad (1\text{-}25)$$

该方法只有在集氡时间很短的情况下才成立，因为影响集氡罩内氡体积活度增长的因素不只是氡的析出，还有衰变、泄漏和反扩散的影响。在集氡时间很短时，集氡罩内的氡体积活度与积氡时间呈线性关系，氡析出率基本稳定；当积氡时间延长时，由于衰变、泄漏和反扩散的影响，集氡罩内的氡体积活度逐渐趋于稳定，氡析出率的计算结果就会变小。对于铀尾矿，研究表明 t 平均值为 6min 时，氡体积活度与积氡时间呈线性关系(张哲，1987)。

闪烁室是该方法用到的一个主要的仪器，氡进入闪烁室后，氡及其子体衰变产生的 α 粒子使闪烁室壁的 ZnS(Ag)产生闪光，经光电倍增管和电子学线路最后记录下来。单位时间内的脉冲数与氡浓度成正比，从而可确定氡浓度。

该方法的优点是探测下限低(和闪烁室的几何形状等有关，一般可达 3.7Bq/m^3，设计好的可达 0.37Bq/m^3)，操作简便，准确度高；缺点是测量时间较长(3h 以上)，要求的设备较多，装置笨重，不便于现场使用。沉积于闪烁室内壁的氡子体难以清除，使用时应经常用氮气或老化空气清洗。保存时应充入氮气封闭以保持较低的本底，并经常刻度以保持测量的准确性(苟全录，1994)。

2) 活性炭吸附法

活性炭吸附法(傅锦等，2002，2003；Chau et al.，2005)是利用活性炭的强吸附性能采集氡气，然后测量氡及其子体的辐射来确定氡的析出率。

活性炭吸附法测氡总体上可分为微分法(瞬时法或抽气法)和积分法(长时间法或累积法)，是采用装在采样器中的活性炭作为吸附剂累积吸附氡气，然后用 NaⅠ晶体探测氡子体的伽马射线。它在地质找矿、环境氡测量中为国内外广为采用，被证实是一种有效的、抗干扰性能较好的测氡方法。

该方法测量氡析出率具有测量结果稳定、受环境因素影响小、探测器被动式测量、不需电源、测量简单等优点。活性炭具有良好的吸附性能和稳定的化学特性，可以耐强酸和强碱，能经受水浸、高温、高压的作用，不易破碎，气流阻力小，便于应用。

3) γ 能谱法

目前在铀尾矿上测量氡析出率的方法主要是采用现场测量方法，而用 γ 能谱

测量镭比活度来计算氡析出率的方法还未应用。氡是镭的衰变子体，从理论上讲，通过镭可以计算氡，但镭是固体核素，氡是气体核素，这使得用镭的比活度计算氡析出率变得复杂。用γ能谱测量镭比活度计算氡析出率对于指导尾矿覆盖工程是具有可能性的，但是还需要做大量的研究对比工作(傅锦，2003)。

2. 闪烁室法测量步骤

在本文研究过程中，氡析出率的实验测量主要采用闪烁室法。

采用闪烁室(500mL)取样，用 FD-125 氡钍分析仪配 FHB-463 智能定标器(图 1-5)进行氡析出率测量，闪烁室经南华大学氡室抽检标定其刻度系数 K 的平均值为 13.5。其他实验设备还包括真空泵、扩散器、干燥管、秒表、洗耳球、弹簧夹、橡皮管、干湿温度计、气压计。

图 1-5　FD-125 氡钍测量仪(左)和 FHB-463 智能定标器(右)

测量的具体操作步骤如下：

(1) 准备。测量闪烁室本底，确定闪烁室的气密性，然后将闪烁室抽成真空。

(2) 取样。在尾矿表面扣一个不透气、不吸氡、不溶氡材料制成的集氡罩(图 1-6)，周边用不透气的材料密封，集气罩的顶部开一个小于 10mm 的小孔并装上铜嘴，铜嘴上连接橡皮管，橡皮管用夹子夹紧，铜嘴与集氡罩的接合部位用环氧树脂密封。扣罩前、扣罩后各取空气样 1 次，注意扣罩前记录气温、湿度、大气压，扣罩前取空气样时应靠近实验柱的表面，扣罩后要保证密封性，将集氡罩的管关死，同时计时，累积时间为 5min。取样时转移到闪烁室的时间控制在 45s 左右。取样结束后，拆卸仪器，用洗耳球排出干燥管与扩散器内的氡，以备下次使用。

(3) 测量和计算。将取得的样品静置 2.5～3h 待氡及其子体接近稳定，然后

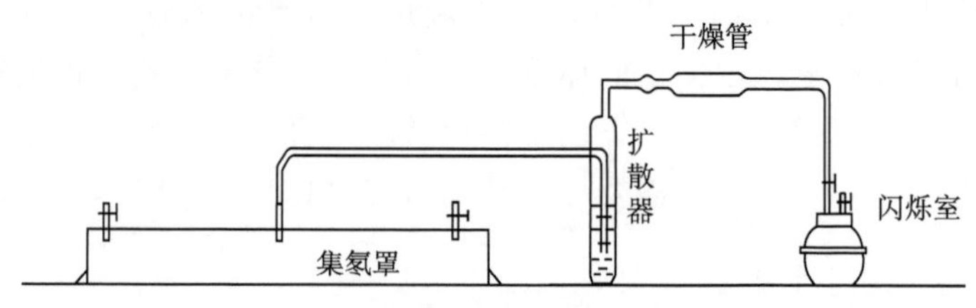

图 1-6　氡析出率测量取样装置示意图

进行测量，每分钟记一次样品的 α 脉冲计数，每个样品记录四次，求其平均值。根据闪烁室的刻度系数和扣罩前后的取样测量数据，按式(1-25)计算氡析出率，其中时间为累积时间加上转移时间的一半，即式(1-25)中的 t_2＝累积时间＋1/2 转移时间。

(4) 清洗。测量后的闪烁室要及时用真空泵进行洗涤，降本底，以备用。

(5) 每隔 1.5h 取一次样。

取样时需注意：每次取样之前，将排风系统开启一段时间，主要是将室内的氡排走，减少室内空气中氡浓度对实验结果的影响；并且尽量减少实验人员走动造成的空气流动对氡析出的影响。

1.3.2　铀尾矿大气氡浓度测量

大气环境中氡浓度的测量有累积测量、瞬时测量、连续测量等测量方法。累积测量可以得到准确的累积剂量，所使用的方法包括活性炭盒和固体径迹法；瞬时测量可反映氡及其子体浓度随时间的变化规律，使用方法有双滤膜法、闪烁法、活性炭吸附分析法；连续测氡仪主要是 1027 型和 RAD7 型，RAD7 型准确度更高。闪烁室型的连续测氡仪很容易使本底增高，测量值偏大，特别是测量高浓度的房间后，接着测普通房间，结果偏大；需用氮气冲洗闪烁室或放较长时间才能再使用。

各测量方法及特点见表 1-10。

表 1-10　常用氡测量方法分类及特点

采样方式	方法	特点
瞬时采样	电离室法	直接、快速，灵敏度较低，设备笨重
	闪烁室法	操作简便，灵敏度较高，野外使用不便
	双滤膜法	可同时测量氡和子体的浓度，受湿度影响大，不便携带
	气球法	简单、快速，便于携带，球壁效应难修正，受湿度影响大

续表

采样方式	方法	特点
连续采样	闪烁室连续测氡仪	连续监测设备的共同特点是：自动化程度高，可连续监测氡浓度的动态变化，缺点是设备都较复杂，不便于野外使用，较昂贵
	自动双滤膜法	
	扩散静电法	
	流气式电离室	
累积采样	固体径迹探测器	便于携带或邮寄，径迹稳定(不易衰退)，无需及时测量，适合大规模布点，只用于长期测量
	热释光剂量计	小型价廉，无电源、噪声，精度比径迹法稍差，读数方便，受湿度影响
	活性炭被动吸附法	灵敏度高，成本低，操作方便，无噪声，能重复利用，只用于短期测量，受湿度影响
	驻极体测氡法	价廉，轻便，体积小，电荷信息稳定，可重复使用，不受湿度、温度影响，可用于长期和短期测量

1.3.3 铀尾矿库的退役治理

铀尾矿一般可通过5种方式对公众和环境造成污染和危害：①析出的氡及其子体；②γ辐射；③吸入或食入飞扬的粉尘；④污染水体；⑤生长在附近的植物富集的转移。其中氡及其子体的危害最为严重，因此对氡及其子体的治理尤为重要。铀水冶工业发展初期，各国对铀尾矿的处置都没有给予足够的重视，因而发生过不少铀尾矿造成的污染事件。随着各国政府和人们环境保护意识的不断增强，各国对铀尾矿已造成和可能造成的对环境的污染问题给予了高度重视，国际原子能机构(IAEA)和国际放射性辐射防护委员会(ICRP)等国际机构对铀尾矿库的环境治理也十分关注。

铀尾矿库的退役治理通常采用覆盖法，即将覆盖物放置在尾矿和废物表面以控制污染物输运至环境中。覆盖系统设计中需要考虑的一个重要方面是充分降低氡析出的能力。不同国家的法规要求有所不同(表1-11)，有的要求覆盖达到一个规定的析出率值，有的要求将氡水平降低至环境背景值。例如，美国环保部于1983年制订了相应的铀尾矿氡释放的控制标准(40CFR192)，要求覆盖治理后尾矿库的平均氡析出率小于20pCi/(m^2·s)[0.74Bq/(m^2·s)]，覆盖层的设计要保持有效性1000a，最少也要200a(US EPA，2014)。我国也颁布了《铀矿冶设施退役环境管理技术规定》国家标准(GB 14586—1993)，规定铀尾矿经覆盖处置后其表面平均氡析出率不应超过0.74 Bq/(m^2·s)。

表 1-11 国际原子能机构和主要国家铀尾矿退役治理管理限值

国家或机构	公众最大个人剂量当量(mSv/a)	Rn 析出率[Bq/(m² · s)]	γ 辐射剂量率(×10⁻⁸Gy/h)
IAEA	0.1	0.80	本底+20
中国	0.25	0.74	—
美国	0.1	0.74	本底+20
加拿大		0.74	51.6
德国	5.0		
澳大利亚	1.0		
俄罗斯		1.0	100
西班牙	0.1	0.74	
法国	5.0		50～100

覆盖层增加了尾矿中产生的氡迁移至地面的时间，使氡在到达地面之前就发生衰变，这样就降低了氡的析出率。覆盖铀尾矿是一项耗资巨大的工程，一个大型铀矿山或水冶厂，铀尾矿占地数十万乃至百万平方米，即使采用价格便宜的土壤做覆盖材料，其投资也高达数百万乃至上千万元。从工程角度看，为了进行有效的覆盖、减少覆盖治理成本，有必要深入研究铀尾矿氡的析出。

国内外很多研究机构和科研人员开展了铀尾矿覆盖的相关理论和实验研究，并取得了工程实践应用效果(张哲，1993；徐乐昌等，1998，1999；李旭彤，2001；周星火和邓文辉，2004；梁建龙等，2010；谢腾飞等；2010；谭凯旋等，2012；U. S. NRC，1980，1984，1989，2003，2011；National Research Council，1997，2007；Ferry et al.，2002；Rowe et al.，2004；Ota et al.，2007；Tan et al.，2012)，包括覆盖层的材料、厚度、密度及表面植被等因素对氡析出的影响，覆盖层厚度的计算方法、覆盖治理标准和覆盖效果评价等。

能有效降低氡析出的覆盖材料有水、泥土物质、土工合成材料如土工膜和土工合成黏土衬垫、蒸发蒸腾屏障等。简单覆盖用一种材料，但是通常采用不同材料的组合。影响覆盖材料选择的因素主要有气象、材料的易得性、尾矿的特性、管理要求、其他场址特别要求或特别问题(如酸性矿山废水、水下渗、侵蚀等)。

1. 水覆盖

由于水中氡的扩散系数远低于空气中，水覆盖可以显著减少氡的析出。铀矿山废物设施采用水下处置比其他土壤放射性废物设施更普遍。水下处置通常是淹没尾矿库，或将尾矿或废石搬迁至储水盆地如以前的露天矿坑中。在浅水覆盖中，自然对流、风力作用和蒸发均可能使氡扩散增强。积雪覆盖的环境和冷冻环境也能减少氡的析出。但是用水覆盖需要防止水的渗漏，如果尾矿孔隙中的水与地下水交换会造成对地下水的污染。采用水覆盖的典型实例有在加拿大萨斯喀彻温省北部，矿化废石放置在以前的露天矿坑中；几米深的水覆盖提供了有效的氡的屏障。

2. 泥土覆盖材料

这是普遍采用的覆盖材料，低渗透性土壤覆盖物通常是由细粉沙和黏土组成。这些材料可以达到非常低的渗透率（小于 1×10^{-9} m/s），对限制氡运输是非常有效的。然而，由于润湿和干燥、冰冻和解冻，以及变形作用等可以使未保护的黏土覆盖物的渗透性增高（National Research Council，2007），从而增大氡的析出。多数采用多层覆盖(图 1-7)，即将覆盖系统设计成能同时用来限制水的下渗和氡的排放，在黏土覆盖层上覆盖一层由粗沙或砾石组成的横向排水层，以将水头限制在黏土顶部；顶部再覆盖一层耐久的岩石以起侵蚀防护作用。

3. 土工合成材料

由合成高分子材料制造的土工合成材料越来越多地被用来作为覆盖材料。目前用于覆盖的低渗透性土工合成材料主要有土工膜及土工合成黏土衬垫两种。其他类型的土工合成材料如土工网和土工布在覆盖系统中提供其他功能（如作为过滤器分离细粒物），或帮助保护低渗透性材料。

高密度聚乙烯制成的土工膜是最常用的尾矿设施的衬垫，而更柔韧的聚合物，如低密度聚乙烯、聚丙烯、聚氯乙烯，通常用于最后覆盖来容纳沉降物。这些膜材料具有很低的导水系数（小于 10^{-13} m/s）；然而，土工膜的撕裂或缝合不好等带来的缺陷会导致渗漏的发生。要评价有土工膜破洞发生的渗漏需要对破洞的大小和频率进行估计。长期覆盖应考虑土工膜的降解问题。对土工膜使用寿命的估计有很大的差异，其强烈依赖于温度，如果土工膜是暴露的，其寿命在10℃温度下大约 1000a，而在 60℃温度时减少到只有 15a。因此，土工膜往往只是组合覆盖系统的一部分。例如，在土工膜上再覆盖一层黏土，用来限制氡从膜的缺陷的释放，从而延长覆盖系统的寿命。

土工合成材料黏土衬垫是由一层膨润土层被一层或两层织物支撑所组成。制造时膨润土层厚约 6mm，单位面积质量为 3.6～4.3kg/m^2，水含量为 10%～20%。虽然土工合成材料黏土衬垫有非常低的导水率，但其太薄而不能为氡的衰变提供充足的时间，因此土工合成材料黏土衬垫也是必须与其他覆盖层联合使用才更有效。

通常采用地表植被来保护覆盖层，植被对侵蚀控制、稳定化和限制入渗是有用的。但是，近来的深入研究也发现地表植被对覆盖材料的降氡效果会产生影响

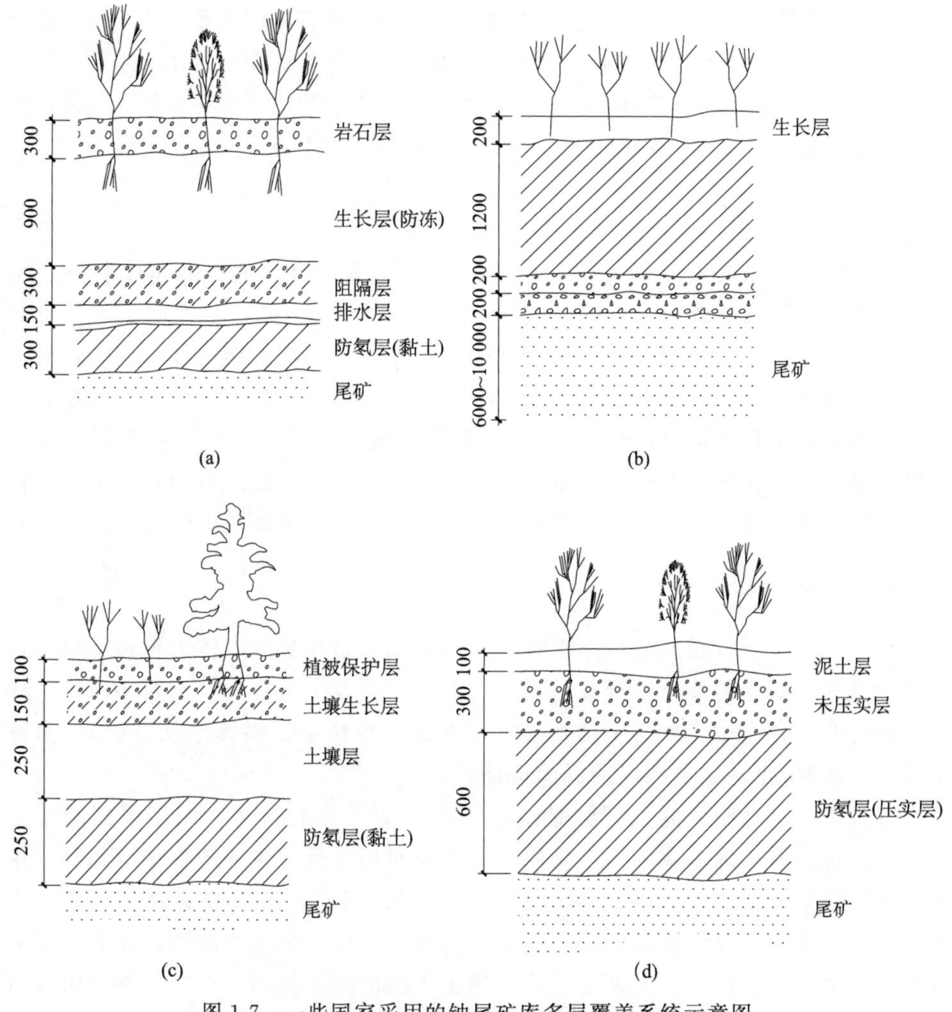

图 1-7　一些国家采用的铀尾矿库多层覆盖系统示意图

(a)美国；(b)瑞典；(c)澳大利亚；(d)法国

(Waugh et al.，2001)，从而影响到设计标准，主要影响机制如下：

(1) 植物可以改变土壤的水分状况，从而影响氡析出率。例如，在蒸发过程中植物可以去除土壤中水分，导致土壤干旱，从而增大氡析出率。

(2) 根系入侵可以增大下伏土壤层的渗透性，引起氡析出率增高。在几个铀矿山废物场址均观察到木本植物和灌木的根系穿透了压实黏土层。

(3) 根系长入覆盖层和废物中的植物可能作为氡的通道。通过蒸腾作用，水中的氡和镭很容易从土壤中提取到维管束植物中，这些氡通过叶表皮最终释放到大气中。

第 2 章　铀尾矿氡析出的分形和混沌分析

2.1　分形与混沌理论简介

2.1.1　动力系统

动力学研究的是系统如何随时间变化。系统就是指由一些相互联系(或相互作用)的客体组成的集合。系统的性质或特征用一些状态变量(state variables)表征。当状态变量随时间变化，也就是系统处于非平衡态时，此时的系统称为动力(或动态)系统(dynamical system)，包括工程、物理、生物、社会系统等。状态(state)和时间(time)是构成动力系统的两个要素。动力系统由演化规律和初始条件描述。演化规律(evolution law)是系统状态间的依赖关系，初始条件(initial condition)是起始时刻的系统状态。动力学就是研究系统中状态变量如何随时间变化(即系统的运动)的一个学科。状态变量随时间变化的方程称为动力学方程(dynamical equation)或运动方程。

动力系统可分为确定性和随机性两类。确定性系统(deterministic system)可用时间的确定性函数给出，而随机性系统(stochastic system)不能用时间的确定性函数给出，只具有统计规律性。随机性系统一般都含有随机性的初始条件、参数变化或外部激励，可以更明确地称为外在随机性系统(externally stochastic system)。动力系统又可分为有限维系统(finite-dimensional system)和无穷维系统(infinite-dimensional system)，前者的状态可以用有限个参数表示，而后者必须用无穷多个参数表示。动力系统还可分为连续系统(continuous system)和离散系统(discrete system)。

过去对动力系统的研究一般多限于线性系统，即其动力学方程都是线性的。也就是说，在方程中只有各状态变量及其各阶导数的线性项。然而实际的自然现象和社会现象都是很复杂的，其动力学规律往往需用非线性方程表示，即实际存在的客体大多数都是非线性系统。

非线性系统(nonlinear system)是指系统状态的变化以一种复杂的方式依赖于系统先前的状态。与线性系统相比，非线性系统具有若干更为复杂的性质。首先，线性系统中经常采用的叠加原理对非线性系统不适用。其次，非线性系统运动的周期不像线性系统那样仅由系统特性确定，一般还与初始条件有关。再次，非线性系统可能具有多个平衡位置和稳态运动，系统的动力学行为既取决于这些平衡位置和稳态运动的稳定性，也与初始条件有关。此外，线性系统仅存在周期运动和准周期运动，非线性系统存在混沌等复杂运动现象(刘延柱和陈立群，2000)。

非线性动力学(nonlinear dynamics)研究非线性动力系统各类运动状态的定性和定量变化规律，尤其是系统的长时间演化行为中的复杂性。对有限维系统而言，其主要内容包括混沌、分岔和分形。混沌是一种由确定性动力系统产生的对于初值极为敏感而具有内在随机性和长期不可预测性的往复非周期运动。分岔是指动力系统的定性行为随着系统参数的改变而发生质的变化。分形是没有特征尺度而具有自相似性的几何结构，用于描述破碎、不规则的复杂几何形体。

2.1.2 分形

分形几何学(fractal geometry)是非线性科学的重要内容之一，它是由法裔美籍数学家曼德尔布罗特(Mandelbrot)于20世纪80年代初创立的一门新的几何学，它为研究自然界的不规则形状和复杂过程提供了新的定量方法，目前已被广泛应用于物理学、化学、生物学、生理学、地球科学、冶金学、材料学、采矿工程及社会科学等领域。

目前对分形还没有严格的数学定义，只能给出描述性的定义。曼德尔布罗特(1982年)最先提出分形(fractal)一词，意为不规则、支离破碎的。英国数学家Falconer在其专著《分形几何的数学基础及应用》一书中认为分形应看作具有如下所列性质的集合**F**：

① **F**具有精细结构；

② **F**具有高度的不规则性；

③ **F**具有某种程度上的自相似性；

④ **F**在某种意义下的维数大于它的拓扑维数；

⑤ **F**的生成方式很简单，如可由递归的方式生成。

人们对分形的理解通常指具有相似性或结构对称性的几何对象与各种动力学过程，而将定量描述上述自相似性的参数称为“分数维”或简称“分维”。分形和分维具有如下几个基本性质：

(1) 自相似性。指事物的局部(部分)与整体在形态、信息和功能等方面具有统计意义上的相似性。

(2) 标度不变性。指适当放大或缩小分形对象的几何尺寸，整体结构并不改变。

(3) 无标度区特性。指自然现象的分形特征只有在一定的尺度范围内和一定的层次中才能表现出来，这个具有自相似性的范围称为“无标度区”。

(4) 维数的分数性。指相对于欧氏几何学中只存在整数维，分形几何中的维数可以是整数，也可以是分数。

(5) 自然界分形现象的统计特性。自然界中的分形常常具有自相似分布特征的随机现象，因此必须采用概率统计的方法进行分析与处理。

分形理论的基本观点是维数的变化是连续的，即维数可以是整数也可以是分数；分形的基本特征就是自相似性或标度不变性，它可以用分数维(fractal dimension，简称分维)这一特征量来定量描述。

可以用许多方法来定义分形，最基本的就是发生频率与大小的幂定律关系。如果具有大于特征线性尺度(r)的客体的数目 N 满足以下关系式：

$$N=\frac{C}{r^D} \tag{2-1}$$

则定义了一个分维值为 D 的统计分形分布。值得注意的是，自然界中的真实分形和数学上纯粹的分形有以下两点差异：①自然界中的分形带有随机因素，不像数学中的分形那样纯粹和“干净”，因而必须采用概率统计的方法来处理：②自然界中的分形现象只在一定尺度范围内，一定的层次中才能表现出分形特征，其两端都受到某种特征尺度的限制，而在标度区间以外，分形现象就不存在了，其分维值也就失去了意义。而数学上的分形，则可以一直追溯到无穷。

分形理论揭示了非线性复杂系统的不变性、自相似性等全新的系统特征，强调物质或现象在形态上的相似性，认为局部与局部、局部与整体在结构、信息、功能、空间、时间上所具有的统计意义上的相似性，应是自然界物质和现象中广泛存在的基本属性。利用分形理论，通过对这些复杂系统特征的深入研究，可以探讨各种复杂现象的形成机理。这为我们从复杂现象中定量研究规律性问题提供了新的途径。

关于分形分析与分维值的计算方法有很多种，下面介绍几种常用的分析与计算方法。

(1) 特征尺度变换法(或标度变换法)。

根据上述分形的定义，以特征尺度 r 度量研究对象，其量度值为 N，若 N 与 r 有如下关系：

$$N=Cr^{-D} \tag{2-2}$$

则指数 D 为其分维值。在实际分析中，取一系列不同数量级的 r 值，分别测出相应的不同值 N，在双对数坐标图上绘出 $\ln N$ 对 $\ln r$ 的曲线，其拟合直线部分的斜率的绝对值就是分维值 D，这一斜率可用最小二乘法求出。该分析主要用于一维分析。

(2) 容量维 D_0。

容量维(capacity dimension)又可称作盒维数(box-counting dimension)，实际上是 Hausdorff 维数 D_0的一种具体实现，其定义是以覆盖为基础的。其具体分析方法是，以边长为 r 的正方形格子构成二维正交网格去覆盖研究区域，在不

断改变长度 r 的取值下，分别计算出研究对象所分布的网格数 $N(r)$。若 $N(r)$ 与 r 满足如下幂定律关系：

$$N(r)=Cr^{-D} \tag{2-3}$$

C 为常数，则研究对象为分形，D 为分维值。显然，若在双对数坐标中 $N(r)$-r 图为一直线，则该直线的斜率为 $-D$，也即为容量维 D_0，这就是通常所称的数盒子法。

(3) 信息维 D_1。

如果不像容量维定义中仅仅考虑覆盖所需求的个数 $N(r)$，而是考虑分形集的元素在覆盖中出现的概率，便可得到信息维(information dimension)D_1。假定将分形体用边长为 r 的正方形分割为 $N(r)$份，若分形集的元素出现在第 i 个单元的概率为 P_i，则根据信息论，这时的总信息量为

$$I(r)=-\sum_{i=1}^{N(r)}P_i(r)\ln P_i(r) \tag{2-4}$$

其中 $\sum_{i=1}^{N(r)}P_i(r)=1$。若变化 r，则有 $I(r)=I_0-D_1\ln r$，从而信息维为

$$D_1=-\lim_{r\to 0}\frac{I(r)}{\ln r}=\lim_{r\to 0}\frac{\sum_{i=1}^{N(r)}P_i(r)\ln P_i(r)}{\ln r} \tag{2-5}$$

可见，容量维恰好是等概率情况下$[P_i\approx 1/N(r)]$信息维 D_1 的特例，$D_1\leqslant D_0$。在实际计算中，变换盒子边长 r 值，如果 $I(r)$与 $\ln r$ 之间存在线性关系

$$I(r)=-D_1\ln r+I_0 \tag{2-6}$$

则可由直线的斜率求出信息维 D_1。

(4) 关联维 D_2。

关联维(correlation dimension)定义为(Grassberger and Procaccia，1983)

$$D_2=\lim_{r\to 0}\frac{\ln C(r)}{\ln r} \tag{2-7}$$

式中的关联函数 $C(r)$为

$$C(r)=\lim_{N\to\infty}\frac{1}{N^2}\sum_{i,\ j=1}^{N}\theta(r-|x_i-x_j|) \tag{2-8}$$

式中，θ 为 Heivist 函数。具体计算时，对一时空系列数据：t_1，t_2，…，t_S，可以按以下规则进行相空间重构。取头 m 个数据 t_1，t_2，…，t_m，记为 $r_1=(t_1$，t_2，…，$t_m)$，去掉 t_1，再往下取 m 个数据 $r_2=(t_2$，t_3，…，$t_{m+1})$，一直取到 $r_N=(t_N$，t_{N+1}，…，$t_{N+m-1})$，其中 $s=N+m-1$，共有 N 个点 r_1，r_2，…，r_N，给定一个数 r，然后检查有多少点对$(r_i$，$r_j)$之间的距离小于 r，把距离小

于 r 的点对数 $N(r)$ 占总点对数 N^2 的比例记作 $C(r)$，适当地缩小尺度 r，可在 r 的一段区间内有 $C(r)=rD$。对每个不同的 m，可以获得一系列的 $[r, C(r)]$ 数据对，以 $\lg r$ 对 $\lg C(r)$ 作图，求出对应每一个 m 值的 D，若随着 m 的增大 D 值将达到一个饱和值，则该 D 值即为关联维数。

(5) 多重分形分析。

随着分形理论的不断发展，已经从单分形扩展到多重分形的研究。多重分形是由单分形集合构成的非均匀分布多标度分形集合。多重分形在空间上包含所有具有连续分维谱的分形，从多重分形模式中可以推导出具有不同分维值如容量维、信息维、关联维等的各种分形模式。单分形和多重分形的区别主要在于分形的标度指数和分维值为常数，且二者相等；而多重分形的标度指数和分维值是连续变化的。Evertsz 和 Mandelbrot (1992) 认为单分形主要应用于物体的集合而多重分形应用于测量之中。对于具有几何支撑的连续随机空间分布变量，这种支撑可以由通过 k 维空间 $R^k(k=1, 2, 3)$ 分割产生的许多单元组成。假设 $\mu(\mathbf{S})$ 表示集合 **S** 在 R^k 中的测度，将研究区划分为边长为 r 的正方形单元格子，边长为 r 的第 i 个单元中的信息量为 $\mu_i(r)$，则分配函数 $x_q(r)$ 定义为

$$x_q(r)=\sum_{i=1}^{N(r)}\mu_i^q(r) \tag{2-9}$$

式中，$N(r)$ 是边长为 r 的单元总数；q 为任意实数，$-\infty\leqslant q\leqslant\infty$。如果测度 $\mu_i(r)$ 服从多重分形模式，对于任何 $x_q(r)$，其与单元大小 r 具有简单的幂定律关系：

$$x_q(r)\propto r^{\tau(q)} \tag{2-10}$$

式中，$\tau(q)$ 为 q 阶矩的幂指数(标度指数)。如果满足多重分形假设，在 $x_q(r)$ 对 r 的双对数图中构成一系列的直线，每一个 q 值对应一条直线，每一条直线的斜率给出一个 $\tau(q)$ 值。对于单分形也可以获得一组直线，但是对任何 q 值，所有的 $\tau(q)$ 值为一常数，或者 $\tau(q)=-\tau(-q+2)$。

多重分形的多重分维值 D_q 可由 q 阶矩的幂指数 $\tau(q)$ 求出：

$$\tau(q)=D_q(q-1) \tag{2-11}$$

如果 r 较小，表述测量本身自相似性的关系式

$$\mu(r)=r^{\alpha} \tag{2-12}$$

可用来定义奇异指数 α。具有相同 α 值的所有小区域组成一个分维为 $f(\alpha)$ 的分形子集，对于具有相似性的多重分形，α 为 q 的函数 $\alpha=\alpha(q)$，由式(2-11)和式(2-12)可得出：

$$\alpha(q)=\frac{\mathrm{d}\tau(q)}{\mathrm{d}q} \tag{2-13}$$

在单分形中，对所有的 q 值，其 $\alpha(q)$ 都相同；而在多重分形中，分维谱函数 $f(\alpha)=f\{\alpha(q)\}$ 具有如下形式：

$$f(\alpha)=q\alpha(q)-\tau(q) \tag{2-14}$$

分维谱 $f(\alpha)$ 曲线上的每一个点代表了具有近似相同的奇异指数 α 的 **S** 子集的分维值。$q=0$ 时，$f(\alpha)$ 达到最大值 $f_{\max}\{\alpha(0)\}=-\tau(0)$，对应于容量维 D_0；在二维集合中，$f_{\max}\{\alpha(0)\}\leqslant 2$，$q=1$ 时的 $f\{\alpha(1)\}$ 就是信息维 D_1。

显然，对于多重分形来说，标度指数 $\tau(q)$ 和多重分维 D_q 都是从整体上来描述多重分形的特征，而只有奇异指数 α 和分维谱函数 $f(\alpha)$ 才能表述多重分形的局部特征。

2.1.3 混沌

混沌(chaos)是一种看似无规则的运动，指在确定性非线性系统中，不需附加任何随机因素也可出现类似随机的行为(内在随机性)。即混沌是服从确定性规律但具有随机性的运动。服从确定性规律是指系统的运动可以用确定的动力学方程表述，而不是像噪声那样不服从任何动力学方程。运动具有随机性是指不能像经典力学中的机械运动那样由某时刻状态可以预测以后任何时刻的运动状态，但也不是像随机运动或噪声那样完全不可预言。虽然混沌运动在整个时间进程中具有随机性，即在较长的时间范围内不能对其运动作出预言，但是在较短的一定时间范围内预言还是可能的。

一般认为混沌主要具有以下特性：

(1) 内在随机性。

内在随机性不是由受到外界因素的影响而产生的，而是动力系统本身所固有的。对于混沌系统，一般是局部不稳定，而整体是稳定的(稳定性是指系统受到微小扰动后仍保持原状态的能力和属性)。而这种局部不稳定就是内在随机性产生的原因。外在随机性表示系统在任何时刻，即使在很短的时间内，其状态都是不确定的，从而也不可能做出任何预测，而只能对系统的状态进行统计描述，给出它的概率分布规律。内在随机性是系统在短期内按确定的规律演化且有一个可预报期限，在足够长的时间后系统才变为不确定。这种内在随机性存在于大量的保守系统和耗散系统中。与外在随机性不同，它是在完全确定性的过程中，在不需要附加任何随机因素的情况下就可以出现类似随机的行为，导致混沌的结果。内在随机性使混沌系统具有局部不稳定性，所以系统运动在某些方面(如某些维度上)的行为强烈地依赖初始条件。初始条件的微小变化即可导致结果的巨大差异。

(2) 对初始条件的敏感依赖性，即蝴蝶效应。

与随机性密切相关的是混沌运动对初始状态的敏感依赖。对于混沌运动，由于系统无法避免固有的涨落和外界噪声干扰，初始条件的微小差别往往会使相邻轨道按指数形式分离。这种状态(或轨道)的微小差别变化的放大就是不确定性和随机性。可以说，蝴蝶效应是区别混沌同其他确定性运动的最重要标志。

(3) 具有分形的性质。

系统的变化在相空间中可用轨线来描述，混沌系统的整体稳定性使轨线在相空间中收缩成吸引子，即奇怪吸引子(strange attractor)，该吸引子是混沌运动在相空间中经过无限次折叠构成的有无穷层次的自相似结构，这种结构称为分形。

(4) 普适性和 Feigenbaum 常数。

普适性是指在趋向混沌时所表现出来的共同特征，它因具体的系数以及系统的运动方程而变。Feigenbaum 详细地研究了由倍周期分岔通向混沌过程中的一些规律，得到了著名的 Feigenbaum 常数 δ，δ 为无理数，其值约为 4.6692016609…，即各分岔点之间的距离以比例 δ 倍缩小。

混沌理论中的重要概念是奇怪吸引子及其特征量。任何一个物理系统，当它的运动时间足够长时，耗散效应都是不可忽略的。对于耗散系统，相空间中的体积在运动过程中会不断收缩，不同的初始状态最后都要收缩到相空间中某一不变集上，就是所谓的吸引子。

考虑一个由 N 个一阶微分方程 $\frac{\mathrm{d}X}{\mathrm{d}t}=F(X)$ 描述的非线性动力系统，式中 $X=(x_1, x_2, \cdots, x_N)$，$F(x)$ 为 n 维非线性向量函数，不明显地依赖于 t，以 $x_1, x_2, \cdots, x_N$ 为坐标轴的空间构成系统的相空间，相空间的每一个点代表系统的一个状态。通过相空间的一点有唯一的一条积分曲线。一系列点的运动称为相空间中的流。吸引子就是由所有不同初始状态出发的轨道最后所构成的不随时间变化的集合或流形。

对于耗散系统，相空间的体积最终要收缩为零。因此，吸引子的维数总是低于相空间的维数。通常把具有整数维数的吸引子称为平凡(或平庸)吸引子，具有非整数维数的吸引子称为奇怪吸引子。奇怪吸引子是耗散系统出现混沌的根源，它有复杂的几何结构，对初始条件敏感。实际上混沌吸引子是一种动力学的概念，奇怪吸引子则是一种几何上的概念。

目前，在描述混沌现象时，常采用的特征量有：Lyapunov 指数、分维数、熵、Hurst 指数、功率谱指数等。

1. 混沌特征量

1) Lyapunov 指数

混沌系统具有整体稳定性和内在不稳定性。整体稳定性因素(如整体有界、耗散、存在捕捉区域等)使运动轨道稳定地收缩到相空间的吸引子上。而内在不稳定性是指系统在相体积整体收缩的同时，沿某些方向的运动又是不稳定的。奇怪吸引子的出现与运动轨道的不稳定是紧密相连的，不稳定的运动轨道在局部看来总是指数分离的。所以，动力系统一方面作为耗散系统最终要收缩到相空间的有限区域即吸引子上；另一方面运动轨道看来又是不稳定的，要沿某些方向指数分离。内在不稳定性反映为对初始条件的敏感性，即两个极靠近的初值产生的运动轨道，随时间的推移按指数形式分离，而 Lyapunov 指数就是定量描述这一现象的吸引子特征量。

对于一般的 n 维动力系统，定义 Lyapunov 指数如下：设 F 是 $R^n \to R^n$ 上的 n 维映射，决定一个 n 维离散动力系统 $x_{n+1}=F(x_n)$。设系统的初始条件用一个无穷小的 n 维的球表示，随着时间的演变变为椭球。将 n 维椭球的 n 个主轴按其长度顺序排列 $\lambda_1 \geqslant \lambda_2 \geqslant \cdots \geqslant \lambda_n$，那么第 i 个 Lyapunov 指数根据第 i 个主轴的长度 $p_i(n)$ 的增加速率定义为

$$\lambda_i=\lim_{n\to\infty}\frac{1}{n}\ln\frac{p_i(n)}{p_i(0)} \quad i=1,\ 2,\ \cdots,\ n \tag{2-15}$$

n 个 Lyapunov 指数表示了系统在相空间的 n 维方向的收缩或扩张的性质。在 Lyapunov 指数小于零的方向上轨道收缩，运动稳定，对于初始条件不敏感；在 Lyapunov 指数大于零的方向上轨道分离，运动对初始条件敏感。最大的 Lyapunov 指数决定了轨道发散覆盖整个吸引子的快慢，最小的 Lyapunov 指数决定了轨道收缩的快慢，而所有 Lyapunov 指数之和 $\sum\lambda_i$ 则决定整个 n 维超椭球的体积收缩快慢。对于耗散系统 $\sum\lambda_i<0$，因为它总是要收缩到一个平庸的或奇怪的吸引子上；保守系统的相体积保持不变，则 $\sum\lambda_i=0$。

通过 Lyapunov 指数的正负号来给吸引子分类(吕金虎等，2002)。区分不同类型的吸引子的重要标志就在于混沌吸引子具有正的 Lyapunov 指数。正的 Lyapunov 指数是混沌的重要判据之一。在正的 Lyapunov 指数方向上，其轨道迅速分离，长期行为对初始条件敏感，表明运动是混沌的。前面提到的“蝴蝶效应是区别混沌同其他确定性运动的最重要的标志”的论断，可以用 Lyapunov 指数来定量描述。

2) 吸引子分维值

混沌吸引子具有分形的性质，它的轨道在相空间中经过无数次靠拢和分离，来回拉伸折叠成的几何形状具有无穷层次的自相似结构。因此，奇怪吸引子的几何性质可以通过研究它的空间维数来确定。描述重构相空间的吸引子的分形维数采用得最多的是关联维。

计算关联维需先计算下面的关联和(Kantz and Schreiber，1997)：

$$C(m, \varepsilon)=\frac{1}{N_{\text{pairs}}}\sum_{j=m}^{N}\sum_{k<j-w}\Theta(\varepsilon-|x_j-x_k|) \tag{2-16}$$

式中，$C(m, \varepsilon)$为一个累积分布函数，表示相空间中吸引子上两点之间距离小于 ε 的概率；x 为 m 维延迟向量；$|x_j-x_k|$为相点 x_j 和 x_k 之间的距离；$N_{\text{pairs}}=(N-m+1)(N-m-w+1)/2$；$\Theta$ 为 Heaviside 阶梯函数（当 $x\leqslant 0$ 时，$\Theta(x)=0$；当 $x\geqslant 0$ 时，$\Theta(x)=1$）；w 为 Theiler 窗口（Theiler window）(Theiler，1986)。关联和与 ε 有如下关系(Grassberger and Procaccia，1983)：

$$C(m, \varepsilon)\propto \varepsilon^{D_2} \tag{2-17}$$

式中，D_2 为吸引子的关联维，对于 ε 的某个适当范围，D_2 与 $C(m, \varepsilon)$满足对数线性关系

$$D_2=\ln C(m, \varepsilon)/\ln\varepsilon \tag{2-18}$$

另外，对于混沌运动的定量表征还有 Kolmogorov 熵、自相关函数、Hurst 指数、功率谱指数、标度指数等。而上述所有方法中没有哪一种是最普适、最有效的万能方法，比较可靠的做法是同时采用多种方法，从不同的深度和广度了解混沌系统的非线性特征，然后进行综合分析研究，从而得出较准确的结论，使我们对混沌系统的认识从定性上升到定量的高度。

2. 时间序列的混沌分析

1）相空间重构

为了直观、方便地研究动力系统，1901 年美国理论物理学家、化学家和数学家 Gibbs 引入了相空间(phase space)的概念。所谓的相空间(或状态空间，state space)指的是用状态变量$\{x_i\}$ $(i=1, 2, \cdots, n)$支撑起的抽象的几何空间。相空间的维数就是描述系统所需的状态变量的个数，也即系统的自由度数。相空间里的每一个点，即相点，表示系统在某时刻的一个状态，而相空间里的相点的连线构成了点在相空间的轨道，即相轨道。相轨道表示了系统状态随时间的演变，包含了系统所有可能的状态，因此系统的状态和相空间的点之间建立起了一一对应的关系。

研究复杂动力学系统的一般方法是建立系统的非线性微分方程模型，通过系统的基本变量构造系统的相空间，并在相空间中通过吸引子研究系统的行为。然而在许多情况下，系统的基本变量是未知的，因而无法构造系统的精确数学微分方程模型，难以实现从系统的基本变量建立系统的相空间。另一种研究复杂系统的方法是从时间序列入手。系统任一分量的演化是由与之相互作用着的其他分量所决定的，因此，这些相关分量的信息就隐含在任一分量的发展过程中。这样，就可以从某一分量的一批时间序列数据中提取和恢复出系统原来的规律，这种规

律是高维空间下的一种轨迹(陈士华和陈君安，1998)。由于混沌系统的策动因素是相互影响的，因而在时间上先后产生的数据点也是相关的。Parkard 等建议用原始系统的某一个变量的延迟坐标来重构相空间，Takens(1981)证明了可以找到一个合适的嵌入维数，即如果延迟坐标的维数 $m \geqslant 2D+1$，D 为动力系统的维数，在这个嵌入维空间里可以把有规律的吸引子轨迹恢复出来。Whitney 的相空间重构理论和 Takens 坐标延迟嵌入定理为从非线性时间序列重构相空间提供了理论依据。

根据 Takens 定理，对于一个单变量的时间序列，如果能够适当选定嵌入维 m 和时间延迟 τ，按坐标延迟法重构相空间：

$$X_i = \{x(t_i),\ x(t_i+\tau),\ \cdots,\ x[t_i+(m-1)\tau]\},\ i=1,\ 2,\ \cdots \tag{2-19}$$

在这个重构的相空间里就可以在拓扑等价的意义下恢复吸引子的动力学特性，如分形维数、Lyapunov 指数等。对嵌入参数 m 和 τ 的选取非常重要，同时也是非常困难的，已有大量文献研究了如何对其进行“最优”选择。然而，对它们的最优选择很大程度上取决于它们的应用，即在不同的应用场合选择不同的方法。

常用的求时间延迟 τ 的方法有自相关函数法和互信息法，自相关函数法是非常成熟的求时间延迟 τ 的方法，它主要是提取序列间的线性相关性。一般地，对于一个混沌时间序列，可以先写出其自相关函数，然后作出自相关函数关于时间 τ 的函数图像。根据数值实验结果，当自相关函数下降到初始值的 $1-1/e$ 时，所得的时间 τ 就是重构相空间的时间延迟 τ。互信息法是估计重构相空间时间延迟的一种有效方法，它在相空间重构中有广泛的应用。Shaw 首先提出以互信息第一次达到最小时的滞时作为相空间重构的时间延迟，Fraser 和 Swinney 给出了互信息计算的递归算法(1986)。互信息法与自相关函数法比较虽需要较大的计算量，但互信息法包含了时间序列的非线性特征，其计算结果明显优于自相关法。

2）时间序列的混沌性质识别

对于一个给定的系统，我们希望弄清楚以下 3 个问题：①怎样判断一个系统是否为混沌系统；②对于一个混沌系统，怎样进行定量和定性描述；③对于一个混沌系统，怎样根据历史信息进行预测。混沌的识别是非常重要的，对于一个给定的时间序列，要判断究竟是确定性的还是随机性的，还是在服从确定性的规律中掺杂有噪声，如果是确定性的，那么要判断究竟是周期的，准周期的，还是混沌的。看似毫无规则的复杂时间序列很难判断出究竟是随机序列还是确定性的混沌序列。由于吸引子的特征量刻画了吸引子某些方面的特征，在混沌理论研究中占有重要地位。目前已有的混沌特征的判别方法都建立在相空间重构的基础之上，通过计算混沌特征量来判断混沌存在的必要条件。

国内外关于时间序列的混沌性质的判别方法有：功率谱法、主分量分析法、Poincare 法、Lyapunov 指数法、C-C 方法、局部可变神经网络法、指数衰减法、频闪法、替代数据法等。常用方法有以下几种：

(1) 功率谱法。如果功率谱中出现尖峰，则运动是周期或准周期的；而混沌的特征是功率谱中出现噪声背景和宽峰。功率谱分析法成为计算机实验观测分岔与混沌的重要方法。

(2) 指数衰减法。因为混沌时间序列的关联积分是指数衰减的，而噪声时间序列不是指数衰减的，所以可以通过考察关联积分的图形来判断序列是混沌的还是随机噪声序列。同时可以根据关联积分得出分维值的估计。

(3) Lyapunov 指数法。Lyapunov 指数作为沿轨道长期平均的结果，是一种整体特征，其值可正、可负，也可等于零。若系统的最大 Lyapunov 指数为正，则系统是混沌的。所以，时间序列的最大 Lyapunov 指数是否大于零可以作为该序列是否为混沌的一个判据。

(4) Kolmogorov 熵。根据前文所述，Kolmogorov 熵可以用来区分规则运动、混沌运动和随机运动，因而可作为系统混沌特性的判定指标。

(5) 替代数据法。替代数据法用来鉴别被测时间序列是否包含非线性成分而并不肯定其是否是混沌的一种方法。假设(称为零假设，null hypothesis)测得的时间序列数据是线性的。由于噪声的存在，数据自然具有随机性，即假设数据表示线性随机过程。可以用与原数据具有相同性质(如有相同的平均值、方差等各统计量，或有相同的功率谱和关联时间等)但是随机的所谓替代数据(surrogate data)来实现此零假设。这样的替代数据不会是唯一的而是大量的。分别计算原数据和替代数据的某非线性统计量(如分维等)，如果替代数据的计算结果与用原数据计算的结果无显著差别，这就表示零假设是对的，即原数据确实是线性的；如果对特征量的计算指出替代数据与原数据有显著差别，则拒绝零假设，认为序列来自确定性非线性动力系统。

2.2　铀尾矿氡析出率的时间序列实验与混沌分析

2.2.1　铀尾矿氡析出率的时间序列实验

室内实验就是在忽略气象条件的影响下，探讨尾矿本身的内部特性对氡析出率的影响。实验在装有排风系统的室内进行，整个实验过程中气温、大气压力、湿度、风速等气象条件的变化不大，对实验的影响较小，因此气象参数对氡析出的影响可忽略不计。需注意的是，与现场实验相比，实验柱内壁对氡析出率有影响，即“边壁效应”。

1. 实验设计

1）实验装置

设计了2种规格的实验柱，均采用厚度为5mm的PVC制成。其中高柱的内径为400mm、高度为1500mm[图2-1(a)]，由3个单元柱经法兰连接而成；矮柱(2个)的内径为700mm、高度为500mm[图2-1(b)]。实验柱集气罩的高度为80mm(集气体积分别为10L、30L)，集气罩上的取样管采用内径为7mm的有机玻璃管。对柱内壁进行了加糙处理，以减少“边壁效应”的影响。

(a)

(b)

图2-1　实验柱
(a)高柱；(b)矮柱

2）实验样品

该实验样品取自湖南某铀水冶厂的尾矿库，对尾矿进行了筛分分析，结果见表2-1。尾矿的粒度分布范围为0.005～5mm，其中以<0.043mm的细沙和0.074～0.147mm的中沙为主。尾矿的平均容重(干)为1410kg/m³。

表2-1　尾矿粒度分布

粒度(mm)	0.005～0.043	0.043～0.074	0.074～0.147	0.147～2	2～5
质量分布(%)	52.7	12.0	34.5	0.5	0.03

对尾矿进行了化学成分分析，结果见表2-2。分析结果表明，尾矿的化学成分以SiO_2为主，其次为Fe_2O_3、Al_2O_3、CaO，其放射性元素U、Ra的含量也

较高，特别是在黏土质矿泥中。

表 2-2　尾矿中主要化学成分及放射性物质含量

	SiO_2(%)	Fe_2O_3(%)	Al_2O_3(%)	MgO(%)	CaO(%)	U (μg/g)	^{226}Ra(Bq/g)
黏土质矿泥	41.9～53.0	3.3～3.6	7.3～8.6	0.7～1.2	11.6～15.8	74～1700	14.50～32.30
细沙	77.9	2.6	7.2	0.4	2.8	61	3.05
中沙	77.6～77.8	2.6～2.7	5.9～8.4	0.3	3.0～3.1	71～740	2.86～3.03

实验样品装柱前，先将所采集的尾矿样品自然风干，再分别称取质量为233.6kg、249.3kg、223.4kg 的尾矿样品填满 1 个高柱和 2 个矮柱(实验柱分别编号 Z1-1、Z1-2、Z1-3)，其中 Z1-1 和 Z1-3 为自然压实，Z1-2 为人为压实。两天后，Z1-1 实验柱内发生沉降，对其加样 2.05kg。实验柱样品的装填情况见表 2-3。

表 2-3　氡析出时间序列实验装柱

样品号	Z1-1	Z1-2	Z1-3
质量(kg)	235.65	249.30	223.40
高度(mm)	1500	500	500
密度(g/cm^3)	1.250	1.296	1.162

2. 实验结果

对 3 个实验柱进行了为期 20d、取样测试时间间隔为 1.5h 的氡析出率连续测量。获得 Z1-1、Z1-2、Z1-3 三个实验柱的氡析出率时间序列分别如图 2-2～图 2-4 所示。

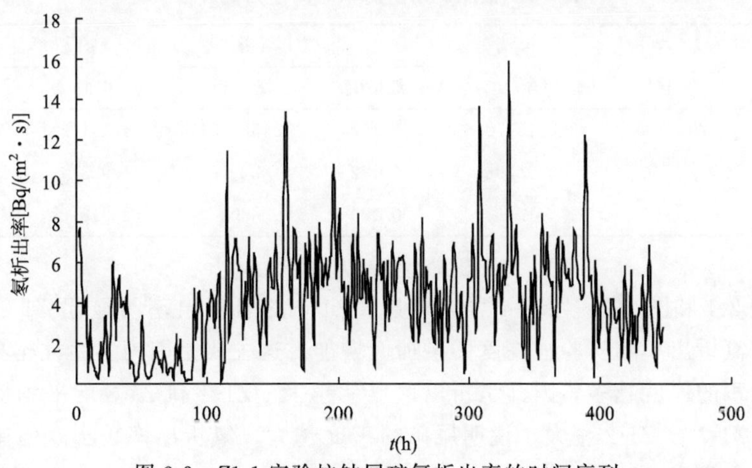

图 2-2　Z1-1 实验柱铀尾矿氡析出率的时间序列

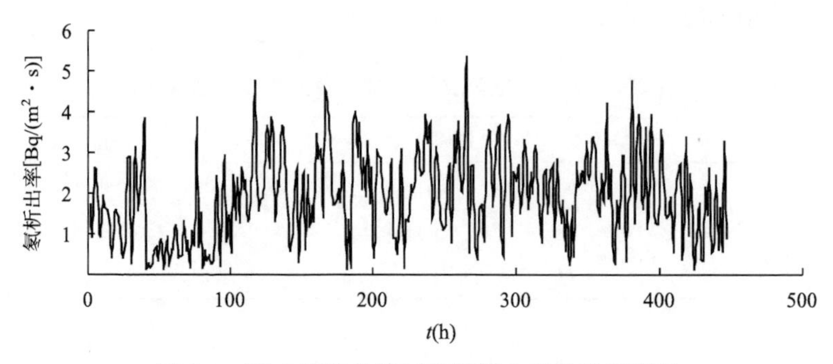

图 2-3 Z1-2 实验柱铀尾矿氡析出率的时间序列

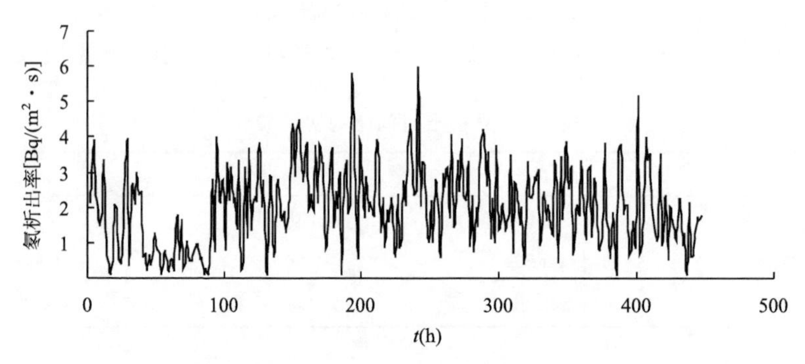

图 2-4 Z1-3 实验柱铀尾矿氡析出率的时间序列

3 个实验的氡析出率的时间序列统计特征见表 2-4。

表 2-4 铀尾矿氡析出率时间序列统计值

样品号	高度（mm）	密度（g/cm³）	氡析出率[Bq/(m²·s)]			
			最小值	最大值	平均值	方差
Z1-1	1500	1.250	0.107	15.870	4.131	2.543
Z1-2	500	1.296	0.132	5.245	1.923	1.099
Z1-3	500	1.162	0.103	5.595	2.018	1.147

从表 2-4 和图 2-2～图 2-4 可以看出，Z1-1 的氡析出率明显比 Z1-2 和 Z1-3 高，说明氡析出率随实验柱高度的增加而增加。这主要是因为实验柱越高，尾矿空隙中累积的氡就越多，因此氡析出率也就越大。Z1-2 和 Z1-3 的平均值和方差较接近，Z1-3 比 Z1-2 稍大，说明尾矿的密度越大，氡析出率越小，但尾矿密度对氡析出率的影响不大。另外，白天的氡析出率一般较晚上大，这主要是由尾矿

温度的不同引起的。尾矿温度较高时，分子热运动剧烈，氡在尾矿中的扩散系数增大，因此氡析出率也较高。

2.2.2　铀尾矿氡析出率时间序列的混沌分析

实验得到的貌似毫无规则的铀尾矿氡析出率时间序列很难判断出究竟是随机序列还是确定性的混沌序列。混沌是一种非线性现象，其动力系统必定存在具有分维特征的奇怪吸引子。奇怪吸引子具有无穷的自相似分形结构，具有分数维和正的 Lyapunov 指数。由于吸引子的特征量刻画了吸引子某些方面的特征，因此在混沌理论研究中占有重要地位。目前已有的混沌特征的判别方法都建立在相空间重构的基础之上，通过计算混沌特征量来判断混沌存在的必要条件。

1. 互信息法和时间延迟的选取

互信息法是估计重构相空间时间延迟的一种有效方法，由于它可以同时计算非线性相关性，度量了两个变量的整体依赖性，因此在相空间重构中有广泛的应用。将互信息第一次达到最小时的滞时作为相空间重构的时间延迟，可以采用递归算法进行互信息计算。

为使分析具有较普遍的意义，设要分析的是两个系统 A 和 B 或对某一物理量测量得到的两个时间序列。测量结果为：a_i 和 b_k 的概率分别是 $P_A(a_i)$ 和 $P_B(b_k)$。令 $P_{AB}(a_i, b_k)$ 表示同时对 A 和 B 进行测量、结果分别是 a_i 和 b_k 的概率。于是可定义互信息量：

$$I_{AB}(a_i, b_k) = \log_2\left[\frac{P_{AB}(a_i, b_k)}{P_A(a_i)P_B(b_k)}\right] \tag{2-20}$$

和平均互信息量(对所有测量结果的)：

$$I_{AB} = \sum_{a_i, b_k} P_{AB}(a_i, b_k) I_{AB}(a_i, b_k) \tag{2-21}$$

I_{AB}是一非线性量，它可以统计地表示 A 和 B 两系统相互关联的程度，如果两系统相互完全无关，则 $P_{AB}(a_i, b_k) = P_A(a_i)P_B(b_k)$，于是：

$$I_{AB}(a_i, b_k) = 0 \tag{2-22}$$

将以上概念和定义具体用于同一个时间序列。令 A 代表 $x(k)$，B 代表 $x(k+\tau)$，则平均互信息量为

$$I(\tau) = \sum_{k=1}^{N} P[x(k), x(k+\tau)] \log_2\left\{\frac{P[x(k), x(k+\tau)]}{P[x(k)]P[x(k+\tau)]}\right\} \tag{2-23}$$

可以把平均互信息量 $I(\tau)$ 看作自相关函数在非线性情形下的推广。仿照用自相关函数定延迟量的方法，可以取 $I(\tau)$ 第一极小处[或降至 $I(0)/e$]的 τ 作为延迟量的适当值，这样对于非线性系统就很合理了。

选择最大延迟时间 $\tau_{max}=20$（τ_{max} 的长度对结果没有影响），计算结果分别如图 2-5、图 2-6 和图 2-7 所示。从图中可以看出对于 Z1-1，当 $\tau=2$ 时，平均互信息量第一次降到极小值，为 0.1571；对于 Z1-2 和 Z1-3 结果也一样，当 $\tau=2$ 时，平均互信息量第一次达到极小值，分别为 0.1339 和 0.1387。可以看出，互信息法对三个时间序列的结果一致。

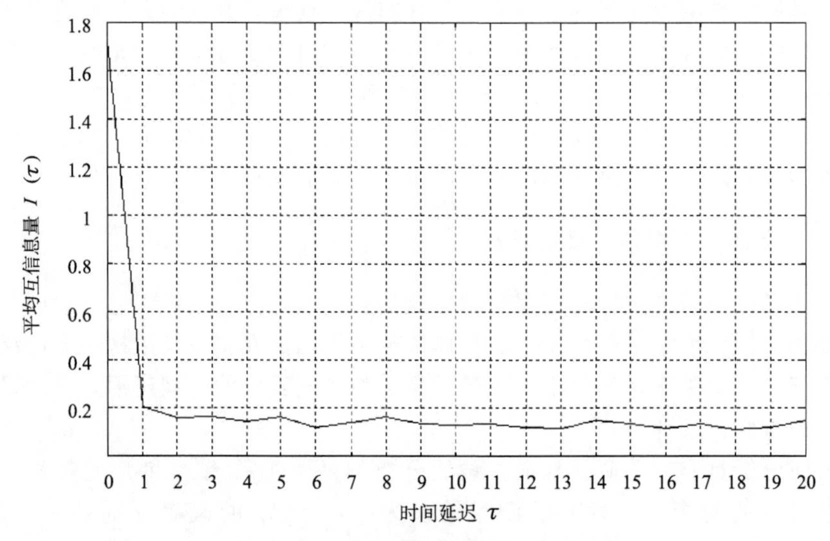

图 2-5　Z1-1 实验数据平均互信息量

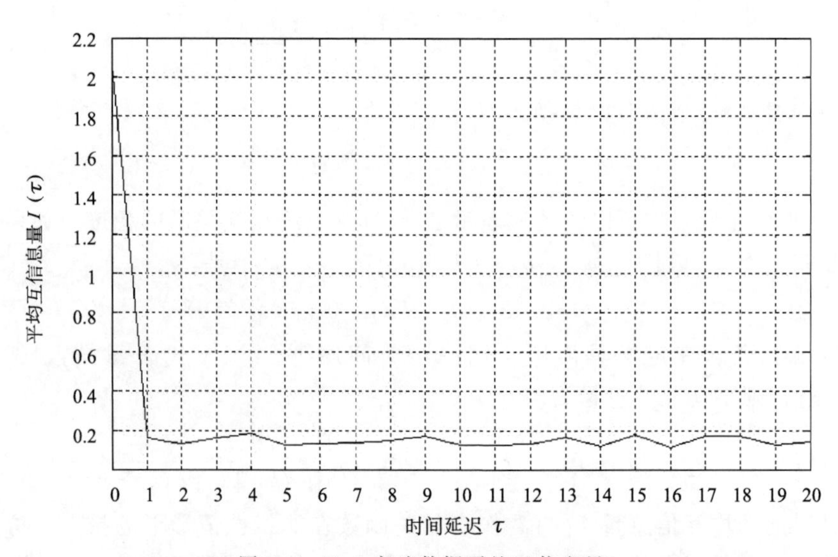

图 2-6　Z1-2 实验数据平均互信息量

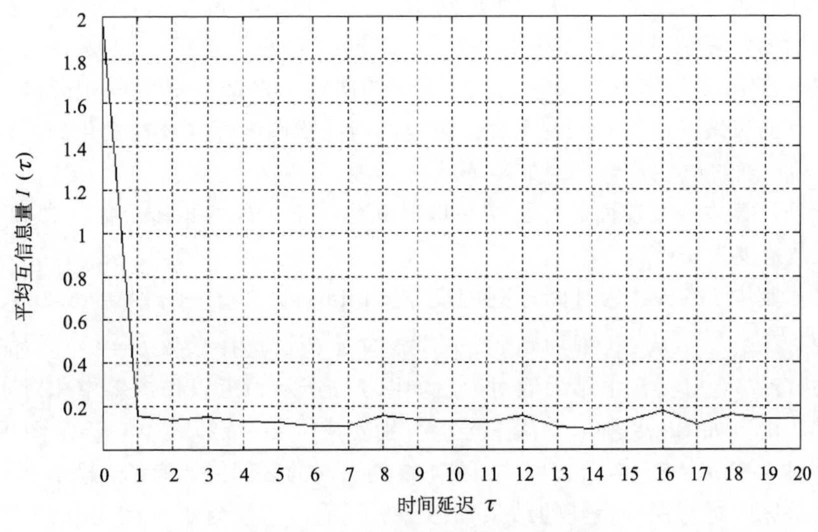

图 2-7　Z1-3 实验数据平均互信息量

由于自相关函数法也是一种非常成熟的求时间延迟 τ 的方法，因此采用自相关函数法对上面的计算结果进行验证，结果与互信息法一致，得到的三个时间序列的时间延迟都等于 2。

2. G-P 关联积分法估计关联维数和嵌入维数

在 2.1 节中已经介绍了关联维的概念。重构相空间后，对关联维数的估计一般分为两步，首先对 ε 的某个范围，改变嵌入维 m 的值，用式(2-16)计算关联和 $C(m, \varepsilon)$；然后研究 $C(m, \varepsilon)$ 的几何特征，如果 $C(m, \varepsilon)$ 有明显的自相似特征，就可以得到一个维数值。关于关联维的正确和错误的估计，已有大量的文献对其进行了研究，其中最重要的一点就是在计算 $C(m, \varepsilon)$ 之前，要排除时间相干点的影响。在时间上靠近的数据，在空间位置上也可能非常接近，这就导致了时间相干性(temporal correlations)。而这种现象不仅发生在确定性系统中，同样发生在许多随机过程中。由于误把时间相干性当成几何结构，导致许多对现场测量数据的维数估计都过低(Kantz and Schreiber，1997)。这种时间上的邻近导致空间距离邻近的点对需要用 Theiler 窗口来加以剔除。Theiler 窗口的值 W 不能取得过于保守，W 的值只要小于数据序列的长度的 10%就不会引起大的统计量损失，采用时空分离曲线法(Provenzale et al.，1992)对 W 进行选择，综合考虑后选择 $W=10$，即剔除时间间隔小于 10 的点。

在关联维的计算过程中，通常先给定 ε 从 ε_{min} 到 ε_{max} 的变化区间，并且使其按一定的增长幅度变化。嵌入维数 m 的值也一样，给出 m 的最大可能值 m_{max}，然后从 1 开始每次增加 1，逐渐增加到 m_{max}。时间延迟 τ 和 Theiler 窗口参数 W 按照前面的计算结果取值。按式(2-16)取不同值时的关联积分 $C(m, \varepsilon)$，对每一个嵌入维数 m 作出 $\ln C(m, \varepsilon)$ 关于 $\ln\varepsilon$ 的曲线。根据 G-P 关联积分法，除去斜率为 0 的直线区段，找到在某些 ε 值范围内曲线图中存在线性变化的区段，按式(2-18)，通过线性拟合求得的斜率就是 D_2。

此处计算中，按前面的计算结果取时间延迟 $\tau=2$，Theiler 窗口取 $W=10$，嵌入维数范围为 $m=1, 2, \cdots, 10$，$\varepsilon_{min}=\text{interval}/1000=0.0158$，$\varepsilon_{max}=\text{interval}=15.779$，其中 interval 为时间序列的变幅，$\text{interval}=x_{max}-x_{min}=15.763$，$\varepsilon$ 按照增幅 $\sqrt[k-1]{\varepsilon_{max}/\varepsilon_{min}}$ 从 ε_{min} 增加到 ε_{max}，共 k 个 ε 值。选择参数 $k=100$，对于 Z1-1，按式(2-7)计算得到的结果取对数后如图 2-8 所示，可以作出斜率相对于 ε 的变化趋势图，如图 2-9 所示，从下至上分别对应 $m=1, 2, \cdots, 10$。从图中可以看出，对应于 $m=5, 6, 7, 8$ 时 ε 在 4.5 到 5.5 的区间内，有 D_2 趋于水平的现象，对该区间进行拟合得到的结果如图 2-9 所示，结果为 $D_2=2.48\pm0.07$。从图 2-9 中也可以看出，拟合的直线与 $m=6$ 最为接近，所以选择此时的 m 为相空间重构的嵌入维，即 $m_0=6$。Z1-2 的结果如图 2-10 和图 2-11 所示，从图 2-11 可以看出 ε 在 1.6 到 2.4 的区间内，对应于 $m=4, 5, 6$ 时关联维的值接近线性变化，对该区间进行拟合得到关联维 $D_2=2.88\pm0.15$，嵌入维 $m_0=5$。同样得出 Z1-3(图 2-12 和图 2-13)的标度区间为 2.4～3.1，关联维 $D_2=2.67\pm0.15$，嵌入维 $m_0=6$。

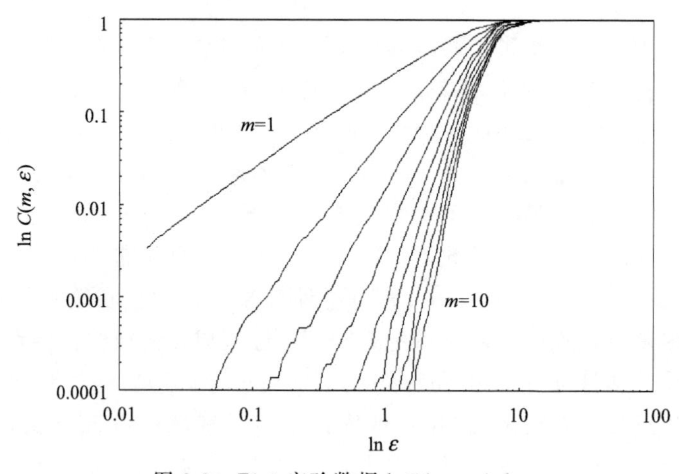

图 2-8 Z1-1 实验数据 lnC(m, ε)-lnε

因此可以得出如下结论：对于 3 个实验样品，当 ε 分别小于 4.5、1.6 和 2.4 时，吸引子中相邻轨道的分离主要是由噪声引起的，当 ε 分别大于 5.5、2.4、

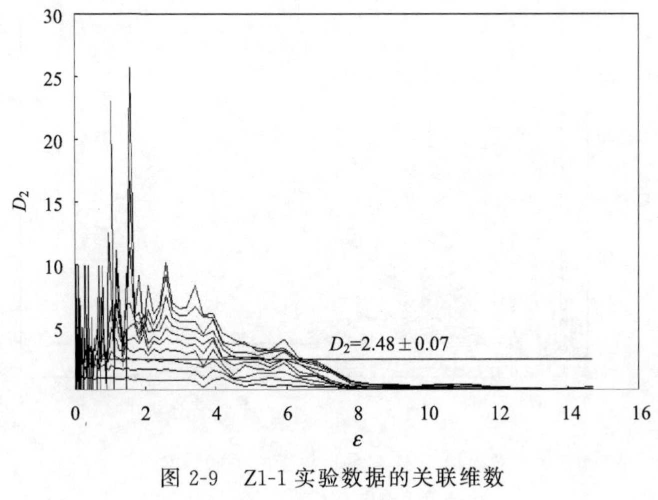

图 2-9 Z1-1 实验数据的关联维数
从下到上对应 $m=1, 2, \cdots, 10$

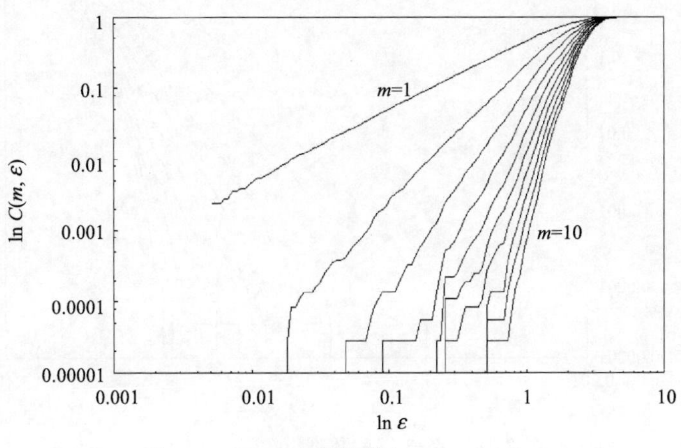

图 2-10 Z1-2 实验数据 $\ln C(m, \varepsilon)$-$\ln\varepsilon$

3.1 时，由于系统的耗散性，轨道不再按指数分离，而收缩为吸引子。

根据 Takens 嵌入定理，嵌入维略大于吸引子维数的 2 倍，或者 $2D<d<2D+1$(Planinic et al.，2004)，也即对于 3 个实验样品，描述氡析出率随时间演化所需的相关变量数最少为 6。这 6 个变量应从氡的来源、尾矿本身的特性参数、氡的扩散通道进行寻找。

氡是由 ^{226}Ra 衰变而来，在铀的水冶中，^{226}Ra 几乎全部留在了尾矿中，因此母体 ^{226}Ra 的浓度及其分布是影响氡析出率的最关键因素。^{226}Ra 的浓度越高，并且分布越接近表面，氡析出率也就越高。

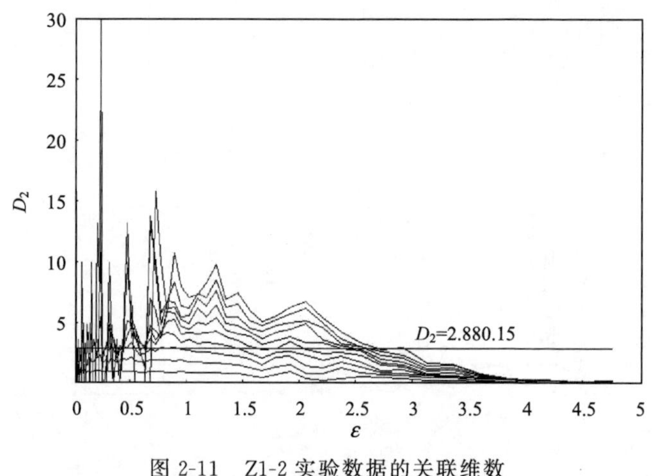

图 2-11　Z1-2 实验数据的关联维数

从下到上对应 $m=1$，2，…，10

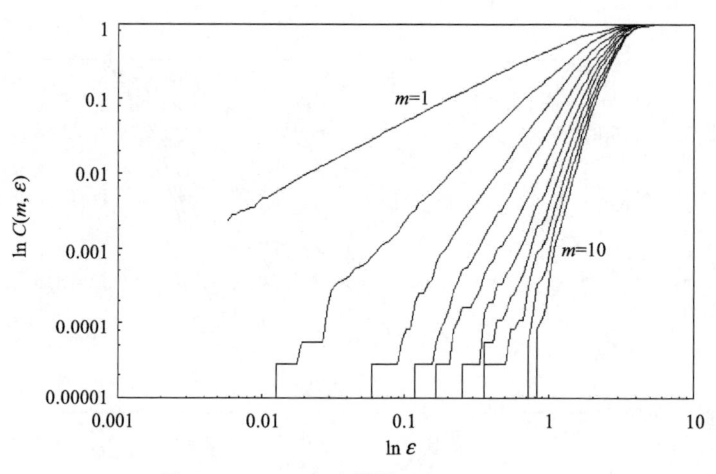

图 2-12　Z1-3 实验数据 $\ln C(m, \varepsilon)$-$\ln\varepsilon$

尾矿本身的特性参数包括尾矿的含水率、温度、颗粒的大小和密度。人们已经发现含水率对尾矿的氡析出率有很大的影响，少量的水会增加氡的射气系数，从而导致氡析出率增加，当含水率增加时又会阻碍氡在空隙中的扩散，从而减少氡的析出。尾矿的温度与分子热运动的程度有关，温度越高，氡的分子运动越剧烈，从而氡析出率越高。并且尾矿颗粒对氡原子的吸附与解吸也与温度有一定的关系，温度越低，吸附作用越大，会降低氡析出率，反之温度升高时的解吸作用则会使氡析出率增加。尾矿颗粒的大小与密度跟空隙的大小、孔隙度有关，从而也会影响氡析出率。粒度越大，氡析出率越大；密度越大，氡析出率越小，这一

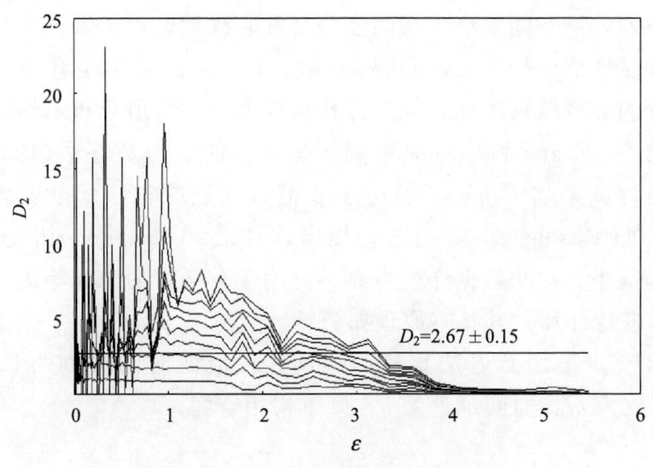

图 2-13　Z1-3 实验数据的关联维数

从下到上对应 $m=1, 2, \cdots, 10$

点对比 Z1-2 和 Z1-3 的实验结果也可以看出来。

氡在尾矿中的扩散通道与孔隙度、空隙大小、弯曲因子、厚度有关。孔隙度、空隙越大，氡就越容易扩散。弯曲因子是指通道的弯曲程度，一般定义为材料厚度与通过该材料的平均路程之比(孙凯男等，2005)，显然它也会影响氡在尾矿中的扩散。从前面的实验结果中也可以看出厚度对氡析出的影响也很大，但厚度一般控制在 2m 以内，超过 2m 则可以不考虑厚度的影响。

上面提到的这些参数之间也会相互影响，如颗粒的大小、密度与孔隙度和空隙的大小有关，厚度与弯曲因子有关，含水量也与孔隙度有关。总而言之，即使在忽略气象参数影响的情况下，铀尾矿的氡析出也受到很多因素的影响。这也说明铀尾矿氡析出系统是一个非常复杂的自然系统，因此采用非线性方法对其进行研究也有其特定的意义。

3. 最大 Lyapunov 指数的计算

Lyapunov 指数是对系统的相邻轨道指数分离快慢的整体平均，是对产生时间序列数据的系统的混沌性大小的度量。混沌系统对初始条件的敏感性就是指随着时间的演化，相邻轨道是分离的，而且混沌系统的邻近轨道分离速度较快，具有以指数形式分离的特性。因此混沌系统的最大 Lyapunov 指数为正，这是混沌性鉴别的一个重要方面。在此仅计算最大 Lyapunov 指数。

从单变量的时间序列提取 Lyapunov 指数的方法仍然基于时间序列相空间重构。Lyapunov 指数的计算方法有很多种。Wolf 法直接基于相轨线、相面积、相体积等的演化来估计 Lyapunov 指数，在混沌研究中应用较广。但是 Wolf 法适用于无噪声序列，且空间中小变量的演变高度非线性，对于噪声和数据量要求较高，只能较可靠地估计最大 Lyapunov 指数；Jacobi 法可用于有噪声的数据，且空间中小变量的演变接近线性，但是计算量很大，对轨道分布不均匀的情况计算效果差。1993 年 Barana 和 Tsuda 曾提出一种新的 p-范数算法(1993)，在 Wolf 法和 Jocobi 法之间架起了桥梁。但由于 p-范数的选取和计算很复杂，实际操作起来较困难。而 Rosenstein 等(1993)提出计算最大 Lyapunov 指数的小数据量法，具有计算量小、对小数据序列可靠、可用于有噪声的情况等优点。因此采用 Rosenstein 法进行计算，其基本原理如下：

方法的第一步是用延迟法重构相空间。设混沌时间序列为$\{x_1, x_2, \cdots, x_N\}$，嵌入维数为 m，时间延迟为 τ，则重构相空间

$$X_i = (x_i, x_{i+\tau}, \cdots, x_{i+(m-1)\tau}) \quad i = 1, 2, \cdots, M \tag{2-24}$$

式中，$M = N - (m-1)\tau$。

重构相空间后，寻找给定轨道上每个点 X_j 的最近邻近点 $X_{\hat{j}}$，即

$$d_j(0) = \min_{X_{\hat{j}}} \| X_j - X_{\hat{j}} \|, \quad |j - \hat{j}| > p \tag{2-25}$$

式中，$d_j(0)$为第 j 个点与它的最近邻近点的初始距离；$\| \ \|$ 表示欧几里得范数；p 为时间序列的平均周期。它可以通过能量光谱的平均频率的倒数估计出来，那么最大 Lyapunov 指数就可以通过基本轨道上每个点的最近邻近点的平均发散速率估计出来。

Rosenstein 小数据量法基于 Sato 等的工作，Sato 估计最大 Lyapunov 指数为

$$\lambda_1(i) = \frac{1}{i\Delta t} \frac{1}{(M-i)} \sum_{j=1}^{M-i} \ln \frac{d_j(i)}{d_j(0)} \tag{2-26}$$

式中，Δt 为取样的时间间隔；$d_j(i)$为轨道上第 j 对最近邻近点对经过 i 个离散时间步长后($i\Delta t$)的距离。为了提高收敛性，Sato 等又提出了改进的估计表达式：

$$\lambda_1(i, k) = \frac{1}{k\Delta t} \frac{1}{(M-k)} \sum_{j=1}^{M-k} \ln \frac{d_j(i+k)}{d_j(i)} \tag{2-27}$$

式中，k 为常数，λ_1 可以从 $\lambda_1(i, k)$-i 曲线中的平稳段得出。但在实际应用中要找到这样一个平稳段非常困难，从而得到 λ_1 也不太现实。因为最大 Lyapunov 指数的几何意义是量化初始闭轨道的指数发散和估计系统的总体混沌水平的量。所以，结合 Sato 等的估计式，Rosenstein 得出：

$$d(t) = Ce^{\lambda_1 t} \tag{2-28}$$

对于离散形式有

$$d_j(i) \approx C_j e^{\lambda_1 (i\Delta t)} \tag{2-29}$$

式中，$C_j = d_j(0)$为初始距离。将上式两边取对数得到

$$\ln d_j(i) \approx \ln C_j + \lambda_1(i\Delta t), \quad j=1, 2, \cdots, M \tag{2-30}$$

显然，最大 Lyapunov 指数大致相当于上面这组直线的斜率。它可以通过最小二乘法逼近这组直线而得到，即

$$y(i) = \frac{1}{\Delta t}\langle \ln d_j(i) \rangle \tag{2-31}$$

式中，$\langle \cdot \rangle$表示所有关于 j 的平均值。这个平均过程是从被噪声污染的小数据集中得出准确的 λ_1 的关键。从式(2-30)中可以看出，C_j 对于估计 λ_1 的值没有影响，在计算上相对优于 Sato 等的方法。

计算中，采用初始领域半径 $\varepsilon_{\min}$ = interval/1000，开始搜寻各个相点的最近邻近点，逐渐倍乘 1.1 增大领域半径，直到找到最近邻近点。在搜寻邻近点时，采用 Theiler 窗口来排除时间上的邻近而非重构几何特性造成的虚假邻近点，按照前面的计算结果取 $W=10$，即参考点和其最近邻近点的时间下标间隔必须大于 10。最大演化时间长度为 30，即横坐标的最大值。按照式(2-31)计算每个参考点及其最近邻近点分别经过每一个 i 后距离的平均值 $y(i)$。以 $y(i)$为纵坐标值，演化时间 i 为横坐标值绘出曲线图。根据前面计算得到的嵌入维数和时间延迟分别计算三个实验样品的 Lyapunov 指数，结果分别如图 2-14、图 2-15 和图 2-16 所示。

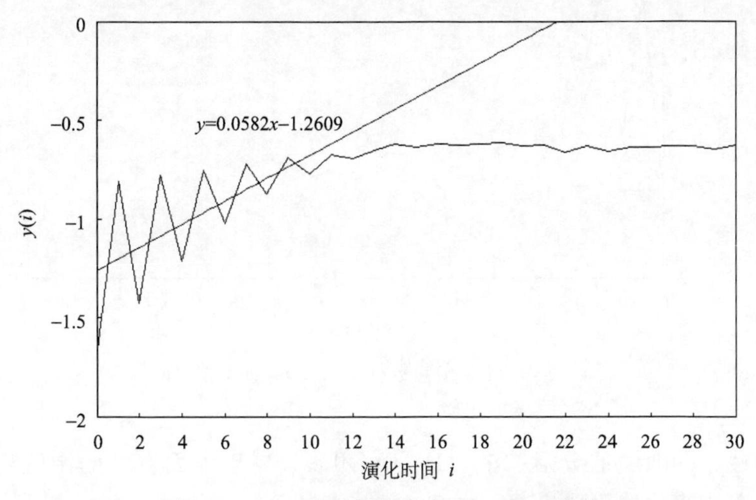

图 2-14　Z1-1 实验数据最大 Lyapunov 指数

从这些图中可以看出，曲线明显地迅速上升然后趋于水平，对上升阶段进行拟合，得到的直线的斜率，也即最大 Lyapunov 指数分别为 0.0582、0.0618、0.0566。三个时间序列的 Lyapunov 指数均大于零，说明铀尾矿氡析出率时间序列具有混沌特性，三个 Lyapunov 指数较接近，说明其混沌程度差别不大。尾矿

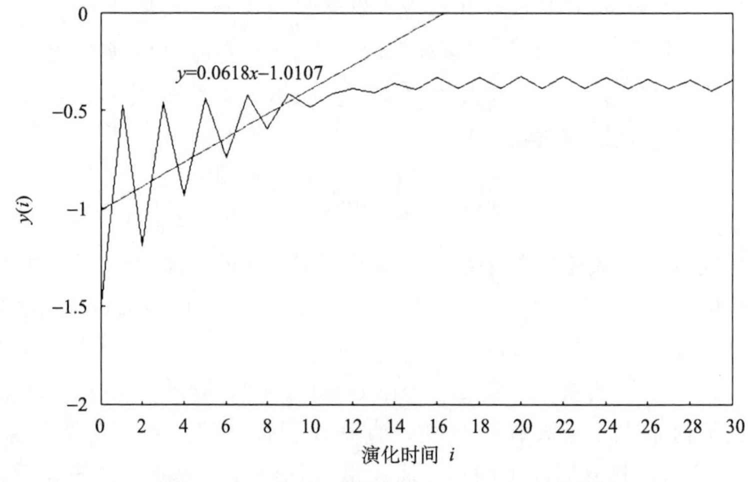

图 2-15　Z1-2 实验数据最大 Lyapunov 指数

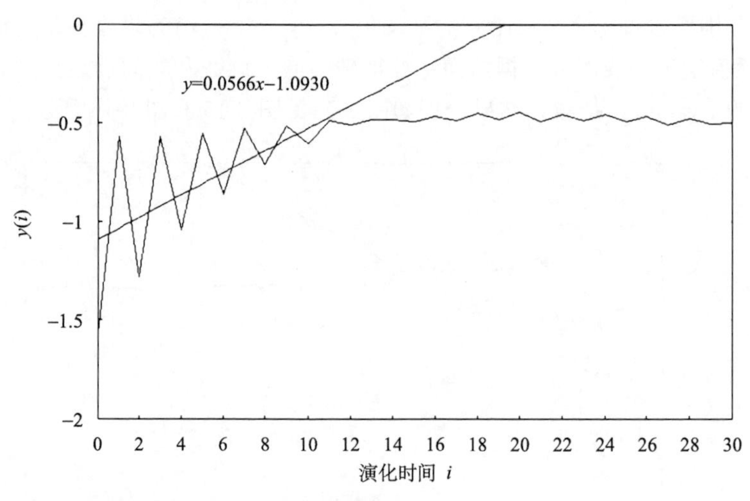

图 2-16　Z1-3 实验数据最大 Lyapunov 指数

的非均匀性、孔隙中的分形扩散、He-Rn 团簇、尾矿表面空气的湍流扩散是引起氡析出混沌演化的可能机理。

有学者(Cuculeanu and Lupu，2001)对空气中^{222}Rn 和^{220}Rn 浓度的时间序列数据进行了分形和非线性分析，发现大气中的^{220}Rn 具有较小的非整数关联维值(2.2)和存在正的 Lyapunov 指数，^{222}Rn 时间序列的关联维未达到饱和，并认为大气中氡子体时间序列呈现确定性混沌特征，其^{220}Rn 动力学可以用低维吸引子来描述，^{222}Rn 动力学可能在高维吸引子演化，因此在近地面的几米高的薄层内，湍流发展不完全，而以相干结构占优势，可作为一个低维亚系统的松散偶合集来观察(Lorenz，1991)。

在本实验条件下，氡的析出既受到尾矿中反冲机理的影响，同时还受到近地面大气层动力学的影响，即：①尾矿中 Ra 分布的非均匀性导致在反冲机理下进入孔隙中的氡将随时间而变化；②形成 He-Rn 团簇并运移至地面的时间是变化的；③尾矿中孔隙的分形分布引起 Rn 或 He-Rn 团簇的分形扩散；④近地面大气层中的湍流扩散。上述因素的综合影响导致了尾矿中氡析出的混沌演化。

2.2.3　铀尾矿氡析出率时间序列的降噪

任何观测到的时间序列都不可避免地含有一定程度的噪声，铀尾矿氡析出率的时间序列也不例外。噪声的干扰对时间序列混沌分析的影响表现在两个方面，一是使时间序列的混沌性识别更加困难，并且给混沌特征量的计算带来较大的误差；二是影响混沌时间序列的预测精度。

铀尾矿氡析出率时间序列的噪声来自两个方面，一是测量噪声，包括测量仪器的误差、计算的误差、测量人员带来的误差等；二是系统噪声，是系统在演化中受到小的随机量的干扰引起的。鉴于噪声对于混沌特征量计算的影响，对氡析出率时间序列进行降噪是很有意义的。

1. 局部投影非线性降噪

假设时间序列数据$\{x_i\}$由低维的确定性系统产生，并附加有随机的噪声，含有噪声的信号就表示为

$$y_t = x_t + \sigma_t, \qquad x_t = F(x_{t-1}) \tag{2-32}$$

式中，x_t 为由动力系统 F 产生的没有被噪声污染的真实值；σ_t 为噪声，假设其满足以下条件：与信号无关，平均值为零，并且以固定的概率分布。

将单变量时间序列用坐标延迟法嵌入到足够高维的空间中重构动力系统的相空间中，相点表示为

$$y_t = x_t + \sigma_t, \qquad x_t = f(x_{t+1}, \cdots, x_{t+m-1}) \tag{2-33}$$

式中，m 为嵌入维，第二个方程就表示延迟坐标下没有被噪声污染的动力系统，可以隐式表示为

$$\tilde{f}(x_t, x_{t+1}, \cdots, x_{t+m-1}) = 0 \tag{2-34}$$

这表明在$(m+1)$维的延迟空间中，不含噪声的动力系统可以表示为一个 m 维的超曲面，即流形 M。在实际应用中，选择较大的嵌入维数 m 会更加方便，在这种情况下，会有一些约束条件

$$\tilde{f}_q(x_t, x_{t+1}, \cdots, x_{t+m-1})=0, \quad q=1, 2, \cdots, Q\leqslant m \tag{2-35}$$

其中，流形的维数为 $m-Q+1$。

假设系统足够光滑，函数 f 和 $\tilde{f}$ 可以由局域线性化近似。那么在相空间中，寻求在每个相点 $y_i=(x_i, x_{i+1}, \cdots, x_{i+m})$［注意 x_n 的维数变为$(m+1)$维］的给定邻域内 U_n 的邻近点 $y_{ik}=(x_{ik}, x_{ik+1}, \cdots, x_{ik+m})$，无噪声污染的动力系统还需满足下面的约束条件

$$\tilde{f}_q^{(n)}(y_{ik})=\sum_{i=0}^{m}a_i^{(n)}x_{ik+i}+b^{(n)}=0, \quad q=1, 2, 3, \cdots, Q \tag{2-36}$$

即

$$\tilde{f}_q^{(n)}(y_{ik})=a_q^{(n)}y_{ik}+b_q^{(n)}=0, \quad q=1, 2, 3, \cdots, Q \tag{2-37}$$

而有噪声的时间序列数据 x_i、相点 y_i 及其邻近点 y_{ik}不能满足式(2-37)，去掉噪声 σ_t，将 $y_{ik}-\sigma_{ik}$ 代入得到

$$\tilde{f}_q^{(n)}(y_{ik}-\sigma_{ik})=a_q^{(n)}(y_{ik}-\sigma_{ik})+b_q^{(n)}=0, \quad q=1, 2, 3, \cdots, Q \tag{2-38}$$

Q 个矢量 $a_q^{(n)}$ 应该相互线性无关，可以通过下式标准化

$$(a_q^{(n)}Pa_{q'}^{(n)})=\delta_{qq'} \tag{2-39}$$

式(2-38)和式(2-39)保证了降噪部分与系统的一致性。而降噪后的吸引子应该尽可能地与原先的吸引子保持一致。因此对于降噪部分 σ_t 应该满足下式的最小化要求

$$\varepsilon=\sum_{k(y_k\in U_n)}(\sigma_k p^{-1}\sigma_k)=\min \tag{2-40}$$

在式(2-38)、式(2-39)和式(2-40)三个约束条件下，降噪部分 σ_t 的解如下：相点 y_i 在领域 U_n 内共有 K 个邻近点 y_{ik}，$y_{ik}\in U_n$，$k=1, 2, \cdots, K$，其平均值记为

$$\eta_i^{(n)}=\frac{1}{|U_n|}\sum_{k(y_k\in U_n)}y_{k+i}, \quad i=0, 1, \cdots, m \tag{2-41}$$

$(m+1)\times(m+1)$维协方差矩阵(covariance matrix)表示为

$$C_{ij}^{(n)}=\frac{1}{|U_n|}\sum_{k(y_k\in U_n)}y_{k+i}y_{k+j}-\eta_i^{(n)} \tag{2-42}$$

引入对角权重矩阵 R(a diagonal weight matrix)并且定义

$$R_i=\frac{1}{\sqrt{P_i}} \tag{2-43}$$

记

$$\Gamma_{ij}^{(n)} = R_i C_{i,j}^{(n)} R_j \tag{2-44}$$

矩阵 $\Gamma^{(n)}$ 的特征向量中对应于 Q 个最小特征值的 Q 个特征向量记为 $e_q^{(n)}$，$q=1, 2, 3, \cdots, Q$。这些矢量生成子空间，投影到子空间的影射量 $J_{ij}^{(n)}$ 为

$$J_{ij}^{(n)} = \sum_{q=1}^{Q} e_{q,i}^{(n)} e_{q,j}^{(n)} \tag{2-45}$$

最终得到矢量 y_i 的降噪量 η_n 的第 i 个坐标值 $\eta_{n,i}$ 为

$$\eta_{n,i} = \frac{1}{R_i} \sum_{j=0}^{m} J_{ij}^{(n)} R_j (\eta_j^{(n)} - y_{n+j}) \tag{2-46}$$

对每个嵌入向量进行这样的纠正，就在相空间中得到纠正后的流形。重复这个过程直到达到良好的降噪效果。计算步骤如下：

(1) 用延迟坐标法将时间序列嵌入$(m+1)$维相空间中。嵌入维数适宜取大些，因为相对大的 m 将使降噪取得更好的平均结果。而后面对于投影的子空间维数的选取应该尽可能小，但又不能破坏吸引子的结构，一般取吸引子的维数。时间延迟一般采用单位时间。

(2) 对每一个嵌入向量 y_n，找到其至少包含 K 个点的领域。为了提高效率，建议采用快速邻近点搜索法(fast neighbor-search algorithm)。

(3) 计算 η_n、协方差矩阵 $C^{(n)}$、矩阵 $\Gamma^{(n)}$，式(2-43)中的对角权重矩阵采用

$$R_j = \begin{cases} 10^3, & j=0 \text{ 或 } j=m \\ 1, & j=1, 2, \cdots, m-1 \end{cases} \tag{2-47}$$

(4) 确定 $\Gamma^{(n)}$ 的特征值，并用式(2-45)计算每一个纠正矢量，由于一个矢量 y_i 的第 i 个坐标值可以在 m 个矢量相点中出现，因此就相应有 m 个 $\eta_{n,i}$，计算时采用加权平均。

(5) 计算完所有的纠正矢量后，重复以上的步骤。文献(Kantz et al.，1993)指出，经过大约 8 次迭代后可以得到很好的结果。

此处计算中，对于 Z1-1，嵌入维数采用 $m=7$，时间延迟采用单位时间，为了保证能充分展开吸引子，投影子空间的维数采用略大于关联维数 $D_2=2.48$ 的值 $q=3$，最小邻近点的个数 $k=3$，领域半径 $\varepsilon=\text{interval}/1000=0.0158$，迭代次数为 5 次，不采用欧氏空间度量，得到的结果如图 2-17 所示。Z1-2 和 Z1-3 的计算结果分别如图 2-18 所示和图 2-19 所示，图中虚线为原始序列，实线为降噪后的序列。可以看出即使迭代次数只有 5 次，也能取得很好的降噪效果。

2. 降噪后的混沌特征值计算

为了考察噪声对混沌特征量计算的影响，对降噪后的数据序列重新进行混沌特征量的计算。采用上述局部投影非线性降噪法得到的结果，对关联维数、Lya-

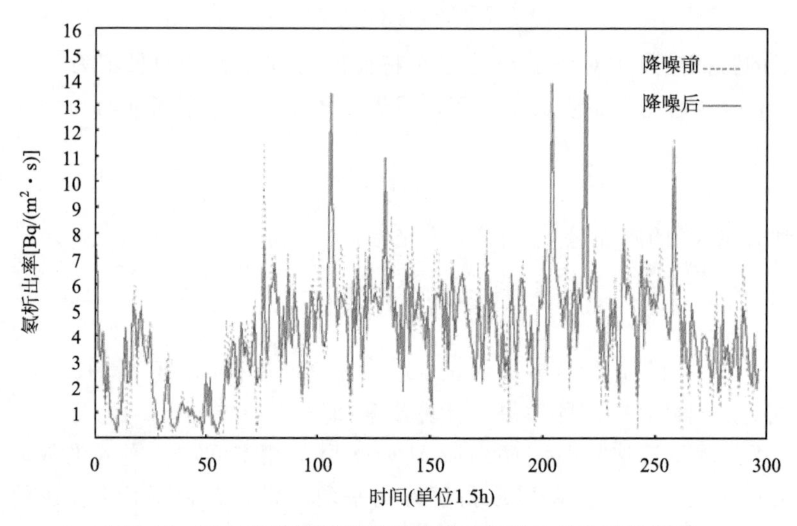

图 2-17　Z1-1 实验数据降噪后铀尾矿氡析出率的时间序列

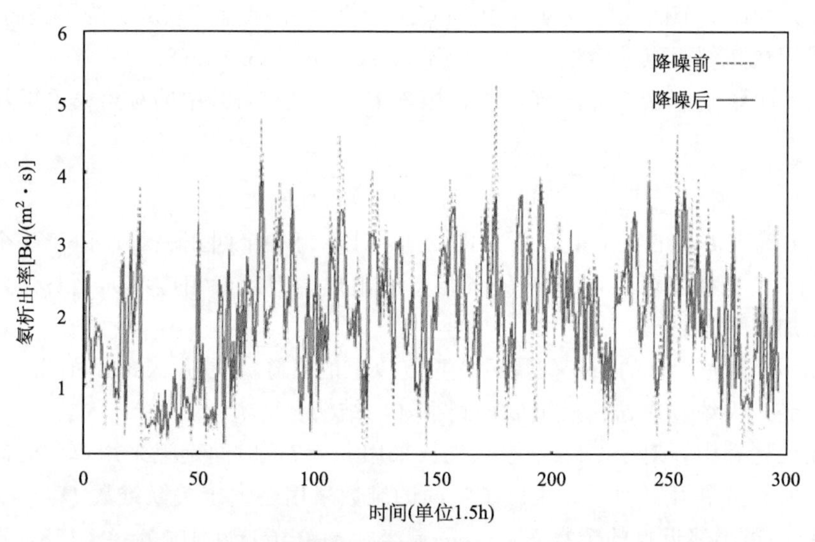

图 2-18　Z1-2 实验数据降噪后铀尾矿氡析出率的时间序列

punov 指数重新进行计算，与未降噪的原数据的计算结果进行对比，并且分析噪声对特征量计算和重构参数计算的影响。

1）G-P 关联积分法计算关联维数

计算时参数的选取与前面相同，3 个实验样品的计算结果分别如图 2-20、图 2-21 和图 2-22 所示。从这些图中可以看出，相对于图 2-8、图 2-10 和图 2-12，

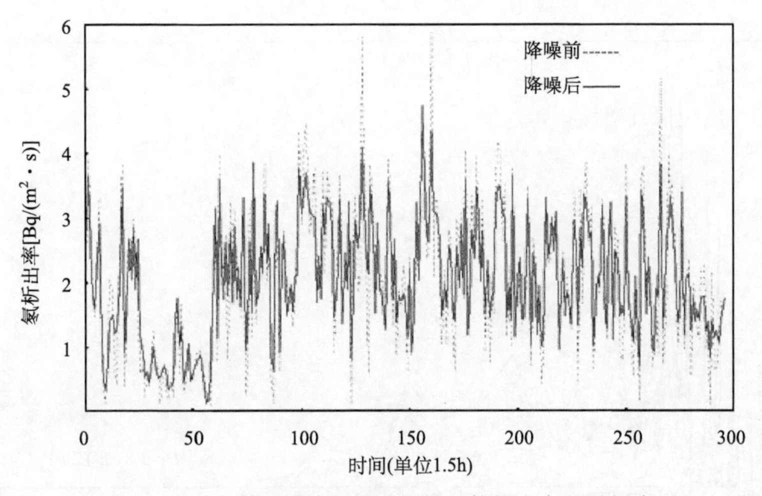

图 2-19　Z1-3 实验数据降噪后铀尾矿氡析出率的时间序列

降噪后的曲线的下降趋势比降噪前稍快，线性区间向左移动，分别变为 3.7～4.7、1.8～2.2、1.9～2.3。在这些区间内，对较平稳的曲线进行拟合，得到的关联维值分别为 2.21、2.81 和 2.27，相对于降噪前均有所下降，这一分析结果与文献(Rosenstein et al.，1993)中噪声对于关联维数计算的影响也是一致的，嵌入维数都为 6。

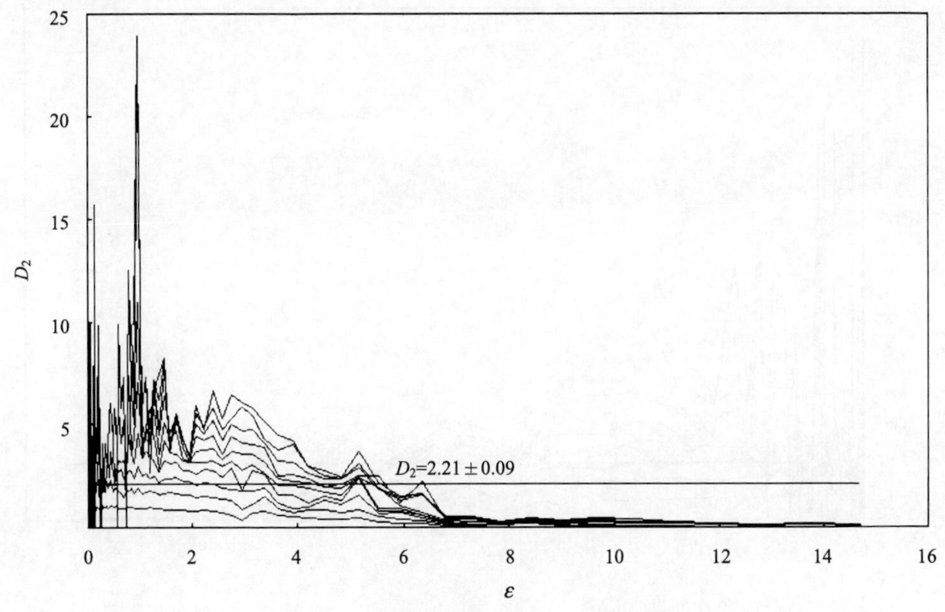

图 2-20　Z1-1 实验数据降噪后的关联维数

从下到上对应 $m=1, 2, \cdots, 10$

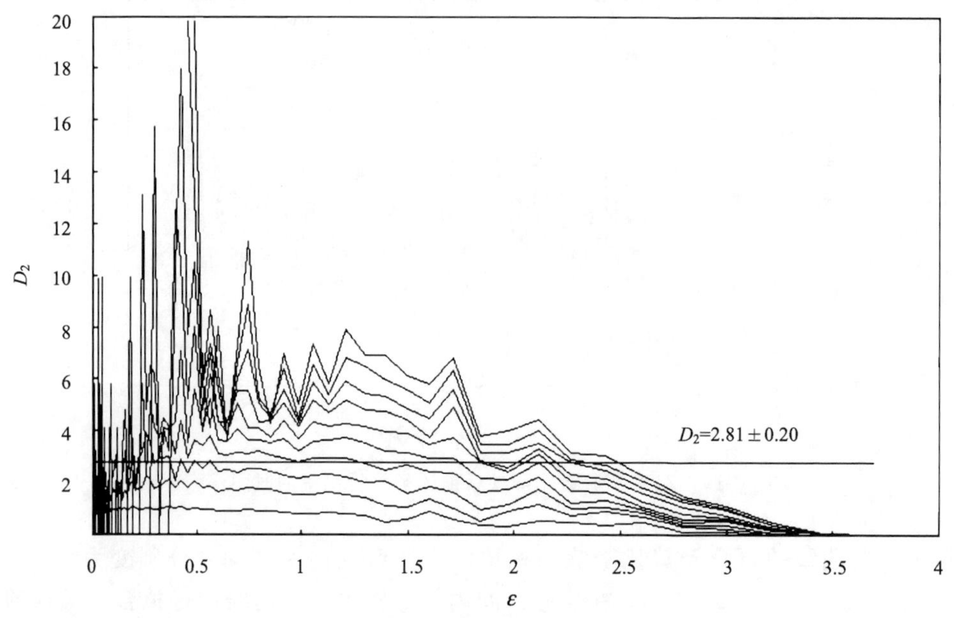

图 2-21　Z1-2 实验数据降噪后的关联维数

从下到上对应 $m=1, 2, \cdots, 10$

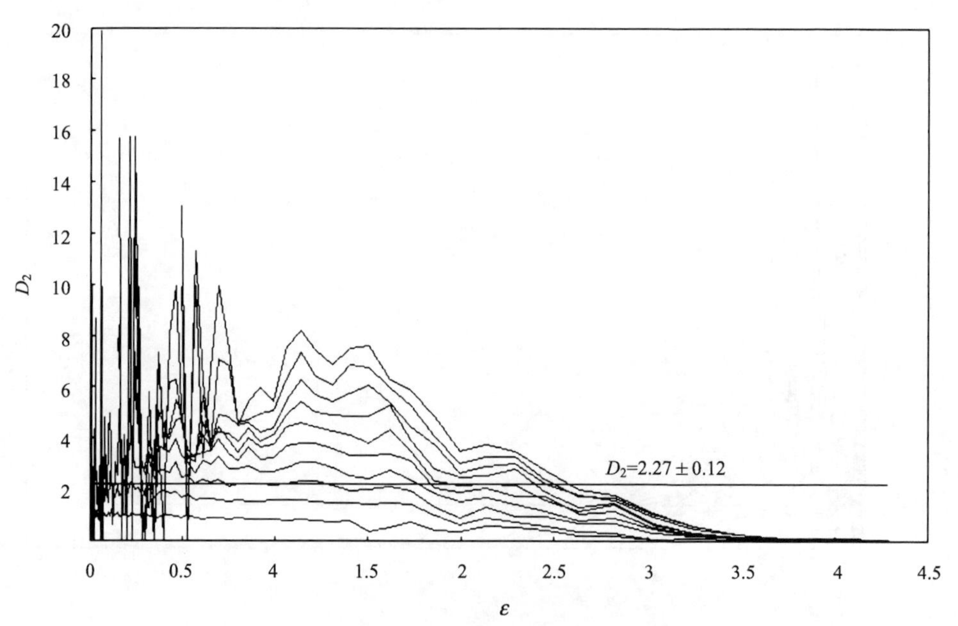

图 2-22　Z1-3 实验数据降噪后的关联维数

从下到上对应 $m=1, 2, \cdots, 10$

2）Lyapunov 指数的计算

对于降噪后的数据序列，用 Rosenstein 法计算其最大 Lyapunov 指数，参数选取跟前面相同，计算结果如图 2-23～图 2-25 所示，图中线性区域拟合的斜率，也即最大 Lyapunov 指数分别为 0.0674、0.0746、0.0756，均大于未降噪的原数据序列的计算结果。这说明噪声的影响使最大 Lyapunov 指数减小，即相空间轨道的分离变得不明显。这与文献(Schreiber and Schmithz，2000)中的结果是一致的，即信噪比越大，Lyapunov 指数也越大。

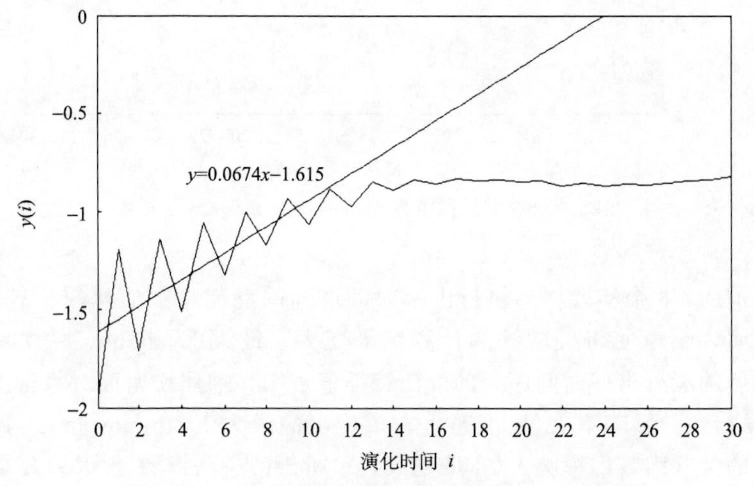

图 2-23　Z1-1 实验数据降噪后的最大 Lyapunov 指数

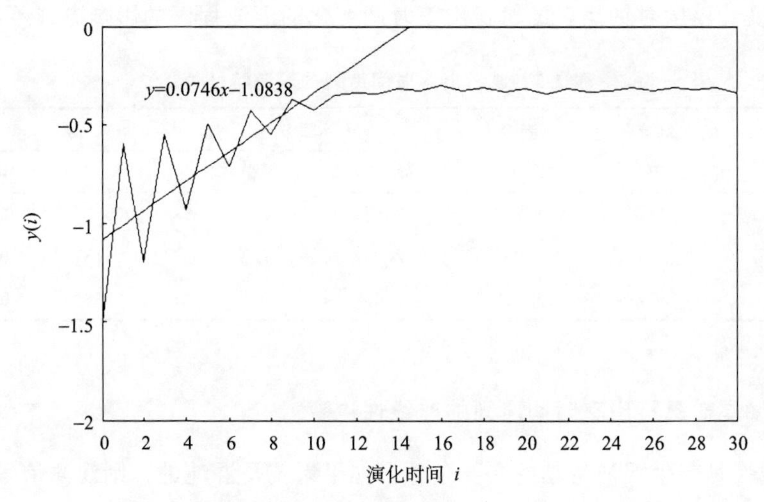

图 2-24　Z1-2 实验数据降噪后的最大 Lyapunov 指数

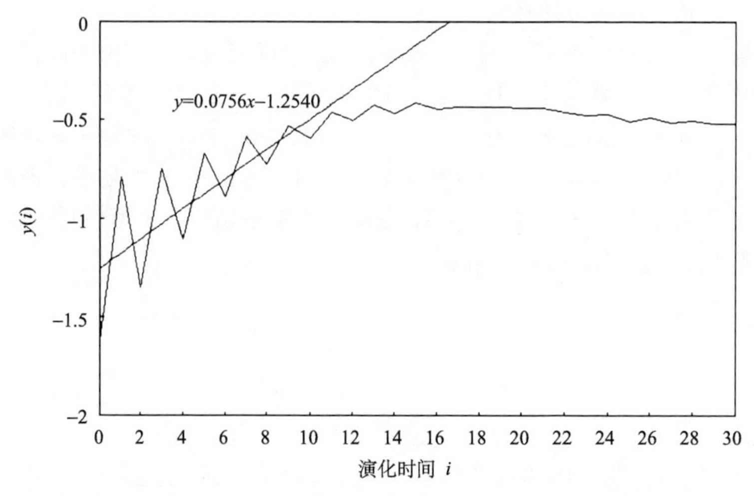

图 2-25 Z1-3 实验数据降噪后的最大 Lyapunov 指数

降噪前后，3 个实验柱的氡析出率时间序列的混沌特征值比较见表 2-5。计算结果表明，噪声使得关联维的计算结果变大，最大 Lyapunov 指数的结果变小。降噪后的氡析出率时间序列的混沌特征值表明，铀尾矿密度对氡析出的最大 Lyapunov 指数的影响不大(密度越大，氡析出的最大 Lyapunov 指数稍小)，而对氡析出的关联维数的影响大(密度越大，氡析出的关联维数越大)；尾矿厚度对氡析出的最大 Lyapunov 指数的影响较大(尾矿越厚，氡析出的最大 Lyapunov 指数越小)，而对氡析出的关联维数的影响不大(尾矿越厚，氡析出的关联维数稍小)。密度和厚度对铀尾矿的氡析出率时间变化的混沌程度的影响方式不同。

表 2-5 氡析出率时间序列的混沌特征值

样品号	高度 (mm)	密度 (g/cm^3)	关联维数		最大 Lyapunov 指数	
			降噪前	降噪后	降噪前	降噪后
Z1-1	1500	1.250	2.48	2.21	0.0582	0.0674
Z1-2	500	1.296	2.88	2.81	0.0618	0.0746
Z1-3	500	1.162	2.67	2.27	0.0566	0.0756

2.2.4 铀尾矿氡析出率时间序列的非线性检验

非线性是产生混沌运动的必要条件，如果系统是混沌的，则观测信号必然表现出非线性特征。因此可以通过检验时间序列非线性的方法来区分随机过程和非线性混沌，即序列的非线性检验。基于统计假设检验原理的替代数据法，近年来在检验时间序列非线性性质上获得广泛应用。使用替代数据法检验铀尾矿氡析出率时间序列是否具有非线性性质。

1. 替代数据法

替代数据法(method of surrogate data)用来鉴别被测时间序列是否包含有非线性成分而并不肯定其是否是混沌的一种方法。

替代数据法的实质是一种统计假设检验，它包含以下四个方面的内容：零假设、替代数据生成算法、检验统计量(discriminating statistic)和统计检验。

1）零假设

零假设是对数据特征的一种假设性猜测，它限定了替代数据的特性，要求替代数据必须保留原数据的某些特征，如均值、方差等各统计量，其他特征则可随机选取。它是产生替代数据的依据。替代数据法常假设原序列来自平稳的线性高斯随机过程，或来自经过单调的静态非线性变换的线性高斯随机过程。

2）替代数据生成算法

替代数据生成算法与零假设密切相关，不同的零假设对应不同的生成算法。替代数据生成算法就是研究如何根据原序列生成满足零假设的替代数据。一般有两种常用的实现方式(Schreiber，2000)，称为“典型实现”(typical realization)和“约束实现”(constrained realization)。典型实现是通过原序列估计满足零假设的参数模型，根据该模型生成替代数据，约束实现则是通过生成与原序列满足相同的由零假设限定的约束条件的序列来得到替代数据。对应“平稳线性高斯随机过程”零假设的约束实现生成算法是相位随机化的傅里叶变换(phase randomized Fourier transform，PRFT)，对应“静态非线性变换线性高斯过程”的是幅值调整的傅里叶变换(amplitude adjusted Fourier transform，AAFT)。

3）检验统计量

检验统计量是定量表征时间序列某个特性的特征量，用来作为判别原数据与零假设是否吻合的依据。一般要求检验统计量对时间序列中可能存在的非线性敏感，而且从时间序列估计其值时的方差较小(Schreiber and Schmitz，1997)。如果原数据的检验统计量与替代数据的检验统计量不相符，则拒绝零假设，从而说明原数据具有零假设以外的特征。如果替代数据是用约束实现的方法生成的，则理论上检验统计量可以是任何非线性测度(Theiler and Prichard，1996)。常用的检验统计量有关联维、最大 Lyapunov 指数、预测误差(forecasting error)等。

4）统计检验

如何把替代数据与原数据进行比较来看出它们差别的显著与否，从而判断零假设是否成立？常用的统计检验方法有 Sigma 检验(Theiler et al.，1992)和 rank-order 检验(Theiler，1995)。

(1) Sigma 检验。

设原序列的检验统计量为 Q_0，替代数据序列的检验统计量为 Q_s ($s=1$，2，…)，计算替代数据统计量的均值和方差，记为 $\langle Q_s \rangle$ 和 σ_s，定义下面的差别显著度(significance of difference) S 表征替代数据与原始数据的差别：

$$S=\frac{|\langle Q_s \rangle - Q_0|}{\sigma_s} \tag{2-48}$$

假设满足零假设的序列的检验统计量服从正态分布(数值计算结果表明这样假设是合理的)，则 S 服从标准正态分布，可构造出拒绝域。当 S 小于 1.96 时，零假设成立，原数据是线性的；当原数据大于 1.96 时，零假设以 95％概率不成立，原数据是非线性的。

(2) rank-order 检验。

该方法首先产生 $1/(\alpha-1)$ 组(单边检验，one-sided test)或 $2/(\alpha-1)$ 组(双边检验，two-sided test)替代数据，然后计算原始数据和替代数据的检验统计量并进行排序，如果原序列的检验统计量为最小或最大，说明原序列为零假设下的小概率事件，却在实际的一次实验中发生了，根据小概率事件原理这是不可能的，从而拒绝零假设，检验的显著性水平为 $1-\alpha$。

本实验采用 Sigma 检验方法。

2. 非线性检验

1) 替代数据的生成

假设观测数据为线性相关的高斯噪声经静态非线性变换生成。静态非线性变换中的非线性变换是指观测函数具有非线性特征，静态(或称单调)是指 t 时刻观测的结果只取决于该时刻动力过程的取值，而与以前时刻的值或导数等无关(许小可，2008)。

由于 PRFT 和 AAFT 这两种方法都容易对长相关和非平稳序列产生伪估计(Theiler et al.，1992)，因此 Schreiber 又提出了一种改进的 AAFT 迭代生成算法，被称为迭代的幅值调整傅里叶变换算法(IAAFT)。IAAFT 方法能很好地匹配原始数据的傅里叶频谱和概率密度分布，在数据的非线性检验中被广泛采用(Theiler and Prichard，1996)。

用傅里叶变换法获得替代数据时，除了数据长度不能太小(至少应远大于主频对应的周期)外，还应注意，该法本身还会人为地引入周期成分。如果首尾不匹配，就会造成从尾端到首端的跳变(jumps and phase slips)，并形成假的高频成分。为了消除此假高频成分，必须在生成替代数据前选择合适的子序列(subsequence)，具体方法如下。

子序列记为 $\{s_n^{(n_0)}=s_{n+n_0}\}$，长度为 $\tilde{N}$，用下面的式子来度量不匹配量(endto-end mismatch)$(s_1^{(n_0)}-s_{\widetilde{N}}^{(n_0)})^2$ 的影响

$$\gamma_{\text{jump}}^{(\widetilde{N},\ n_0)}=\frac{(s_1^{(n_0)}-s_{\widetilde{N}}^{(n_0)})^2}{\sum_{n=1}^{\widetilde{N}}(s_n^{(n_0)}-\langle s^{(n_0)}\rangle)^2} \tag{2-49}$$

$$\gamma_{\text{slip}}^{(\widetilde{N},\ n_0)}=\frac{[(s_2^{n_0}-s_1^{n_0})-s_{\widetilde{N}}^{(n_0)}-s_{\widetilde{N}-1}^{(n_0)}]^2}{\sum_{n=1}^{\widetilde{N}}(s_n^{(n_0)}-\langle s^{(n_0)}\rangle)^2} \tag{2-50}$$

它们的加权平均值为

$$\gamma^{(\widetilde{N},\ n_0)}=w\gamma_{\text{jump}}^{(\widetilde{N},\ n_0)}+(1-w)\gamma_{\text{slip}}^{(\widetilde{N},\ n_0)} \tag{2-51}$$

w 的值根据具体情况确定，一般选择 $w=0.5$。

子序列的长度会越来越短，但长度满足关系式 $\widetilde{N}=2^i3^j5^k$，i、j、k 为正整数，对于每一个 $\widetilde{N}$，确定 n_0 的值，使得 $\gamma^{(\widetilde{N},n_0)}$ 最小。从而找到首尾匹配的子序列，并且使数据量的损失达到最小。

本研究对 Z1-1 的氡析出率时间序列进行非线性检验，首尾匹配的计算结果见表 2-6。

表 2-6　首尾匹配的计算结果

数据长度	偏移(n_0)	损失数据量
288	8	3.0%
270	21	9.1%
250	23	15.8%
240	54	19.2%
216	67	27.3%

由于数据量有限，此处选择上述第二组的结果，即从第 21 个值开始的长度为 270 的子序列可以达到较好的首尾匹配(图 2-26)。

首位匹配后，用迭代的幅值调整傅里叶变换算法(IAAFT)生成替代数据，具体算法如下：

(1) 对原序列$\{s_n\}$进行傅里叶变换，将$\{s_n\}$按幅值进行排序得到$\{c(k)\}$，计算$\{s_n\}$的离散傅里叶变换的幅度谱平方 $|s_k|^2=\left|\frac{1}{\sqrt{N}}\sum_{n=0}^{N-1}s_n\mathrm{e}^{2i\pi kn/N}\right|^2$。

(2) 将原始序列$\{s_n\}$随机打乱，得到新的随机序列$\{\bar{r}_n^{(0)}\}$，它和原始序列$\{s_n\}$的概率密度分布相同，但功率谱密度分布不同。

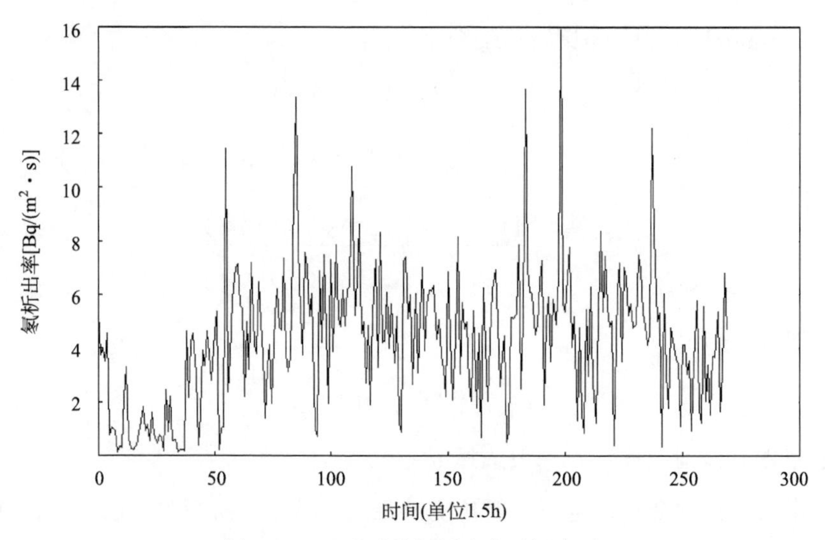

图 2-26　匹配后的氡析出率时间序列

(3) 计算$\{\bar{r}_n^{(0)}\}$的离散傅里叶变换$\bar{R}_k^{(0)}=\frac{1}{\sqrt{N}}\sum_{n=0}^{N-1}\bar{r}_n^{(0)}\mathrm{e}^{2i\pi kn/N}$，保持$\{\bar{r}_n^{(0)}\}$的相位为$\mathrm{e}^{i\psi_k^{(0)}}=\bar{R}_k^{(0)}/|\bar{R}_k^{(0)}|$，产生新的序列$\bar{s}_n^{(0)}=\frac{1}{\sqrt{N}}\sum_{n=0}^{N-1}\mathrm{e}^{i\psi_k^{(0)}}|S_k|\mathrm{e}^{-2i\pi kn/N}$，该序列和原始序列$\{s_n\}$的功率谱密度分布相同，但概率密度分布不同。

(4) 将序列$\bar{s}_n^{(0)}$按照$\{c(k)\}$重新排序后得到新序列$\bar{r}_n^{(1)}=c_{\text{rank}}(\bar{s}_n^{(0)})$，此时的$\bar{r}_n^{(1)}$和$\{s_n\}$的概率密度分布相同，而且它的功率谱密度分布相对于$\{\bar{r}_n^{(0)}\}$更接近$|s_k|^2$。

(5) 将第 3 步和第 4 步反复迭代进行，对于有限长度序列$\{s_n\}$，经过有限次迭代后，可以使生成的序列$\{\bar{s}_n^{(i)}\}$和$\{\bar{r}_n^{(i)}\}$差别很小，可以认为$\{\bar{s}_n^{(i)}\}\approx\{\bar{r}_n^{(i)}\}$，替代数据不仅和原始数据的概率密度分布一致，同时和原始序列也具有大致相同的功率谱密度，至此一组替代数据产生完毕。

产生 5 组替代数据，迭代次数分别为 27、33、36、28、34，相对偏差分别为 0.0374、0.0384、0.0509、0.0458、0.0462。以第 3 组数据为例，替代数据序列、替代数据与原始序列的功率谱密度以及它们之间的对比如图2-27～图 2-30 所示。

2）统计检验

此处采用最大 Lyapunov 指数作为检验统计量，对 5 组替代数据计算其最大 Lyapunov 指数，分别为 0.0494、0.0478、0.0499、0.0489、0.0473。其平均值为 0.04866，标准差为 0.0582。

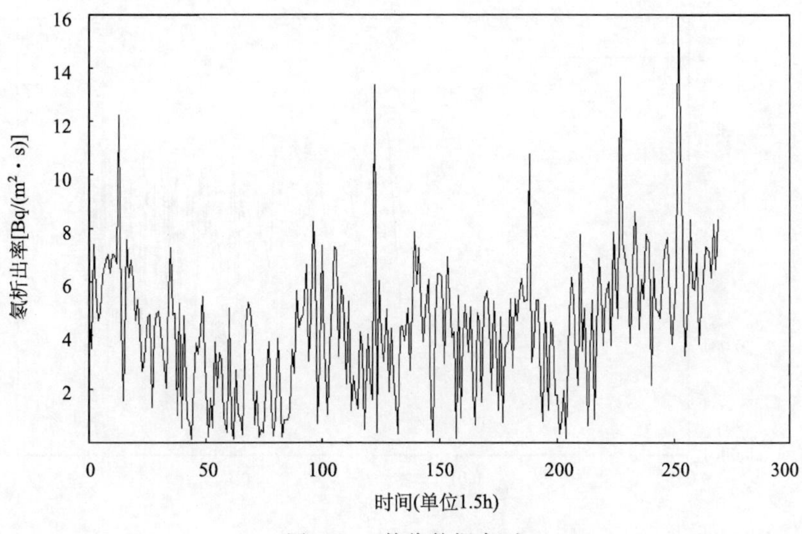

图 2-27　替代数据序列

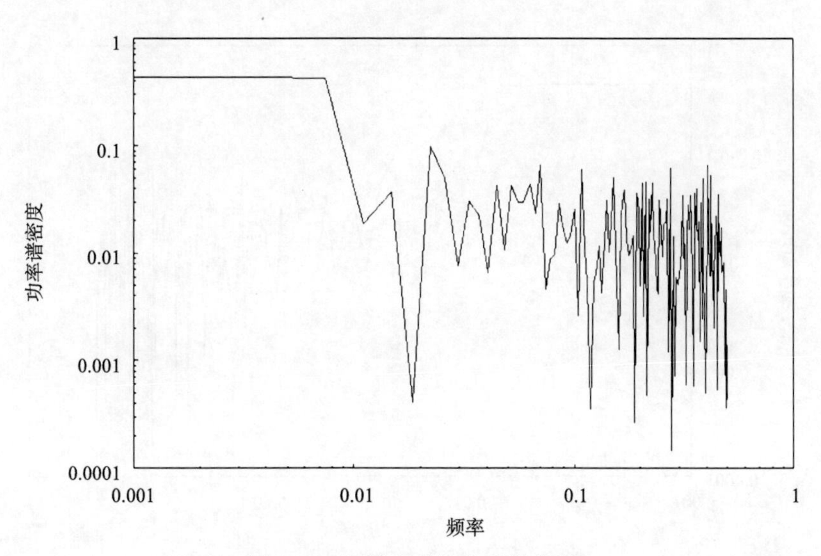

图 2-28　原始序列的功率谱密度

采用 Sigma 检验，差别显著度为

$$S=\frac{|\langle Q_s\rangle - Q_0|}{\sigma_s}=\frac{|0.04866-0.0582|}{0.00109}=8.75>1.96 \tag{2-52}$$

拒绝零假设，表明原序列是非线性的，即铀尾矿氡析出过程为非线性过程。

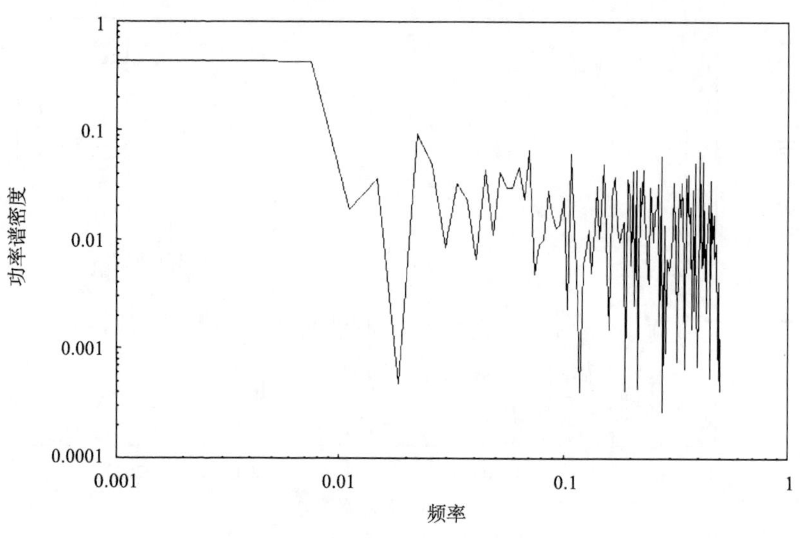

图 2-29 替代数据的功率谱密度

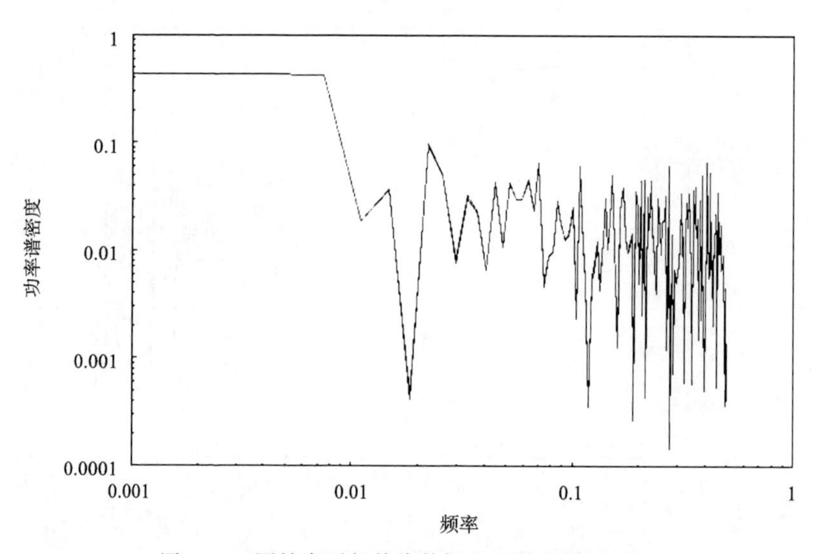

图 2-30 原始序列与替代数据功率谱密度的对比

2.2.5 铀尾矿氡析出率时间序列的 Hurst 指数与分形特征

1. R/S 分析和 Hurst 指数

R/S 分析是重标极差分析(rescaled range analysis)的简称，最初由英国水文学家 Hurst 于 1965 年提出(Hurst et al.，1965)。目前该方法已成为非线性分析的主要方法之一并已广泛应用于分析各类时间序列的分形特征和长期记忆过程(李迪开等，2010；贺可强等，2009)，R/S 分析的基本原理是：对于一个时间序列$\{X_t\}$，把它分为 A 个长度为 n 的等长子区间，对于每一个子区间，如第 a 个子区间($a=1, 2, \cdots, A$)，设：

$$X_{t,a}=\sum_{u=1}^{t}(x_{u,a}-M_a),\ t=1, 2, \cdots, n \tag{2-53}$$

式中，M_a 为第 a 个区间内 $X_{u,a}$ 的平均值；$X_{t,a}$ 为第 a 个区间内第 t 个元素的累计离差。令极差

$$R_a=\max(X_{t,a})-\min(X_{t,a}) \tag{2-54}$$

若以 S_a 表示第 a 个子区间的样本标准差，则可定义重标极差 R_a/S_a，把所有 A 个这样的重标极差平均起来得到均值：

$$(R/S)_n=\frac{1}{A}\sum_{a=1}^{A}(R_a/S_a) \tag{2-55}$$

而子区间长度 n 是可变的，R/S 具有如下经验幂定律关系：

$$(R/S)_n=Kn^H \tag{2-56}$$

式中，K 为常数，H 即为著名的 Hurst 指数。对上式两边取对数得到

$$\lg(R/S)_n=\lg K+H\lg n \tag{2-57}$$

Hurst 指数与分维具有如下关系：

$$D=2-H \tag{2-58}$$

因此，对 $\lg n$ 和 $\lg(R/S)_n$ 进行最小二乘法回归分析就可以估计出 H 的值，Hurst 指数可衡量一个时间序列的统计相关性，当 $H=0.5$ 时，时间序列是随机游走的，可以认为现在的升高或降低对未来不会产生影响，也就是说没有记忆。当 $0.5\leqslant H<1$ 时，存在状态持续性，时间序列是一个持久性的升高或降低趋势的序列，变量遵循一个有偏的随机过程，偏倚的程序有赖于 H 比 0.5 大多少，在这种状态下，如果序列前面是升高的，将来也有大于一半的概率是升高的。当 $0<H\leqslant 0.5$ 时，时间序列是反持久性的或逆状态持续性的，此时，若序列在前面是升高的，那么将来多半是降低的。

2. Hurst 指数与分形维数

采用 R/S 方法对样品 Z-1 的氡析出率时间序列数据(图 2-2)进行分析，作 $\lg(R/S)$与 $\lg n$ 双对数图，通过 Matlab 计算出 Hurst 指数，如图 2-31 所示。

图 2-31 中的数据几乎在一条直线上，对 $\lg(R/S)$与 $\lg n$ 双对数图进行回归计算，得出 H 的值为 0.83，大于 0.5，说明氡析出率的波动不是随机游走的，

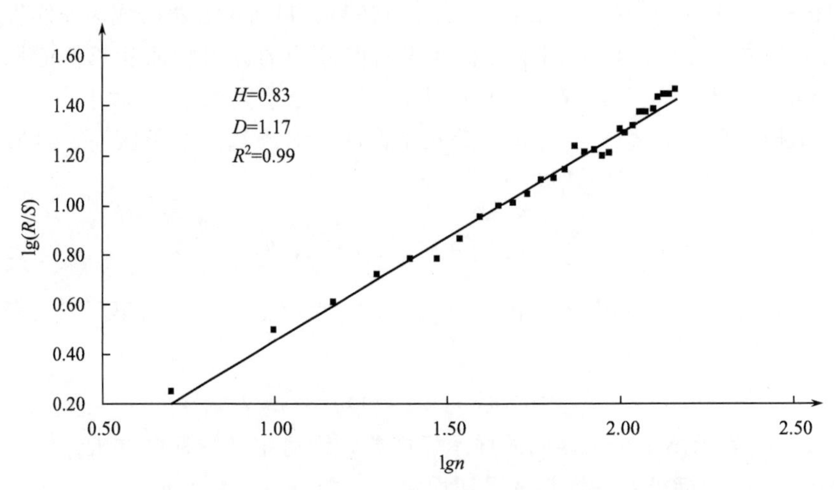

图 2-31　铀尾矿氡析出率时间序列的 R/S 分析结果

而是有偏随机游走，即具有持久性，氡析出率在过去是一个渐增或渐减趋势，而在将来很可能是持续这样的趋势，因此氡析出率具有长期记忆性。Hurst 指数可以作为描述氡析出率长期记忆性强弱的指标，当 $H=0.5$ 时，表明氡析出率时间序列是相互独立的，氡析出趋势无显著的规律性，其稳定状态处于一个相互独立的随机状态；当 $H>0.5$ 时，氡析出率时间序列不是相互独立的，而是相关的，并且表示时间序列所代表过程具有持久性；当 $0<H<0.5$ 时，则过去的增量与未来的增量呈负相关，过程具有反持久性，氡析出状态将发生向相反方向的转变。

由 Hurst 指数值得到分形维数 $D=1.17$。它是一个分数，这说明氡析出率时间序列具有混沌吸引子，因此铀尾矿氡析出过程是一个确定性的混沌动力学过程。

3. 移动 Hurst 指数

大多数人将 Hurst 指数理解为一个整体的概念，仅仅用来证明变量具有记忆性。为了观察不同时段氡析出率记忆性强弱的变化，分别计算移动的时间区间内的 Hurst 指数。例如，对氡析出率 J_t，其对应的长度为 n 的移动区间为序列（J_t-n+1，J_t-n+2，…，J_t），序列中每一个数据对于 J_t 来说都已经是历史。利用重标极差方法可以计算出这个序列的 Hurst 指数，这样对于每一个收益率都有了一个基于历史的 Hurst 指数值。

计算某铀尾矿氡析出率的移动 Hurst 指数并作图进行对照（图 2-32），Hurst 指数图中的水平线为 Hurst 指数$=0.5$。

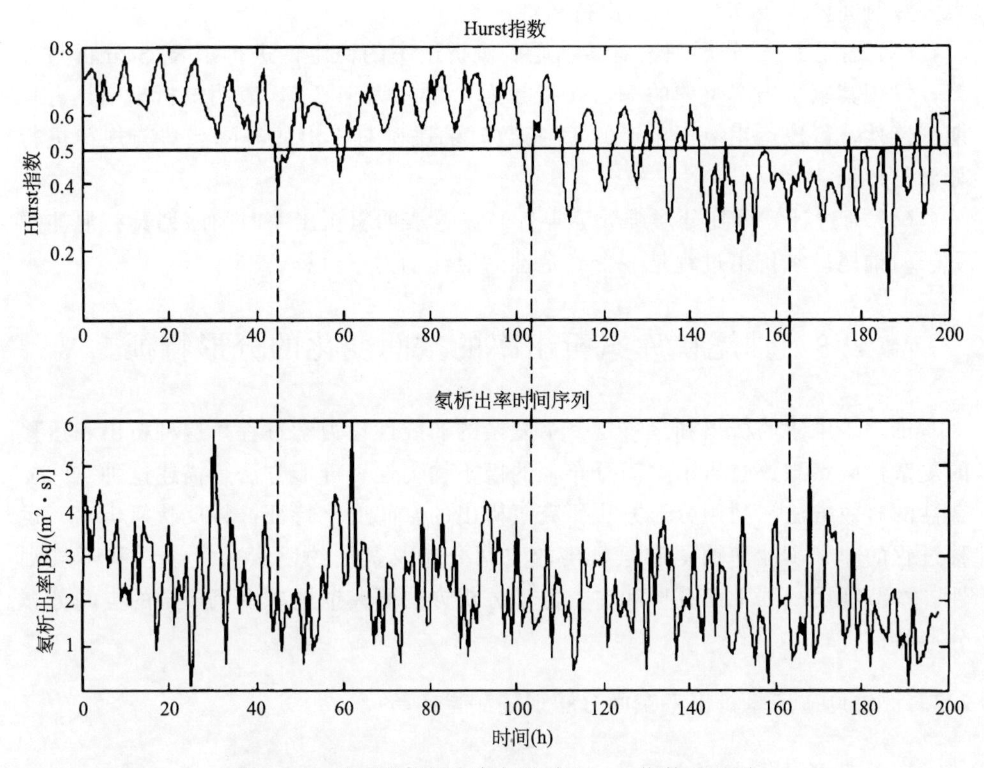

图 2-32　铀尾矿氡析出率与移动 Hurst 指数对照图

观察图 2-32 可知，大多数情况下，Hurst 指数都在 0.5～0.8 之间运行，意味着氡析出率并不遵循随机游走理论，有着长期记忆性。如果移动 Hurst 指数连续低于 0.5，则氡析出率以前的变化趋势很可能已经走到终结，正在酝酿着趋势的反转。从氡析出率的 Hurst 指数的对照看来，几乎每一次氡析出率大趋势的反转都对应了 Hurst 指数连续低于 0.5，Hurst 指数并不能精确告诉我们具体哪一天开始反转，但大致位置与氡析出率的反转时间吻合，所以可以把移动 Hurst 指数的低位（小于 0.5）当做氡析出率酝酿反转的一个重要参照指标，Hurst 指数可以作为描述氡析出率长期记忆性强弱的指标，Hurst 指数越高，表明氡析出率对趋势的记忆性越强；Hurst 指数越低，对趋势的记忆性越弱。每一次氡析出率反转时，意味着前期的趋势弱化，被氡析出率“忘记”，那么对应的 Hurst 指数应该下降，所以氡析出率反转期对应的 Hurst 指数会接近 0.5。

通过以上的分析，可以得出如下结论：

(1) 此铀尾矿氡析出率随时间变化呈现明显的非周期振荡变化。

(2) 铀尾矿氡析出率长期变化趋势不满足随机游走理论，移动 Hurst 指数在大多数时间内大于 0.5，显示出持久性。

(3) 运用 R/S 分形理论对某铀尾矿氡析出率的稳定性进行了 R/S 分析与计算，发现其氡析出率整体的 Hurst 指数为 0.83，大于 0.5，表明氡析出率具有长期记忆性，可以运用氡析出率的 H 指数对铀尾矿氡析出的升降趋势与规律进行分析与评价。

(4) 通过计算得到分形维数 $D=1.17$，这表明氡析出率时间序列具有混沌吸引子，铀尾矿氡析出过程是一个确定性的混沌动力学过程。

2.3 铀尾矿库氡析出率的空间变化的分形特征

铀尾矿中氡的析出和运移是一个复杂的非线性动力学过程，这种析出和运移的复杂性必然导致氡析出空间分布上的极不均匀性，分形方法是描述这种空间复杂性的有效方法。利用分形方法研究氡析出的空间变化特征，将反映氡析出、运移过程的非平衡性和铀尾矿氡析出的空间分布及其制约因素的复杂性和不规则性。本节利用二维平面分形和多重分形分析方法研究铀尾矿库氡析出的空间分布分形特征。

2.3.1 铀尾矿库氡析出率空间分布现场测量实验

1. 实验场地与监测点布置

选择位于广东的某铀尾矿库(图 2-33)作为实验场地来进行尾矿库氡析出率的空间分布研究。该铀矿历经 50 余年的开采，已堆积了数百万吨尾矿，形成了规模宏大的尾矿库。该铀矿为花岗岩型铀矿，矿石的化学成分以 SiO_2 为主(表 2-7)，CaO、MgO 的含量较低。尾矿的主要化学组成与原矿石基本相同，仍有较高含量的放射性元素 U 和 Ra，Ra 的含量为 33.71Bq/g。筛分分析表明尾矿的粒度较大，分布范围主要为 0.1～10mm，占 93%左右，其中 1～10mm 的粒度占 70%左右。

表 2-7 广东某铀矿矿石平均化学成分(%)

化学成分	SiO_2	Al_2O_3	Fe_2O_3	FeO	K_2O	Na_2O	CaO	MgO	TiO_2	MnO	P_2O_5	U	Ra(Bq/g)
矿石	80.56	10.27	2.23	0.78	4.15	0.11	0.33	0.30	0.153	0.035	0.341	0.14	
尾矿	81.16	9.57	3.37	0.16	3.97	0.13	0.15	0.10	0.13	0.14	0.28	0.04	33.71

在尾矿库布置了 24 个测量点(图 2-34)，受尾矿库的自然条件的限制，测量点没能布置于整个库区，其中 2～7 号测量点上覆盖 10cm 厚的黏土并植有草皮，其余测量点均为裸露尾矿。每个点测量 7d，每天上午 10 点左右进行取样测量。

图 2-33　铀尾矿库的一角

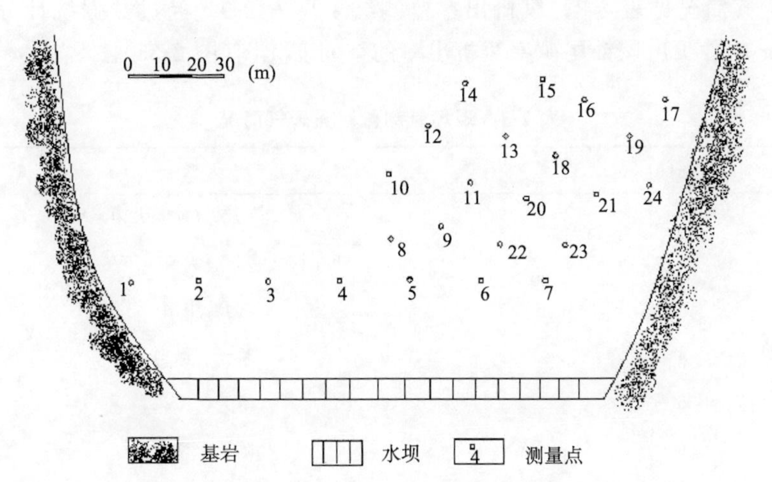

图 2-34　铀尾矿库氡析出率现场测量布点示意图

1. 表面裸露有尾沙，有黏土，无覆盖；2、3、5、6、7. 植草并覆盖有 10cm 的黏土；4. 植草处露有尾沙；8～24 处露有尾沙，其中 13 表面有黄色粉质土

2. 氡析出率的测量

现场测量氡析出率时采用闪烁室法，采用容积为 500mL 的 ST-203 型闪烁室取样，用 FD-125 氡钍分析仪配 FH2408 定标器进行测量。

在尾矿表面扣一个不透气、不吸氡、不溶氡材料制成的集氡罩(图 1-6)，周边用不透气的材料密封，集氡罩的顶部开一个小于 10mm 的小孔并装上铜嘴，铜嘴上接橡皮管，橡皮管用夹子夹紧，铜嘴与集氡罩的接合部位用环氧树脂密封。待尾矿表面析出的氡气在罩内积累一定时间后，取样测量集氡罩内的氡的体积活度，根据集氡罩的体积、底面积和积氡时间等计算氡的析出率。

$$J=\frac{\Delta C\times S\times H}{S\times t}=\frac{K[(n_{L2}-n_{L1})-(n_{02}-n_{01})]}{t_1}\times H \tag{2-59}$$

式中，ΔC 为两次取样测量的浓度差；$S\times H$ 为集氡罩的体积；S 为集氡罩的底面积；t_1为集氡罩的累积时间；n_{L1}、n_{L2}分别为 t_1时刻闪烁室内氡的本底浓度计数和取样后的氡浓度计数；n_{01}、n_{02}分别为集氡开始时刻即 t_0时闪烁室内氡的本底浓度计数和所取铀尾矿表面的空气样的氡浓度计数；K 为仪器的刻度系数，本次经南华大学湖南省氡重点实验室标定为 13.75。

3. 测量结果

现场监测是在 8 月进行的，每个测量点每天测量一次，连续监测 7d，测量期间的天气简况见表 2-8，氡析出率监测结果见表 2-9。经过数据统计分析，应用 Surfer 软件画出该铀尾矿库氡析出率的空间变化图(图 2-35)。

表 2-8 现场氡测量期间天气简况

时间(d)	天气
1	阴、多云，(前晚大雨)
2	上午阴、多云、大风，下午大雨
3	阴转中雨
4	晴天、微风
5	晴天、微风
6	晴天、微风
7	小雨

表 2-9 广东某铀尾矿库氡析出率测量结果[Bq/(m² · s)]

测量点	第 1 天	第 2 天	第 3 天	第 4 天	第 5 天	第 6 天	第 7 天	平均
1	3.835	4.298	2.800	2.844	3.526	3.621	4.98	3.701
2	1.417	1.125	1.758	2.328	3.048	2.079	1.80	1.936
3	1.867	1.489	1.870	2.104	3.144	1.906	2.596	2.139
4	5.463	4.237	3.060	1.936	4.251	4.394	2.472	3.688

续表

测量点	第 1 天	第 2 天	第 3 天	第 4 天	第 5 天	第 6 天	第 7 天	平均
5	5.827	5.219	5.131	2.856	8.040	8.817	3.16	5.579
6	3.042	3.335	1.456	1.207	2.840	4.277	2.934	2.727
7	3.287	3.784	1.083	2.161	1.568	4.076	2.181	2.591
8	7.291	6.25	5.568	5.322	7.62	6.605	5.173	6.261
9	4.739	3.117	3.283	3.876	5.155	4.534	3.69	4.056
10	10.433	8.831	7.785	7.849	9.736	9.983	7.635	8.893
11	5.775	4.413	4.344	3.562	6.819	6.479	5.527	5.274
12	9.224	10.941	8.078	7.247	6.681	8.076	6.992	8.177
13	13.019	8.712	6.796	8.985	9.477	9.782	7.92	9.242
14	24.219	19.163	16.303	15.370	21.899	23.013	17.297	19.609
15	25.390	18.9	15.100	17.101	18.785	17.766	16.251	18.47
16	16.043	14.702	11.202	9.095	12.535	14.142	15.204	13.275
17	13.568	9.396	7.036	7.168	9.480	10.355	9.761	9.538
18	12.811	11.768	9.003	8.705	11.101	9.490	8.497	10.196
19	7.995	5.944	5.781	4.345	5.975	6.321	5.80	6.023
20	8.162	6.336	5.909	4.359	5.606	7.401	5.358	6.162
21	5.209	3.391	3.449	3.617	5.818	5.648	4.059	4.456
22	9.904	5.089	3.440	8.612	9.461	3.352	2.432	6.041
23	5.278	3.606	4.57	5.82	7.37	6.616	4.429	5.384
24	6.426	3.891	4.72	3.33	4.179	5.368	3.032	4.421
平均	8.759	6.997	5.814	5.825	7.671	7.671	6.216	6.993

测量结果表明：

(1) 该铀尾矿库的氡析出率普遍较高，从平均值来看，都要比国家要求的环境标准许可值[0.74Bq/(m^2 · s)]要高，最低的也有 1.083 Bq/(m^2 · s)，最高可达 25.39Bq/(m^2 · s)，对周围环境有很大的危害。

(2) 根据图 2-34 的布点以及表 2-9 中的数据，我们可知，1～7 号点的氡平均析出率比其他测量点的氡析出率要低，这说明，植草皮可以有效地降低尾矿的氡析出率。

(3) 在空间分布图中，图形呈现两边低中间高的特点，结合布点，说明该尾矿库中心氡析出率要高于边部，且向边部有降低的趋势，对于氡析出率的最小值来说，这种趋势特别明显。

(4) 气候对氡的析出率影响较大，晴天时氡析出率高，一般来说，一场短暂的大雨后氡析出率会有所升高，但是较长时间的下雨将引起氡析出率降低。

（5）草皮对氡析出率的降低有显著效果。

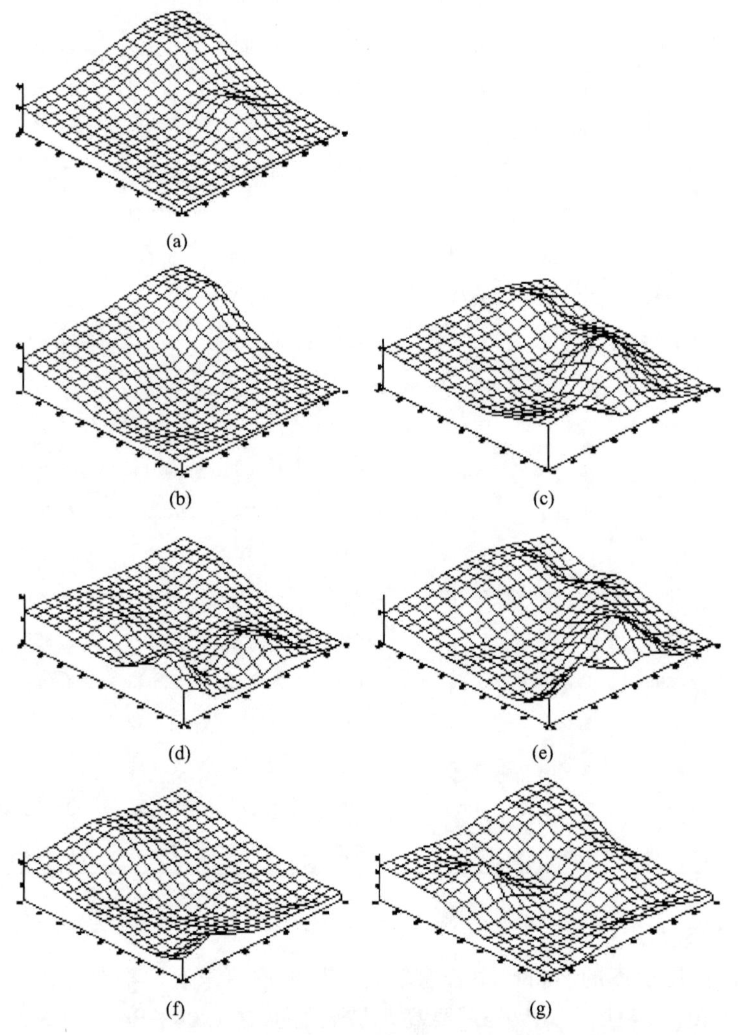

图 2-35　铀尾矿库氡析出率空间分布

(a)第 1 天；(b)第 2 天；(c)第 3 天；(d)第 4 天；(e)第 5 天；(f)第 6 天；(g)第 7 天

2.3.2　铀尾矿库氡析出率的空间二维平面分形分析

从图 2-35 可以看出，铀尾矿库氡析出率的空间分布值构成一个二维曲面。下面利用网格化后的数据进行二维平面的分形分析。计算曲面分维数的方法有很多，这里采用投影覆盖法来进行二维分形测量。在测量步长为 δ 的网格内(图 2-

36)，利用Surfer网格化数据分别获得对应A、B、C、D点的氡析出率值a、b、c、d，可计算出该网格投影的表面面积：

$$A_k(\delta)=\frac{1}{2}\{[\delta^2+(a-b)^2]^{\frac{1}{2}}[\delta^2+(b-c)^2]^{\frac{1}{2}}+[\delta^2+(c-d)^2]^{\frac{1}{2}}[\delta^2+(d-a)^2]^{\frac{1}{2}}\} \tag{2-60}$$

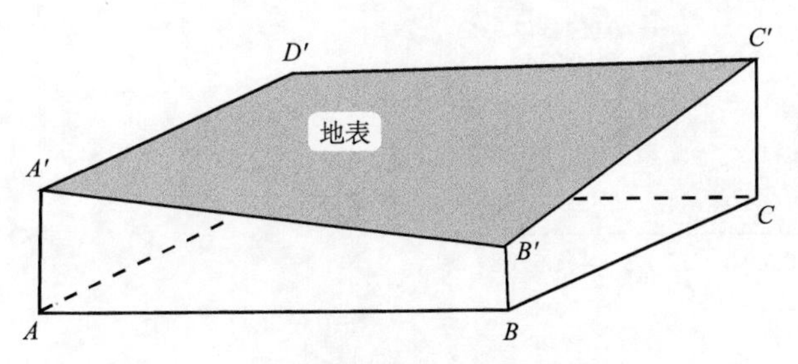

图2-36 投影覆盖法测量表面面积示意图

整个二维氡析出率曲面的总面积可近似为

$$A_T(\delta)=\sum_{k=1}^{N(\delta)}A_k(\delta) \tag{2-61}$$

式中，$N(\delta)$为在尺度为$\delta\times\delta$的网格下的网格数目。当取不同的δ值时，将测得不同的覆盖面积$A_T(\delta)$。显然δ取得越小，投影网格对应的面积越大，$A_T(\delta)$将越接近于二维曲面的真实面积。根据分形理论，对于多维的分形体测量，有

$$G(\delta)=G_0\delta^{E-D} \tag{2-62}$$

式中，E为欧氏维数。该式适合于分形曲线、分形面积和分形体积的测量。当$E=2$时，G和δ对应于面积，则式(2-62)成为

$$A_T(\delta)=A_{T0}\delta^{2-D} \tag{2-63}$$

式中，A_{T0}应为$D=2$时光滑表面的面积。结合式(2-61)和式(2-63)，投影覆盖法测定的分形关系为

$$A_T(\delta)=\sum_{k=1}^{N(\delta)}A_k(\delta)\sim\delta^{2-D} \tag{2-64}$$

式中，D为氡析出率变化曲面的分维值，即$D\in(2,3)$。将$A_T(\delta)$对δ做成双对数图，则可从图中拟合直线的斜率计算出分维D值，即$D=2-$斜率。

根据上述方法，利用Surfer 7.0网格化后的数据，分别取网格尺度$\delta=5$m、10m、20m、40m、80m，对氡析出率空间分布二维曲面进行分形分析(图2-37)，从图中可以看出，相关系数R^2均在0.9以上，说明氡析出率变化的二维曲面服从分形分布。分形分析结果见表2-10。

表 2-10　铀尾矿库氡析出率的二维平面分形分维值

时间	第 1 天	第 2 天	第 3 天	第 4 天	第 5 天	第 6 天	第 7 天
分维值	2.0535	2.0173	2.0029	2.0084	2.0079	2.0057	2.0034

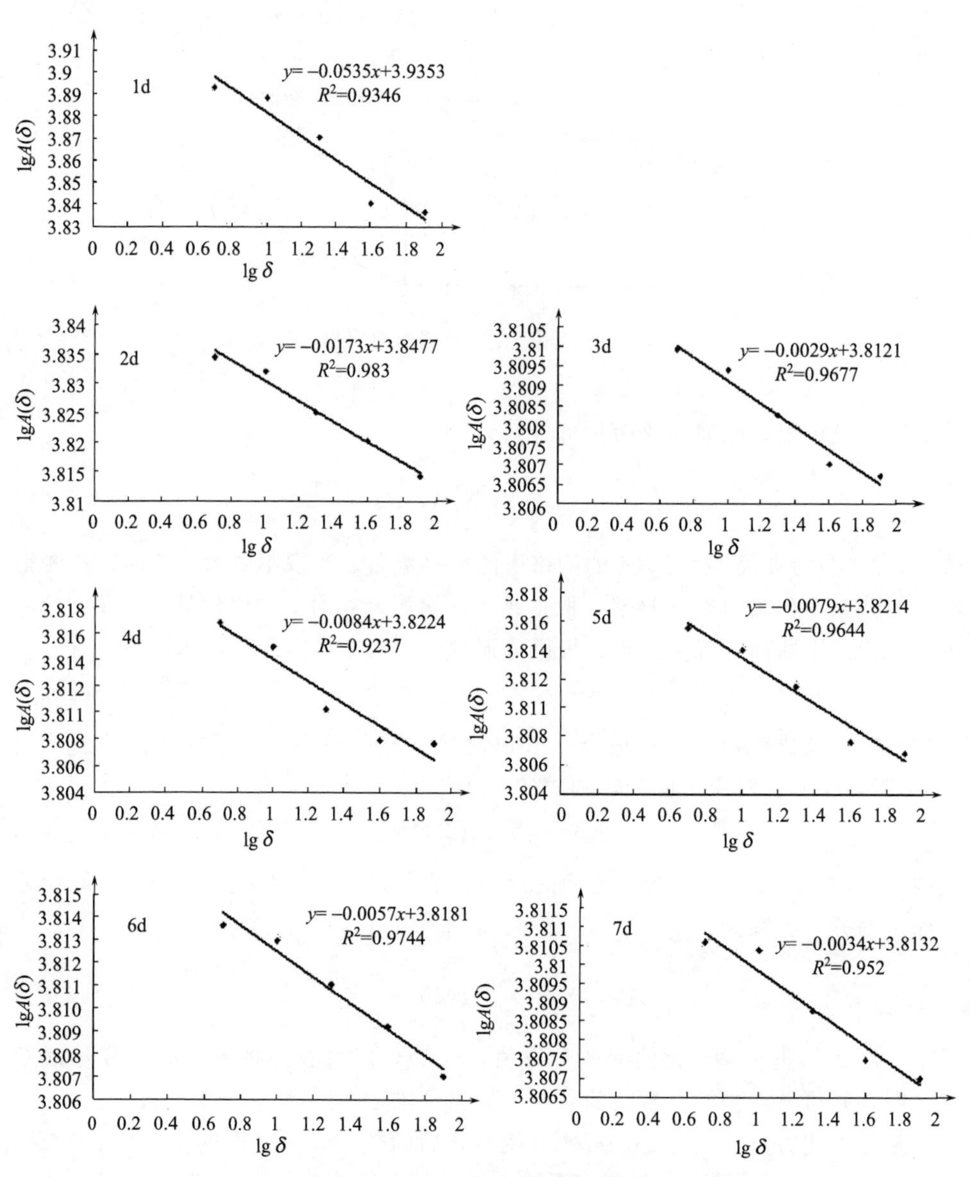

图 2-37　铀尾矿库氡析出率变化的二维平面分形分析

氡析出率的分布分维值越大，其分布越复杂，由表 2-10 可以看出，前两天的氡析出率二维分布分维值相对于其他几天要大、分布复杂。究其原因可能是这两天有大雨、大风，降雨对氡析出率的分布有一定的影响，降雨量越多，氡析出率的分布越复杂。

2.3.3　铀尾矿库氡析出率的空间分布多重分形特征分析

分形理论研究具有自相似结构的不规则几何形体或点群的分布，如康托集合点的分布、海岸线的展布、云的分布等。在许多实际问题中，往往还需要研究某个量值[也称度量或测度(measure)]在特定几何体上的分布。例如，考察某一空间氡析出率的分布，显然，尾矿库中氡析出率的分布是不均匀的，且其分布分维值是不相等的。可见，对于氡析出的空间分布，不能用一个简单的分维数来加以描述，不同的氡析出值的分布对应于不同的分维数，一系列的分维构成多重分形谱。一般地说，多重分形是许多个单一分形在空间的相互缠结(interwinded)、镶嵌，是单一分形的推广(Feder，1988)，主要运用于定义在几何体(包括分形几何体，但对于大多数实际问题，该几何体为二维或三维的区域，而非分形几何体)上的具有自相似性或统计自相似性的某种度量或者场。由此看来，仅用传统的单一分形来研究氡析出的分布是不充分的。

多重分形谱函数 $f(\alpha)$ 的计算方法在 2.1.2 节中已介绍，式(2-9)中的 $\mu_i(r)$ 值为第 i 个网格内的氡析出率含量，本次研究的原始数据即为前面采用 Surfer 7.0 数据处理软件得出的网格化数据，采用网格尺度 r 分别为 5m、10m、20m、40m 和 80m，然后将氡析出率含量乘以网格面积(m^2)得到每一个网格的氡的量 $\mu_i(r)$，q 取值从 −10 到 15，间距为 1，计算了每一个 q 值下的分配函数 $x_q(r)$ 的值，然后作 $q-x_q(r)$ 双对数图(图 2-38)，在双对数图上对不同的 q 值进行线性拟合，由式(2-10)可知，拟合直线的斜率即为对应的 $\tau(q)$ 值，不同 q 值的拟合直线的相关系数均在 0.99 以上，表明具有较好的 $\tau(q)$ 估计值。

根据式(2-13)，可以按如下方法计算 $\alpha(q)$，假定 $\tau(q_{k-1})$、$\tau(q_k)$ 和 $\tau(q_{k+1})$ 为 $\tau(q)$ 的连续估算值，则 $\alpha_k(q)$ 值由下式获得：

$$\alpha_k(q)=\frac{\tau(q_{k+1})-\tau(q_{k-1})}{q_{k+1}-q_{k-1}} \tag{2-65}$$

然后根据式(2-14)计算多重分维谱 $f(\alpha)$，计算结果均列于表 2-11 中，多重分维谱如图 2-39 所示。

从表 2-11 可以看出在 $q=0$ 时 $f(\alpha)$ 达到最大值，其值等于 $\tau(0)$ 也即容量维 D_0。铀尾矿库氡析出率的空间变化均服从多重分形分布，多重分维谱 $f(\alpha)$ 的最大值均为 2，对应十 $f(\alpha)$ 最大值的奇异指数 $\alpha(0)$ 分别为 2.1654、2.1205、2.5653、2.1402、2.0379、2.0952、2.1226。

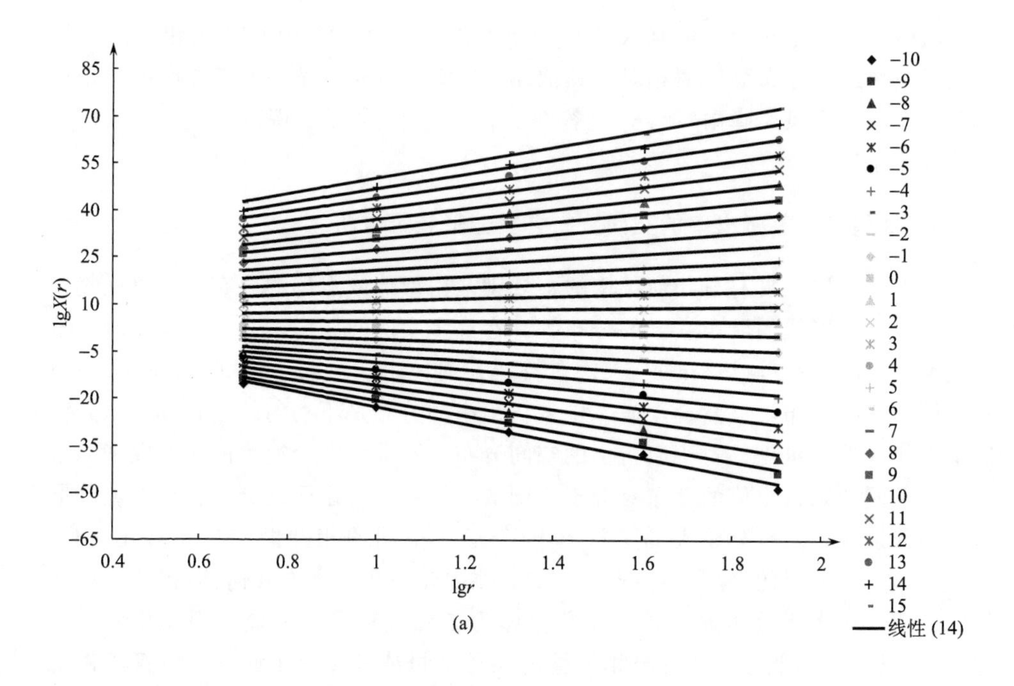

(a)

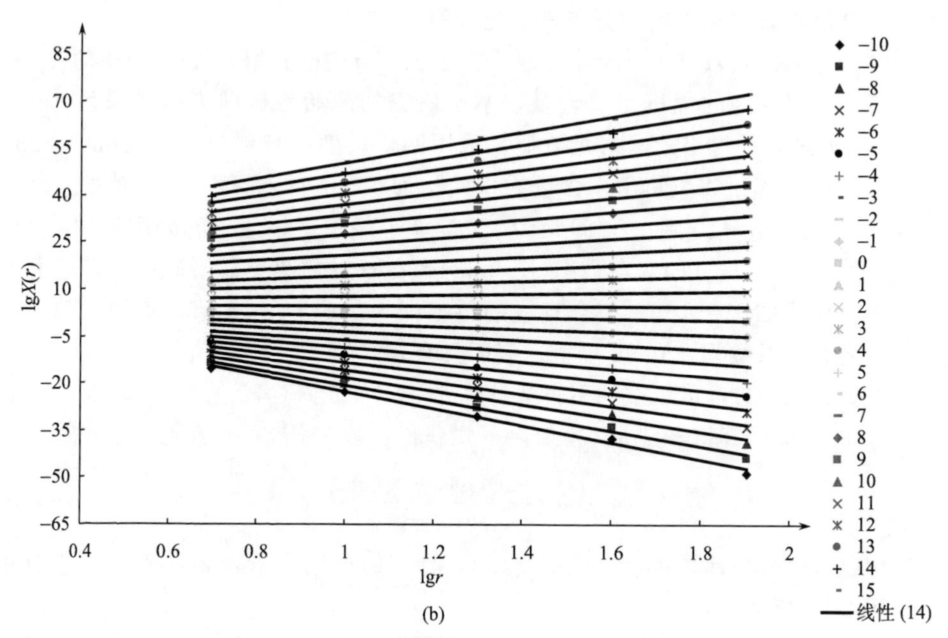

(b)

图 2-38 氡析出率多重分形分析的分配函数图解

(a)第 1 天；(b)第 2 天

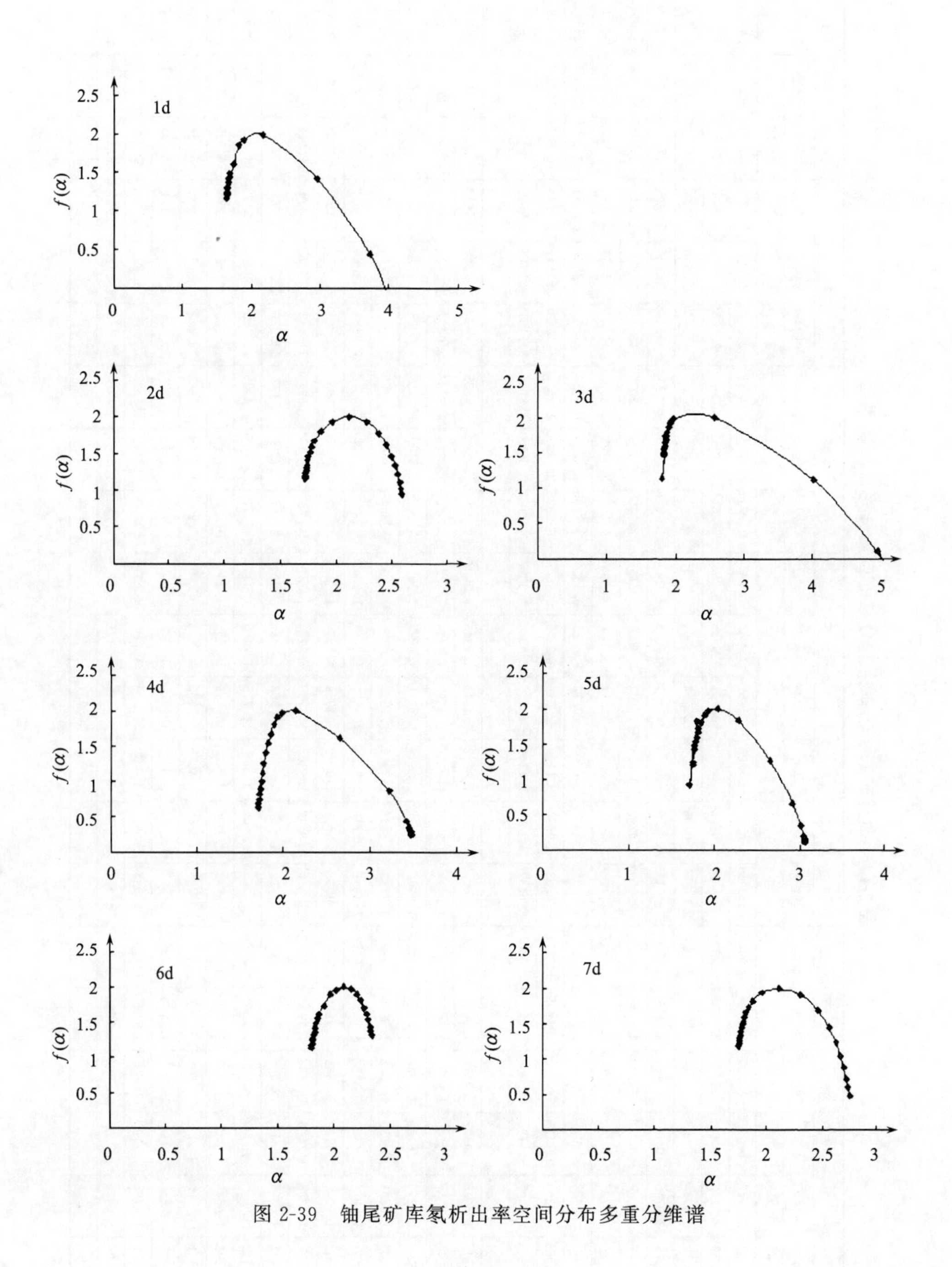

图 2-39　铀尾矿库氡析出率空间分布多重分维谱

表 2-11　铀尾矿氡析出率空间分布的多重分形分析结果

q	第1天			第2天			第3天			第4天			第5天			第6天			第7天		
	$\tau(q)$	$\alpha(q)$	$f(\alpha)$	$\tau(q)$	$\alpha(q)$	$f(\alpha)$	$\tau(q)$	$\alpha(q)$	$f(\alpha)$	$\tau(q)$	$\alpha(q)$	$f(\alpha)$	$\tau(q)$	$\alpha(q)$	$f(\alpha)$	$\tau(q)$	$\alpha(q)$	$f(\alpha)$	$\tau(q)$	$\alpha(q)$	$f(\alpha)$
−10	−39.647			−26.873			−50.201			−34.991			−30.779			−24.778			−28.076		
−9	−35.672	3.9745	−0.0985	−24.276	2.5925	0.9435	−45.181	5.0205	−0.0035	−31.516	3.475	0.241	−27.711	3.0675	0.1035	−22.426	2.346	1.312	−25.313	2.7575	0.4955
−8	−31.698	3.9745	−0.098	−21.688	2.5835	1.02	−40.16	5.0205	−0.004	−28.041	3.4735	0.253	−24.644	3.066	0.116	−20.086	2.339	1.374	−22.561	2.745	0.601
−7	−27.723	3.9745	−0.0985	−19.109	2.572	1.105	−35.14	5.0205	−0.0035	−24.569	3.4705	0.2755	−21.579	3.064	0.131	−17.748	2.33	1.438	−19.823	2.7275	0.7305
−6	−23.749	3.9745	−0.098	−16.544	2.556	1.208	−30.119	5.021	−0.007	−21.1	3.4675	0.295	−18.516	3.0605	0.153	−15.426	2.315	1.536	−17.106	2.704	0.882
−5	−19.774	3.975	−0.101	−13.997	2.5345	1.3245	−25.098	5.0225	−0.0145	−17.634	3.4635	0.3165	−15.458	3.0515	0.2005	−13.118	2.299	1.623	−14.415	2.673	1.05
−4	−15.799	3.9725	−0.091	−11.475	2.5033	1.4618	−20.074	5.026	−0.03	−14.173	3.456	0.349	−12.413	3.0192	0.3362	−10.828	2.2788	1.7128	−11.76	2.6298	1.241
−3	−11.829	3.9488	−0.0174	−8.9904	2.4585	1.6151	−15.046	5.025	−0.029	−10.722	3.4281	0.4377	−9.4196	2.9228	0.6514	−8.5604	2.2521	1.8041	−9.1555	2.5674	1.4533
−2	−7.901	3.7299	0.4416	−6.5581	2.3905	1.7771	−10.024	4.9565	0.1109	−7.3168	3.2279	0.8609	−6.5675	2.6537	1.2602	−6.3238	2.2144	1.8949	−6.6252	2.4686	1.688
−1	−4.369	2.9507	1.4185	−4.2094	2.2791	1.9304	−5.1329	4.012	1.1209	−4.2661	2.6584	1.6077	−4.1123	2.2838	1.8286	−4.1315	2.1619	1.9696	−4.2183	2.3126	1.9057
0	−2	2.1654	2	−2	2.1205	2	−2	2.5653	2	−2	2.1402	2	−2	2.0379	2	−2	2.0952	2	−2	2.1226	2
1	−0.038	1.8938	1.9322	0.0315	1.9641	1.9326	−0.0023	1.9709	1.9732	0.0143	1.9846	1.9704	−0.0365	1.9288	1.9653	0.059	2.0238	1.9648	0.0268	1.9678	1.9409
2	1.787	1.821	1.8545	1.9281	1.8622	1.7963	1.9417	1.9289	1.9162	1.9693	1.9334	1.8975	1.8576	1.8786	1.8996	2.0477	1.9722	1.8966	1.9355	1.881	1.8265
3	3.604	1.7396	1.6152	3.7559	1.8111	1.6773	3.8556	1.9033	1.8543	3.8811	1.8927	1.7972	3.7207	1.8409	1.802	4.0033	1.9142	1.7391	3.7888	1.8399	1.7311
4	5.267	1.6801	1.4535	5.5502	1.7846	1.5882	5.7483	1.8848	1.7909	5.7548	1.857	1.6732	5.5394	1.8142	1.7172	5.876	1.8715	1.61	5.6154	1.8186	1.6592
5	6.967	1.6894	1.4833	7.3251	1.7683	1.5164	7.6252	1.8716	1.7328	7.5951	1.8261	1.5352	7.349	1.8028	1.6648	7.7463	1.862	1.5637	7.4261	1.8051	1.5994
6	8.647	1.6767	1.4144	9.0868	1.7569	1.4549	9.4915	1.8619	1.6799	9.4069	1.7999	1.3928	9.1449	1.7905	1.5981	9.6	1.8478	1.4871	9.2256	1.7949	1.5441
7	10.317	1.6683	1.3608	10.839	1.7486	1.4012	11.349	1.8542	1.6308	11.195	1.7781	1.2514	10.93	1.7811	1.5374	11.442	1.838	1.424	11.016	1.7872	1.4944
8	11.982	1.6625	1.318	12.584	1.7415	1.348	13.2	1.848	1.584	12.963	1.7605	1.121	12.707	1.773	1.477	13.276	1.8305	1.368	12.8	1.7805	1.444
9	13.642	1.658	1.28	14.322	1.7365	1.3065	15.045	1.843	1.542	14.716	1.7465	1.0025	14.476	1.7665	1.4225	15.103	1.8245	1.3175	14.577	1.7745	1.3935
10	15.298	1.6545	1.247	16.057	1.7325	1.268	16.886	1.839	1.504	16.456	1.7355	0.899	16.24	1.7165	0.925	16.925	1.82	1.275	16.349	1.7695	1.346
11	16.951	1.652	1.221	17.787	1.729	1.232	18.723	1.8355	1.4675	18.187	1.7275	0.8155	17.909	1.7565	1.4125	18.743	1.8165	1.2385	18.116	1.7655	1.3045
12	18.602	1.65	1.198	19.515	1.7265	1.203	20.557	1.8075	1.133	19.911	1.721	0.741	19.753	1.7975	1.817	20.558	1.8085	1.144	19.88	1.762	1.264
13	20.251	1.6485	1.1795	21.24	1.7245	1.1785	22.338	1.83	1.452	21.629	1.716	0.679	21.504	1.7495	1.2395	22.36	1.81	1.17	21.64	1.7585	1.2205
14	21.899	1.6475	1.166	22.964	1.7225	1.151	24.217	1.853	1.725	23.343	1.7125	0.632	23.252	1.7465	1.199	24.178	1.8125	1.197	23.397	1.756	1.187
15	23.546			24.685			26.044			25.054			24.997			25.985			25.152		

在 q 取值从 -10 到 15 时，标度指数 $\tau(q)$ 的变化幅度分别为 63.193、51.558、76.245、60.045、55.776、50.763、53.228，奇异指数 $\alpha(q)$ 的变化幅度分别为 2.327、0.87、3.1675、1.7625、1.321、0.5335、1.0015。多重分维谱中 $f(\alpha)$ 与 α 轴的左交点分别为 1.6475、1.7225、1.853、1.7125、1.7465、1.8125、1.756。

标度指数 $\tau(q)$、奇异指数 $\alpha(q)$、多重分维谱的最大值以及多重分维谱 $f(\alpha)$ 与 α 轴的左交点均可以指示氡析出分布的复杂性，值越大说明其分布越复杂。可以看出，雨天比晴天时复杂性更大。多重分维谱 $f(\alpha)$ 曲线呈明显左偏或右偏，说明该尾矿库氡析出率的分布存在局部增高现象。

第3章　铀尾矿氡析出动力学

3.1　铀尾矿粒度对氡析出的影响

3.1.1　实验设计

1. 实验装置

本实验采用的实验柱和配套的集氡罩均采用PVC塑料做成，综合考虑实验样品量和实验工作量，实验柱设计成直径为150mm、高度为1500mm，其厚度为5mm，集氡罩高为80mm。

2. 实验样品筛分

实验用的铀尾矿样品采自广东某铀矿尾矿库。该铀矿历经50余年的开采，已堆积了数百万吨尾矿，形成了规模宏大的尾矿库。该矿为花岗岩型铀矿，矿石的化学成分以SiO_2为主(表3-1)，CaO、MgO的含量较低，近十多年采用地表酸法堆浸提取铀。

表3-1　铀矿矿石平均化学成分(%)

	SiO_2	Al_2O_3	Fe_2O_3	FeO	K_2O	Na_2O	CaO	MgO	TiO_2	MnO	P_2O_5	U	Ra(Bq/g)
矿石	80.56	10.27	2.23	0.78	4.15	0.11	0.33	0.30	0.153	0.035	0.341	0.14	
尾矿	81.16	9.57	3.37	0.16	3.97	0.13	0.15	0.10	0.13	0.14	0.28	0.04	33.71

实验初始，先将所采的1t左右的尾矿样品自然风干；然后用孔径分别为10mm、5mm、2.5mm、1mm、0.9mm、0.8mm、0.6mm、0.4mm、0.25mm、0.105mm的10级筛对尾矿进行筛分，筛分出>10mm、10～5mm、2.5～5mm、1～2.5mm、0.9～1mm、0.8～0.9mm、0.6～0.8mm、0.4～0.6mm、0.25～0.4mm、0.105～0.25mm和<0.105mm 11个粒级的样品，样品的筛分分析(表3-2)表明堆浸尾矿的粒度较大，分布范围主要为0.1～10mm，占93%左右，其中1～10mm的粒度占70%左右。

表3-2　铀矿尾矿粒度分布

粒度(mm)	>10	5～10	2.5～5	1～2.5	0.9～1	0.8～0.9	0.6～0.8	0.4～0.6	0.25～0.4	0.105～0.25	<0.105
质量分布(%)	1.870	28.710	28.040	13.660	3.330	2.700	2.580	5.770	3.780	4.985	4.575

3. 实验样品装填

由于>10mm粒级的样品量较少，该粒级的样品不参与实验。将其余10种不同粒度的尾矿分别称量一定质量装进10个相同的塑料实验柱(表3-3)进行实验。各实验样品的实际集气体积约5500mL。

表3-3 不同粒度尾矿样品实验装柱情况

样号	粒度(mm)	质量(kg)	高度(mm)	密度(g/cm³)
Z2-1	5～10	28.85	1258	1.298
Z2-2	2.5～5	30.30	1276	1.344
Z2-3	1～2.5	28.60	1279	1.266
Z2-4	0.9～1	27.85	1292	1.220
Z2-5	0.8～0.9	27.30	1265	1.222
Z2-6	0.6～0.8	27.30	1284	1.204
Z2-7	0.4～0.6	26.50	1271	1.180
Z2-8	0.25～0.4	26.05	1266	1.165
Z2-9	0.105～0.25	25.10	1246	1.141
Z2-10	<0.105	22.65	1261	1.017

3.1.2 实验结果分析

实验样品装柱5d后开始进行氡析出率的测量，连续测量10d，每天上午10点、下午4点各测1次。10个不同粒度铀尾矿样品的氡析出率实验结果见表3-4，铀尾矿平均氡析出率随尾矿粒度的变化如图3-1所示。

表3-4 不同粒度铀尾矿样品的氡析出率[Bq/(m² · s)]

测量时刻	Z2-1	Z2-2	Z2-3	Z2-4	Z2-5	Z2-6	Z2-7	Z2-8	Z2-9	Z2-10
	5～10	2.5～5	1～2.5	0.9～1	0.8～0.9	0.6～0.8	0.4～0.6	0.25～0.4	0.105～0.25	<0.105
7.29，10时	14.900	9.179	14.074	10.955	9.890	14.316	13.649	12.657	14.630	13.302
7.29，16时	13.175	11.431	12.117	9.806	9.034	13.980	13.451	10.689	13.801	14.112
7.30，10时	8.837	10.760	12.736	9.562	9.777	7.602	10.535	9.303	9.515	12.773
7.30，16时	10.551	9.764	11.858	9.052	8.108	8.264	9.978	9.485	9.443	15.292
7.31，10时	9.346	10.186	9.009	8.432	7.217	10.415	10.165	8.345	10.679	12.775
7.31，16时	12.294	11.930	10.652	9.925	9.096	8.558	9.739	8.171	10.252	14.118
8.01，10时	12.734	9.481	11.233	10.056	10.946	8.576	8.194	10.781	9.261	11.300

续表

测量	Z2-1	Z2-2	Z2-3	Z2-4	Z2-5	Z2-6	Z2-7	Z2-8	Z2-9	Z2-10
时刻	5～10	2.5～5	1～2.5	0.9～1	0.8～0.9	0.6～0.8	0.4～0.6	0.25～0.4	0.105～0.25	＜0.105
8.01，16时	10.033	9.856	12.293	9.923	8.961	9.796	7.883	9.458	9.332	11.850
8.02，10时	9.257	8.730	10.703	9.030	10.080	8.935	8.938	7.572	9.185	10.746
8.02，16时	12.103	10.115	8.083	10.221	9.275	9.356	9.950	9.669	10.678	11.855
8.03，10时	11.046	9.986	11.331	11.172	8.981	9.996	8.453	8.598	10.379	12.492
8.04，10时	12.047	11.109	11.655	10.334	9.869	8.661	8.719	10.161	9.998	11.451
8.04，16时	11.243	11.513	10.257	9.819	9.254	10.089	9.440	11.235	10.754	10.089
8.05，10时	8.970	12.159	11.756	8.081	8.845	9.460	9.858	10.164	11.913	11.549
8.05，16时	12.181	10.272	13.896	8.126	8.345	11.082	10.812	9.046	10.530	10.928
8.06，10时	12.756	16.965	13.565	11.274	9.271	8.028	9.508	10.754	11.956	11.536
8.06，16时	15.179	8.921	11.433	8.718	8.141	9.281	8.859	11.430	11.272	10.187
8.07，10时	11.060	13.14	11.120	10.790	9.610	10.850	9.800	8.590	11.360	11.270
8.07，16时	12.300	9.190	10.591	9.583	15.210	12.792	10.695	9.445	10.496	11.653
平均	11.580	10.773	11.493	9.729	9.469	10.002	9.928	9.766	10.812	12.067

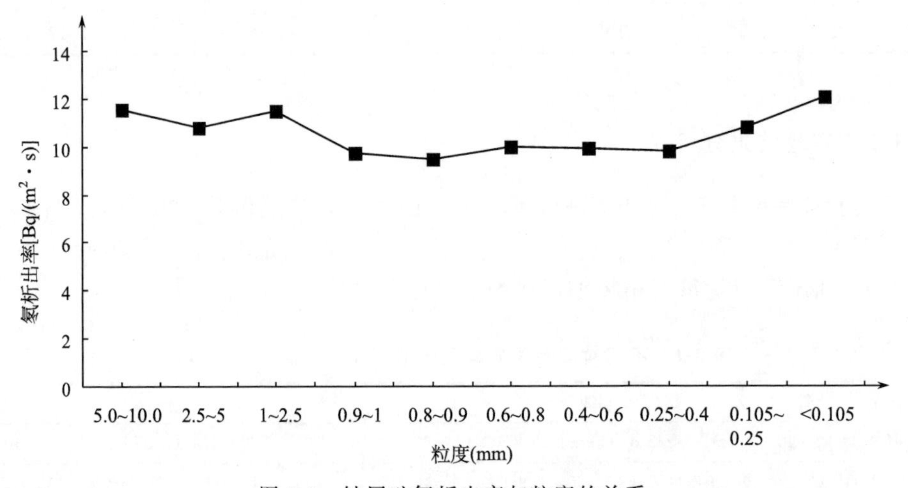

图 3-1　铀尾矿氡析出率与粒度的关系

实验结果表明，在实验研究的粒度范围内，尾矿粒度的变化对氡析出率的影响不大，在氡析出率对粒度的关系图上，铀尾矿氡析出率变化曲线基本上与横坐标(粒度变量)是平行的，从小的变化上看可大致分为三段，两端略高于中部，在粒度＞1mm 时氡析出率为 10.773～11.580Bq/(m^2·s)，略高于中等粒度区间(0.25～1mm)的氡析出率[9.469～10.002 Bq/(m^2·s)]，粒度＜0.25mm 时氡析出率随粒度减小也有小幅度升高[10.812～12.067Bq/(m²·s)]。

本实验的结果与前人的实验结果和理论认识存在显著不同。前人的许多实验结果表明粒度是影响氡析出的一个重要结构参数，氡的析出率随粒度的减小而增大。例如，Amin 等(1995)研究了马来西亚锡矿独居石的粒度与氡析出量的关系，结果显示粒度对氡的析出有显著影响，随粒度的增大氡析出量明显减小(图 3-2)。

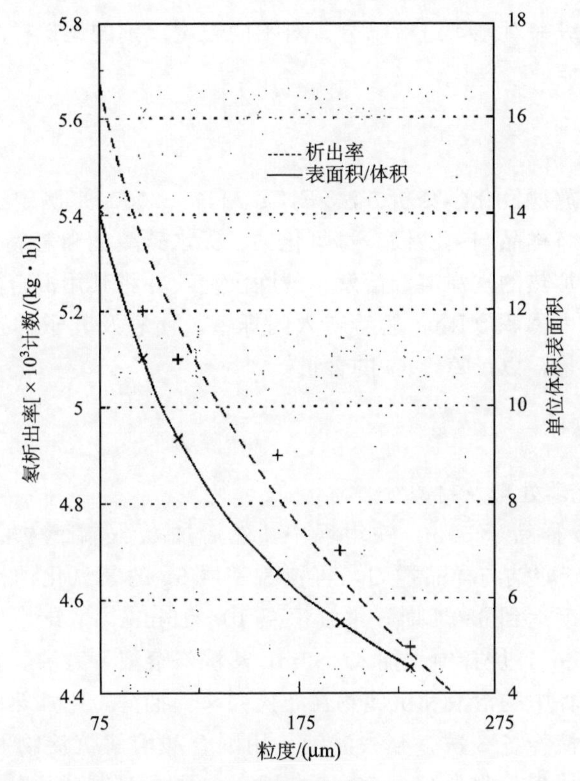

图 3-2　独居石粒度对氡析出率的影响(Amin et al.，1995)

许多学者研究土壤中氡析出的特征也得出，在粒度小于 2mm 时，土壤中的氡浓度反比于土壤粒度的大小，土壤氡浓度随大沙粒含量的增加而减少，随细小沙粒含量的增加而增大，地表氡析出率随着土壤平均粒度的增加有明显的降低趋势(Amin et al.，1995；Kumar et al.，2003；Chau et al.，2005；Tuccimei et al.，2006)。根据氡的 α 衰变反冲理论，由于固体中反冲射程很小，因此只有在颗粒表面反冲射程以内的镭原子所产生的氡原子才具有足够的能量逃离出固体而释放出来，因而氡的析出理论上与材料的比表面积成正比，而比表面积与粒度成反比，也就是说氡析出率在理论上应是与粒度成反比。显然，本实验所得出的随粒度的变化氡析出率基本不变的结果与前人的实验结果和理论认识有较大的差异。

3.1.3 镭含量的分析及对氡析出的影响

1. 实验样品

实验用的铀尾矿样品采自广东某铀矿，并经过自然风干，然后用孔径分别为10mm、5mm、2.5mm、1mm、0.9mm、0.8mm、0.6mm、0.4mm、0.25mm、0.105mm的10级筛对尾矿进行筛分。对不同粒度级别的尾矿样品和原始尾矿样品进行镭含量测定。

2. 实验方法

本实验根据放射性化学分析方法(EJ/T 1117—2000)来测定铀尾矿中的镭含量。主要方法是将样品与硝酸钡、过氧化钠、无水碳酸钠和氢氧化钠一起熔融分解。冷却后，用加热的洗涤溶液溶解，滤除沉淀，并将其用混合酸溶解。将溶解液封闭于扩散器中累积^{222}Rn。然后转入闪烁室，使氡及其子体达到平衡后，在氡钍分析仪上测量，以计算^{226}Ra的含量。

3. 实验步骤

1）镭源的化学处理及封源

称取1.000g样品于50mL铁坩埚中，然后加0.2g硝酸钡、3～4g过氧化钠、3～4g无水碳酸钠与样品搅匀，再覆盖一层5g的氢氧化钠，置于马弗炉内加热熔融。当温度达到680℃时，继续恒温10～15min，取出坩埚，冷却。冷却后的坩埚放在300mL烧杯中，加入100mL热洗涤溶液，煮沸，直至熔融物全部脱离坩埚。将烧杯中的溶液和沉淀物在布氏漏斗上抽滤，用加热的洗涤溶液洗涤坩埚、烧杯和沉淀物各3次，弃去滤液。用混合酸溶解沉淀物并转移至扩散器中，溶解液的总体积控制为30～50mL。用真空泵或双链球排气10～15min后，立即封存，并记录封闭时间和扩散器编号。视样品中镭含量的多少确定^{222}Rn的累积时间。封闭时间为3～4d。

2）进气

按图3-3连接系统，用真空泵将闪烁室A和干燥管B抽成真空，旋紧螺丝夹2，然后打开螺丝夹1和3，使扩散器C中所积累的^{222}Rn进入闪烁室。然后打开螺丝夹5，缓慢调节螺丝夹4，使进气速度为40～50mL/min(或每分钟100～120个气泡)。进气10min后，开大调节螺丝夹4，加快进气速度，在15min内完成进气。旋紧螺丝夹1和3，记录进气时间和闪烁室编号。扩散器中^{222}Rn的累积时间为封闭时起到进气结束时止的时间间隔。

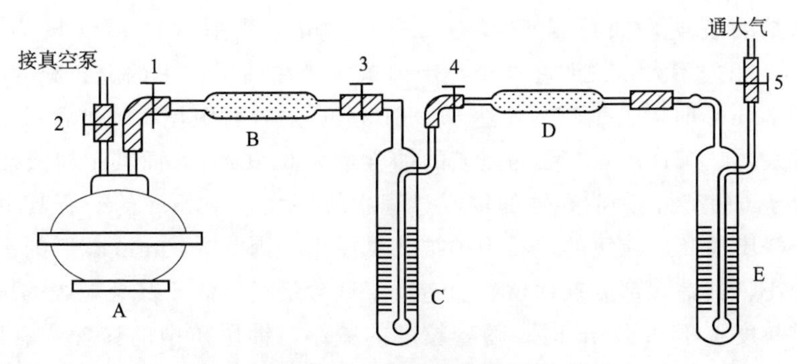

图 3-3　进气系统连接图

A. 闪烁室；B. 氯化钙干燥管；C. 含标准溶液的扩散器；D. 活性炭管；
E. 氯化钡饱和溶液；1、2、3、4、5. 螺丝夹

3）测量

进气完毕后，放置 2.5～3h 后进行测量。每次测量的时间视镭的活度而定，应保证标样每次测量的总计数统计误差小于 5%。按下式计算闪烁室刻度值 K：

$$K=\frac{a(1-e^{-\lambda t})}{I-I_0} \tag{3-1}$$

式中，K 为闪烁室的刻度值(Bq/分计数)；a 为镭标准源的活度(Bq)；I 为测得的计数率(每分计数)；I_0为闪烁室的本底计数率(每分计数)；λ 为氡的衰变常数($7.55\times10^{-3}h^{-1}$)；t 为^{222}Rn 的累积时间(h)。

4）计算

镭含量的计算公式为

$$C=\frac{K(I-I_0)}{M(1-e^{-\lambda t})}\times2000 \tag{3-2}$$

式中，C 为样品中^{226}Ra 的含量(Bq/g)；K 为闪烁室的刻度值(Bq/每分计数)；M 为取样量(g)。

4. 实验结果

对筛分好的不同粒度的尾矿样品进行了镭含量分析，分析结果见表 3-5。

表 3-5　铀尾矿样品的镭含量

样号	Z3-1	Z3-2	Z3-3	Z3-4	Z3-5	Z3-6	Z3-7	Z3-8	Z3-9	Z3-10	Z3-11	
粒度(mm)	>10	5～10	2.5～5	1～2.5	0.9～1	0.8～0.9	0.6～0.8	0.4～0.6	0.25～0.4	0.105～0.25	<0.105	尾矿样平均
镭含量(Bq/g)	67.9	28.2	29.6	28.1	27.9	24.6	30.2	28.4	42.0	69.2	69.0	33.7

分析结果表明，铀尾矿粒度在 0.4～10mm 范围内的镭含量为 24.6～30.2Bq/g，相差不大，说明在这个范围内镭含量在铀尾矿中的分布相对较均匀；粒度大于 10mm 时镭含量较高，达 67.85Bq/g，对各粒级尾矿的铀含量也作了分析，结果表明，＞10mm 粒级的尾矿的铀含量为 0.267%，而其余粒级尾矿的铀含量均小于 0.02%，表明在铀的堆浸过程中粒度大于 10mm 的矿石其中的铀大部分未被浸出而其余粒级的矿石中铀被大量浸出。因此＞10mm 粒级的尾矿由于浸出作用小，其镭大部分被保留，而造成了镭含量显著高于其余粒级的尾矿。但是当尾矿粒度小于 0.4mm 时，随着粒度的减小，铀尾矿中的镭含量有所提高，这是因为粒度变小其比表面积增大，对镭的吸附作用也增强。由于镭在 SO_4^{2-} 溶液中的溶解度很小，因此吸附作用可能导致了小粒级尾矿中的镭含量增大。

由于在 0.4～10mm 粒级范围内镭含量的变化较小，因此镭含量的变化对氡析出率的影响较小，对比表 3-4 和表 3-5 可看出，即使＜0.4mm 的几个粒级的尾矿镭含量增高了 2～3 倍，但是其氡的析出率也并没有增大很多，将各粒级的氡析出率对镭含量作图(图 3-4)，可见氡析出率与镭含量并没有明显的正相关关系。因此导致实验结果不是由镭含量的变化引起的，而可能是由尾矿的结构所引起的。

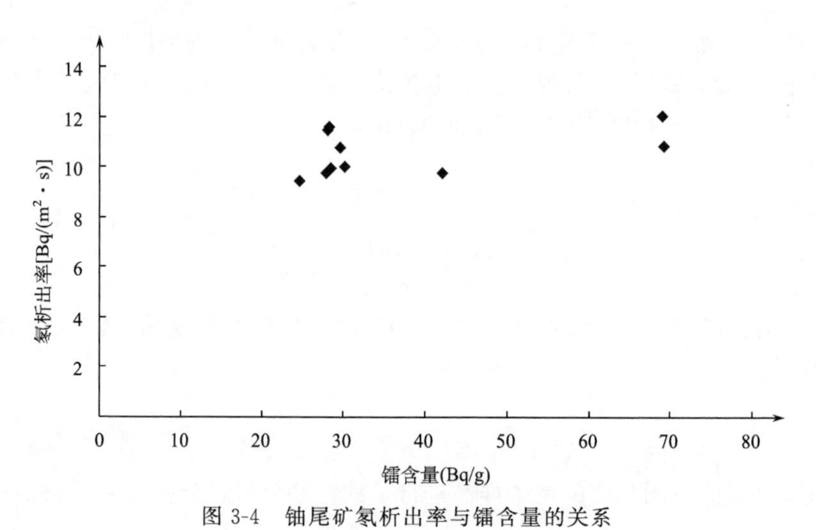

图 3-4 铀尾矿氡析出率与镭含量的关系

3.1.4 尾矿粒度对氡析出的影响机理

尾矿中的 Rn 是由 Ra 经 α 衰变而来，当 Ra 经 α 衰变变为 Rn 时，会放出一个 α 粒子，α 粒子即高速运动的氦核(^4He)，α 粒子与物质作用逐渐损耗其能量后，则成为^4He 衰变后的新原子核会受到 α 粒子的反冲，其使 Ra 经 α 衰变变成

Rn时，Rn可脱离原来在矿物中的结晶格架或离开原来的位置。Ra经α衰变后，辐射出的α粒子进入矿物孔隙之中，其减速后，成为^{4}He，由于其反冲能量为100keV，氡原子在固体中运动的距离只有几十纳米，因此只有接近颗粒表面区域的Rn才能反冲进入孔隙中，此外还可能有少部分Rn在反冲过程中再射入固体中。因此尾矿中的Ra衰变成Rn的过程中，由于反冲作用，产生α粒子及稍后形成的^{4}He和反冲核Rn，只有部分能进入孔隙中。文献(辛峰等，2001；乐仁昌等，2002)报道了铀矿物中氡的析出呈现不连续性、阵发性现象，铀矿物内部孔隙的发育各异，Ra经α衰变放出Rn及He等，并形成He-Rn团簇，待其在矿物内部聚集到一定压力时，由铀矿物裂隙释放到矿物外部，从而引起氡的阵发性释放。此外，尾矿中Ra分布的不均匀性、孔隙的结构特征都可引起氡析出率的振荡性变化。

尾矿中的氡析出进入大气中包括了2个过程：射气和迁移。镭的α衰变产生的氡具有86.0keV的反冲能，可以推动它从固体颗粒中释放进入其孔隙空间，该过程称为射气，并且所产生的氡原子仅有一部分逃离其所产生的固体颗粒而进入孔隙中，这就是氡射气系数。氡的反冲能限制了氡原子在固体中运动的距离——反冲射程只有几十纳米。例如，在尾矿的主要矿物——石英中的反冲射程为34nm，因此只有在颗粒表面反冲射程以内的镭原子所产生的氡原子具有足够的能量逃离出固体，并且依逃离颗粒后的剩余能量，氡原子可以滞留在孔隙空间或嵌入邻近的颗粒中，嵌入邻近颗粒中的氡也不能算入氡的射气系数。此外由于氡在固体中的扩散长度极短($10^{-32}\sim10^{-13}$m)，固体颗粒中氡的扩散对射气没有贡献。

根据上述原理，从射气的角度分析，所出现实验结果的主要原因有以下两方面。

1. 大颗粒中存在的微小孔隙或裂隙的影响

对于镭含量均匀分布的材料，虽然理论上粒度越大，表面积越小，其在反冲射程以内的镭原子也越少，因而氡的射气系数是随粒度减小而增大。但是一些研究表明，对于天然的矿物颗粒，都会存在一些微小的孔隙或裂隙称为“纳米孔隙”(nanopores)，这些纳米孔隙对氡的析出具有重要作用(图3-5)，可以显著提高氡的射气系数(Rama et al.，1984；Sasaki et al.，2004)。

矿物颗粒中的纳米孔隙不仅可以在矿物结晶形成过程中产生，而且镭原子附近的化学腐蚀和辐射损伤对矿物晶体结构的破坏也可产生纳米孔隙(Nazaroff，1992)。特别是在矿石的破碎加工过程中，机械破坏作用无疑也会在矿物颗粒中产生微小的裂隙。

对铀尾矿进行扫描电子显微镜观察，在颗粒中确实能观察到较多的微裂隙

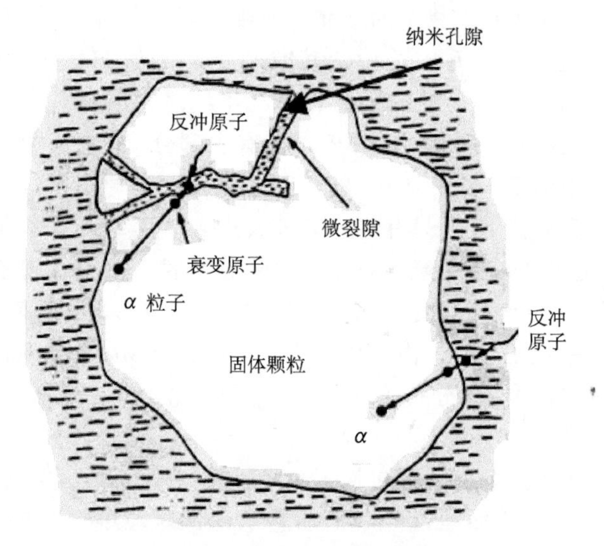

图 3-5　颗粒中的纳米孔隙与氡的析出

(图 3-6)。因此，尾矿中纳米孔隙对氡的析出有较大影响，是导致较大粒级尾矿中氡析出率增大的因素之一。

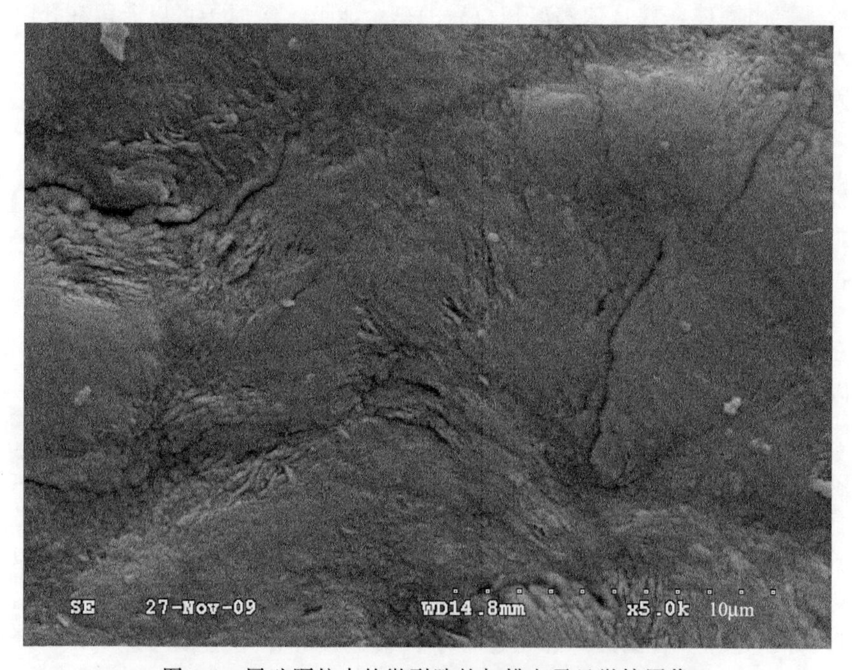

图 3-6　尾矿颗粒中的微裂隙的扫描电子显微镜图像

2. 孔径的影响

尾矿的粒度大小对孔径(孔隙大小)有重要影响，假设尾矿颗粒为球形，考虑面心立方填充结构，可采用蒙特卡罗方法对不同粒级的尾矿的孔径分布和平均孔径进行计算模拟。图 3-7 是粒度为 1mm 的尾矿的孔径分布的模拟结果，可见其孔径具有较宽的分布范围，其平均孔径(相邻颗粒间的距离)为 1mm，相对标准偏差为 42%。各种粒级的平均孔径的计算结果如图 3-8 所示，可见平均孔径与粒度成正比。根据氡的反冲能(86.0keV)，氡在石英颗粒、空气和水中的反冲射程分别为 34nm、53μm 和 77nm。假设孔隙中不含水分(实际上实验在室内进行，实验前已将尾矿样品晾干了，含水量可忽略不计)，则对于分布于颗粒表面的镭原子衰变而来的氡，只有在孔径＞53μm 时才能滞留在孔隙中，当孔径＜53μm 时，反冲氡原子将嵌入邻近颗粒中。因此，尾矿粒度越小，平均孔径越小，小于氡反冲射程的小孔隙所占的比例越大，氡原子被嵌入相邻颗粒的概率也就越高。因此在相同镭含量的条件下，小粒度的尾矿虽然比表面积大，在反冲射程范围内的氡原子比例高，但是由于小孔隙的含量高，反冲射出的氡被再嵌入邻近颗粒的概率也增高。在此情况下，尾矿粒度的减小对提高氡的析出率的效果会受到明显影响。因此，孔径的影响也可能是导致较大粒级尾矿中氡析出率增大的因素之一。

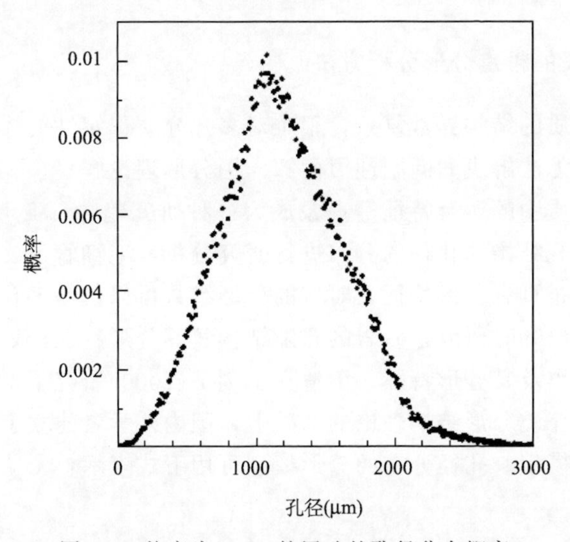

图 3-7　粒度为 1mm 的尾矿的孔径分布概率

综合起来可知，由于矿物颗粒中的纳米孔隙和粒度对孔径的影响，尾矿粒度的变化对氡析出率的影响不大。

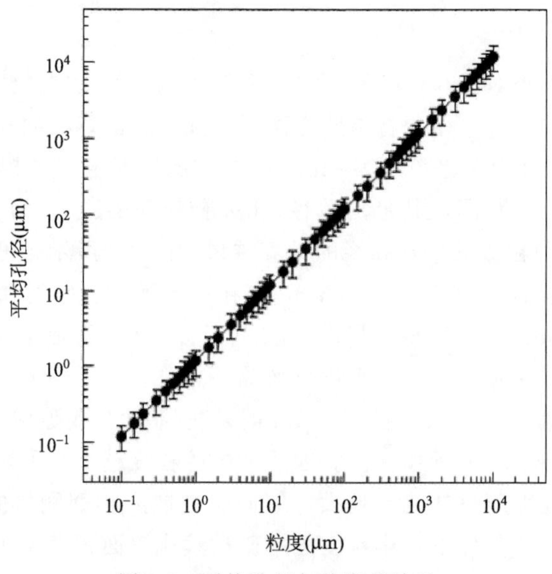

图 3-8　平均孔径与粒度的关系

所有粒级的相对标准偏差为 42%

3.2　铀尾矿粒度分形分布对氡析出的影响

3.2.1　多孔介质的粒度分形分析方法

由于多孔介质的结构异常复杂，很难对多孔介质作定性的描述。分形理论的引入使经典理论无法解决的问题迎刃而解。用分形理论解释多孔介质的复杂结构及流体在分形介质中的运行特征等现象成为一种研究趋势。Tyler 等(2006)先后对多孔介质的微观结构和孔径的分布进行研究分析，毛细管道、土壤等多孔介质的结构和孔径分布具有分形特征，对应的分形维数可以作为多孔介质的微观结构参数。贾芬淑等(1995)研究了砂岩的孔隙结构及其分形特征，姜秀民等(2003)研究了煤的颗粒大小及其分形特征，王清和王剑平(2000)研究了土壤孔隙的分形结构特征。在多孔介质分形结构理论的基础上，国内外学者建立了多孔介质分形结构的一系列分形模型。孔径分布的分形模型可用下式表示：

$$N(L \geqslant \lambda) = \left[\frac{\lambda_{\max}}{\lambda}\right]^{D_f} \tag{3-3}$$

式中，$N(L \geqslant \lambda)$为在流体流动方向的横截面上累积孔径尺寸(L)大于或等于 λ 的毛细管道的数目；$\lambda_{\max}$为截面上孔径的最大尺寸。当孔隙的尺寸为 λ 时，大于或等于此孔径的通道的累积数目为 N 个；D_f为孔隙质量分形维数(Mandelbrot,

1982）。

有学者证明，表征类似破碎的岩石和土壤的颗粒分布的最好方法是用式(3-4)所示的颗粒频率的分形关系(Perfect，1997)：

$$N(r) \propto r^{-D} \tag{3-4}$$

式中，$N(r)$为尺寸大于 r 的颗粒的数目；D 为分形维数。D 就是 $\lg N(r)$-$\lg r$ 最佳拟合直线的斜率的绝对值。由于很难直接得到岩石和土壤颗粒的数目，因此应用筛分和称量技术来分析尾矿、废石、土壤等样品(Sammis et al.，1986)。

材料用不同粒度的筛子筛分，然后进行称量并计算其占所有样品质量的百分比。筛分的材料中尺寸小于 r 的材料的累积质量百分数满足下式：

$$M(r^-)/M \propto r^n \tag{3-5}$$

式中，$M(r^-)$为筛分材料中尺寸小于 r 的材料的累积质量；M 为整个样品的质量。得到：

$$M(r^+)/M = 1 - M(r^-)/M \propto 1 - r^n$$

这里 $M(r^+)$是网孔直径为 r 时，筛分后剩余的材料的质量。从而得到：

$$\mathrm{d}M(r^+) \propto - nr^{n-1}\mathrm{d}r \propto r^{n-1}\mathrm{d}r \tag{3-6}$$

假设颗粒形状为球形，结合式(3-4)得到：

$$\mathrm{d}M(r^+) = \frac{4}{3}\pi G r^3 \mathrm{d}N(r) \propto r^{2-D}\mathrm{d}r \tag{3-7}$$

根据式(3-6)和式(3-7)得到：

$$D = 3 - n \tag{3-8}$$

因此，粒度分形分析就是分析筛孔尺度 r 与对应筛分材料的累积质量百分数的对数关系，D 由两者的关系拟合的直线斜率 n 得到。假设颗粒最大粒度为 $r_{\max}$，则有

$$\frac{M_{r^-}}{M} = \left(\frac{r}{r_{\max}}\right)^{3-D} \tag{3-9}$$

3.2.2　实验用样品的配制

利用已筛分好的不同粒度级别的尾矿样品，根据式(3-9)配制出具有不同粒度分布分维值的尾矿样品。由于＞10mm 粒级的样品量较少，因此该粒级不参与配制组合样品，取 $r_{\max}=10\text{mm}$，每个样品配制 30kg，即 $M=30\text{kg}$，这样由式(3-9)计算出给定分维值 D 时样品的各粒级的质量。本次实验配制了分维值 D 的分布为 1.3、1.5、1.7、1.9、2.1、2.3、2.4、2.5、2.6、2.7、2.8 共 11 个组合样品，各样品的粒级配比计算结果见表 3-6，将 11 个组合样品分别装进 11 个相同的塑料实验柱进行实验。

表 3-6 不同分维值尾矿组合样品配比表(kg)

样号	Z4-1/Z5-1	Z4-2/Z5-2	Z4-3/Z5-3	Z4-4/Z5-4	Z4-5/Z5-5	Z4-6/Z5-6	Z4-7/Z5-7	Z4-8/Z5-8	Z4-9/Z5-9	Z4-10/Z5-10	Z4-11/Z5-11
分维值 D	1.3	1.5	1.7	1.9	2.1	2.3	2.4	2.5	2.6	2.7	2.8
5～10	20.77	19.39	17.82	16.00	13.92	11.53	10.21	8.79	7.26	5.63	3.88
2.5～5	6.39	6.86	7.23	7.47	7.46	7.10	6.73	6.21	5.51	4.58	3.38
1～2.5	2.24	2.80	3.45	4.15	4.84	5.38	5.52	5.51	5.29	4.75	3.81
0.9～1	0.10	0.14	0.19	0.26	0.34	0.43	0.47	0.49	0.49	0.47	0.40
0.8～0.9	0.09	0.13	0.19	0.26	0.35	0.44	0.48	0.51	0.53	0.51	0.43
0.6～0.8	0.16	0.24	0.35	0.50	0.71	0.93	1.04	1.14	1.18	1.16	1.01
0.4～0.6	0.12	0.20	0.31	0.49	0.72	1.04	1.20	1.35	1.46	1.48	1.33
0.25～0.4	0.07	0.12	0.21	0.35	0.58	0.88	1.07	1.36	1.42	1.50	1.41
0.105～0.25	0.05	0.09	0.17	0.32	0.58	1.03	1.33	1.67	2.01	2.27	2.29
＜0.105	0.01	0.03	0.08	0.20	0.50	1.24	1.95	3.07	4.85	7.65	12.06
合计	30	30	30	30	30	30	30	30	30	30	30

3.2.3 实验结果

对配置好的具有不同粒度分布分维值的尾矿样品进行室内实验，共进行了两批实验。第一批实验样品装柱 5d 后开始进行氡析出率测量，共测量 8d，每天上午 10 点、下午 4 点各测 1 次。不同分维值铀尾矿样品的氡析出率实验结果见表 3-7，铀尾矿氡析出率随粒度分布分维值的变化如图 3-9 所示。

表 3-7 不同分维值铀尾矿样品的氡析出率[Bq/(m^2 · s)](第一批实验)

测量时刻	Z4-1	Z4-2	Z4-3	Z4-4	Z4-5	Z4-6	Z4-7	Z4-8	Z4-9	Z4-10	Z4-11
	D=1.3	D=1.5	D=1.7	D=1.9	D=2.1	D=2.3	D=2.4	D=2.5	D=2.6	D=2.7	D=2.8
8.13，10 时	8.578	19.259	18.000	23.066	22.308	7.498	18.709	17.627	8.632	6.972	13.820
8.13，16 时	6.523	13.129	12.355	19.236	9.869	23.277	5.190	7.479	5.596	7.928	10.404
8.14，10 时	6.775	7.029	10.749	7.382	11.250	26.211	6.249	3.424	4.949	8.082	8.753
8.14，16 时	4.624	9.669	9.784	9.579	13.197	24.104	18.012	3.735	2.049	3.823	4.582
8.15，10 时	6.259	10.624	11.084	31.958	32.846	36.428	31.113	11.603	5.806	7.720	9.739
8.15，16 时	6.580	12.523	13.879	12.325	12.265	29.663	37.114	22.085	7.281	7.625	9.175
8.16，10 时	6.886	11.018	6.945	22.513	9.835	47.241	22.377	19.998	5.969	7.873	8.828
8.16，16 时	5.770	13.476	12.652	15.067	19.141	23.208	15.318	15.016	7.989	7.626	8.521

续表

测量时刻	Z4-1	Z4-2	Z4-3	Z4-4	Z4-5	Z4-6	Z4-7	Z4-8	Z4-9	Z4-10	Z4-11
	D=1.3	D=1.5	D=1.7	D=1.9	D=2.1	D=2.3	D=2.4	D=2.5	D=2.6	D=2.7	D=2.8
8.17，10 时	8.630	8.733	11.880	19.667	26.062	25.458	28.386	16.569	5.099	8.142	9.201
8.17，16 时	7.650	9.693	10.655	14.496	25.808	48.893	27.787	11.718	6.126	5.677	5.920
8.18，10 时	5.414	7.691	6.657	3.746	14.325	27.107	39.555	21.603	5.698	5.502	6.565
8.18，16 时	6.525	10.887	13.680	16.583	21.641	9.341	17.909	10.799	4.863	5.674	6.903
8.19，10 时	5.765	15.123	17.115	25.170	22.334	22.152	4.990	8.072	4.809	5.420	4.868
8.19，16 时	6.700	12.598	12.650	27.396	29.023	22.306	21.056	11.327	8.382	11.751	12.118
8.20，10 时	5.360	12.862	13.196	11.324	20.048	11.452	15.848	7.728	8.447	10.080	13.819
8.20，16 时	6.454	10.542	9.985	20.171	27.833	32.994	5.489	3.941	5.304	12.305	4.414
平均	6.531	11.554	11.954	17.480	19.862	26.083	19.694	12.045	6.062	7.638	8.602

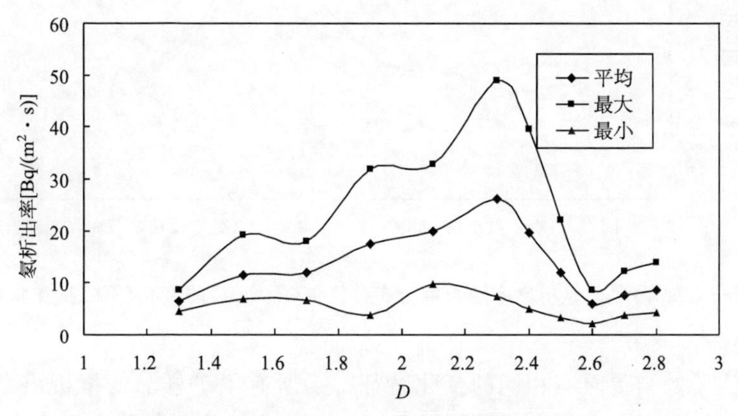

图 3-9　铀尾矿氡析出率随粒度分布分维值的变化(第一批实验)

为了检验实验结果，对实验柱重新装样进行了第二批实验，所用的尾矿样品和配制样品的分维值与第一批相同。实验结果见表 3-8，氡析出率随尾矿粒度分布分维值(平均值)的变化如图 3-10 所示。

表 3-8　不同分维值铀尾矿样品的氡析出率[Bq/(m^2 · s)](第二批实验)

测量时刻	Z5-1	Z5-2	Z5-3	Z5-4	Z5-5	Z5-6	Z5-7	Z5-8	Z5-9	Z5-10	Z5-11
	D=1.3	D=1.5	D=1.7	D=1.9	D=2.1	D=2.3	D=2.4	D=2.5	D=2.6	D=2.7	D=2.8
8.2	12.131	11.920	10.330	15.861	31.840	29.124	19.322	26.604	19.630	20.851	22.401
8.3	11.485	10.931	15.041	17.562	28.661	37.164	34.422	18.862	17.103	20.323	23.502

续表

测量时刻	Z5-1	Z5-2	Z5-3	Z5-4	Z5-5	Z5-6	Z5-7	Z5-8	Z5-9	Z5-10	Z5-11
	D=1.3	D=1.5	D=1.7	D=1.9	D=2.1	D=2.3	D=2.4	D=2.5	D=2.6	D=2.7	D=2.8
8.4	15.023	13.585	17.603	18.475	12.532	45.750	28.833	19.172	16.482	17.714	22.251
8.5	14.815	13.162	12.922	16.731	23.865	21.504	32.429	21.543	20.322	20.617	27.726
8.6	13.602	10.448	13.686	16.234	24.210	43.014	29.751	24.067	17.861	21.695	29.215
8.7	13.354	11.590	13.432	18.024	26.610	19.123	25.612	21.009	20.015	23.002	24.132
平均	14.862	13.741	15.963	17.150	24.621	34.284	28.392	21.884	18.572	20.703	24.871

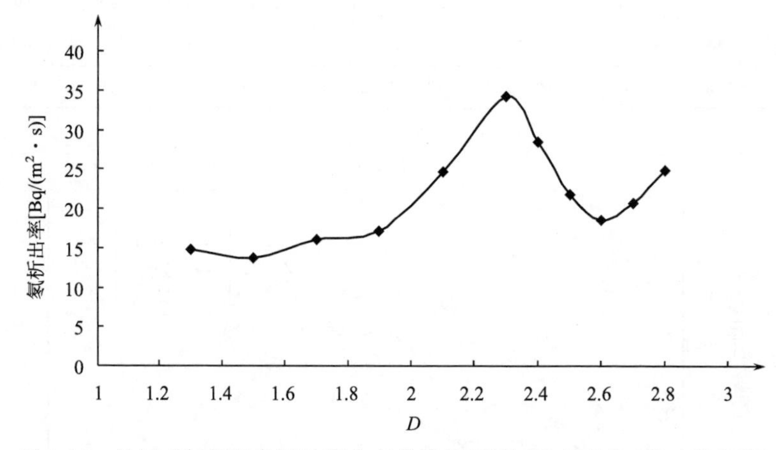

图 3-10 铀尾矿氡析出率随粒度分布分维值(平均值)的变化(第二批实验)

两批实验的结果具有相同的变化特征：①所有尾矿样品的氡析出率都较高，显著高于环境限定值，因此这些尾矿需要进行治理以降低氡析出率；②每个实验的氡析出率的变化较大，随时间呈现振荡性变化；③氡析出率呈现出随样品粒度分布分维值的增大而增大，至分维值为 2.3 时达到最大，然后随分维值增大而逐渐减小，在分维值为 2.6 时达到极小值，然后又随分维值的增大而小幅度增加，这种变化特征以氡析出率的最大值和平均值最为明显，氡析出率最小值的变化趋势相对较小。

氡的析出率取决于尾矿中母体(^{226}Ra)的含量、气象条件、尾矿特征(如水含量、孔隙度等)，由于实验是在室内进行的，温度、大气压、风流和尾矿含水量的变化较小，因此这些外部因素变化对氡析出率的影响较小，尾矿中氡析出率的变化主要取决于其内部机制。

根据对不同粒度尾矿的镭含量分析结果和各个分维值组合样品的配比数据，计算了各个组合样品的镭含量，见表 3-9，可见这批组合样品的镭含量随分维值的增大而增加。将各样品的氡析出率和镭含量进行比较(图 3-11)，可见氡析出率的变化并不是由镭含量的变化引起的。

表 3-9　不同分维值组合样品的镭含量(Bq/g)

分维值 D	1.3	1.5	1.7	1.9	2.1	2.3	2.4	2.5	2.6	2.7	2.8
镭含量	28.60	28.73	28.96	29.41	30.28	32.02	33.47	35.67	38.46	42.62	48.55

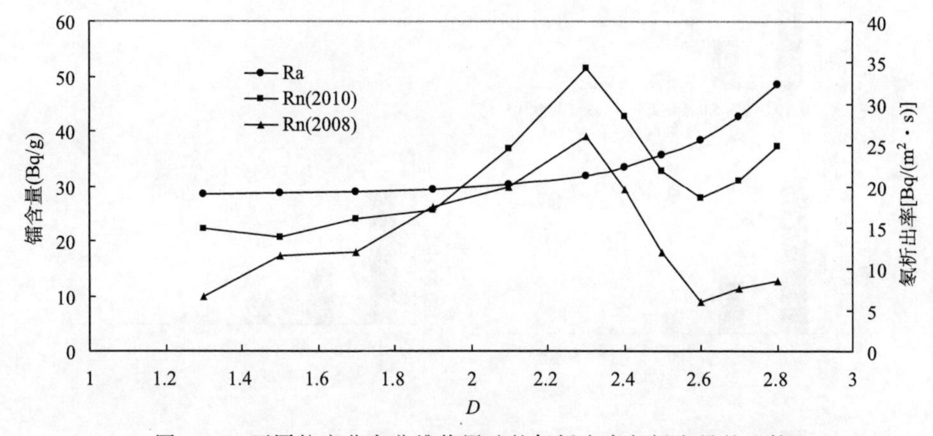

图 3-11　不同粒度分布分维值尾矿的氡析出率与镭含量的比较

氡的析出除受镭含量的影响外，同时还受到材料结构的影响特别是孔隙结构的影响(如孔隙度、孔隙大小、孔隙连通性等)。上述研究的具有不同粒度分布分维值的尾矿组合样品都是由松散的、大小不同的颗粒混合而成的介质，这种松散混合介质的孔隙度与颗粒的形状、粒度分布和颗粒的排列方式有关，尤其是粒度分布对孔隙度有显著影响，因为小颗粒可以占据大颗粒之间的孔隙，从而使孔隙度减小。

图 3-12 是各组合样品的粒度分布频率图，从图中可以看出，$D=1.3\sim2.3$ 的样品其分布柱向右(粒度减小方向)倾斜，说明是以大颗粒为主，均匀性差；$D=2.4\sim2.6$ 几个样品的分布柱逐步接近一致，对 $D=2.6$ 的样品，各分布柱的高度近乎相同，也就是说 $D=2.6$ 的样品各粒级样品的均匀性最好；从 $D=2.7$ 往后的样品的分布柱开始向右(粒度增大方向)倾斜，样品以小颗粒为主，均匀性变差。样品的均匀性对孔隙度有较大影响，均匀性越好，其孔隙度越小。其均匀性可以利用土质学中的均匀系数计算公式进行计算和分析，公式如下：

$$C=\frac{d_{60}}{d_{10}} \tag{3-10}$$

式中，C 为均匀系数，d_{60} 和 d_{10} 分别表示累积质量分数为 60% 和 10% 的颗粒的粒度，计算结果见表 3-10，由于实验配制样品时＜0.105 的粒级的样品经分析主要为 0.105～0.074mm 的粒度，占 90% 左右，因此对于所计算的 d_{10} 小于 0.105 时均取 $d_{10}=0.074$。

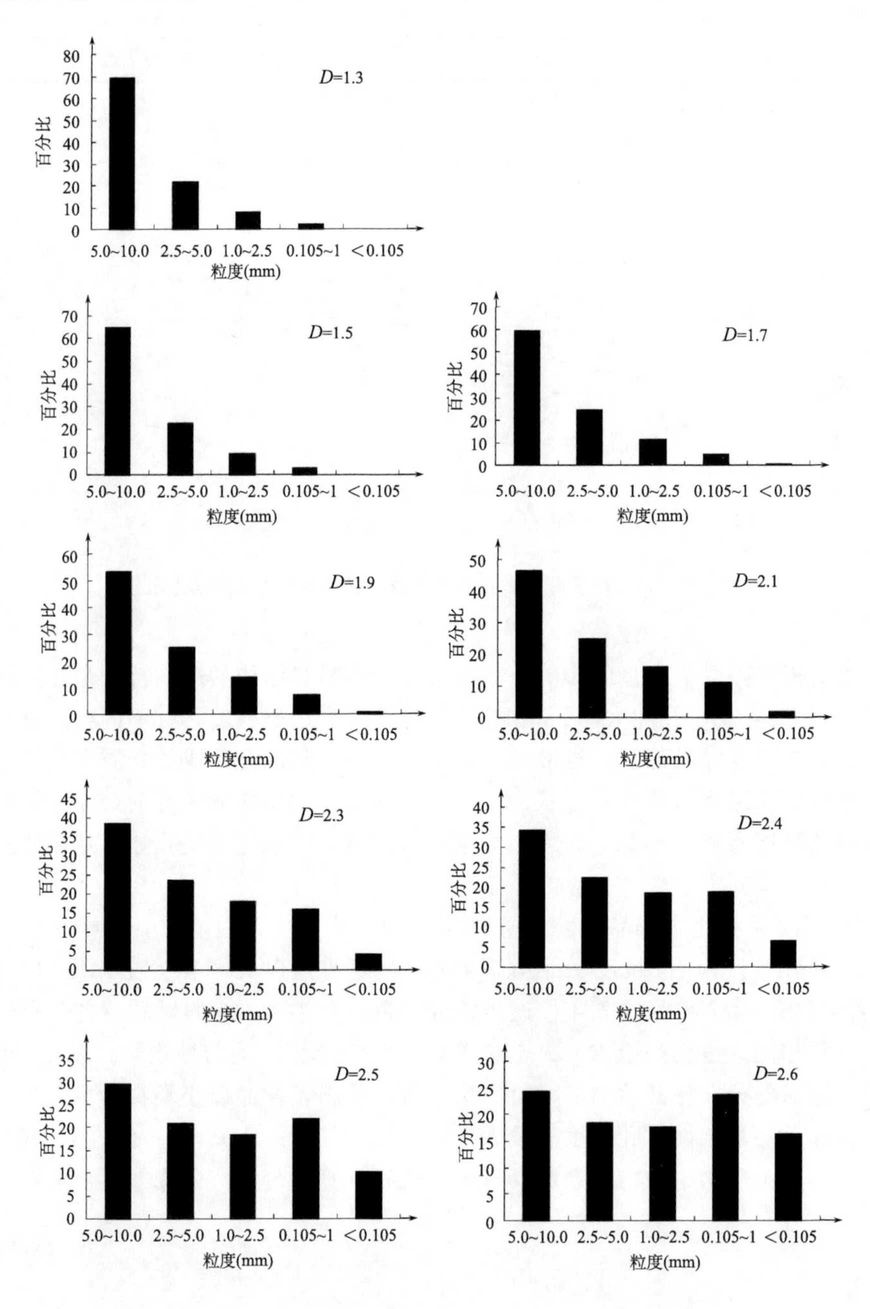

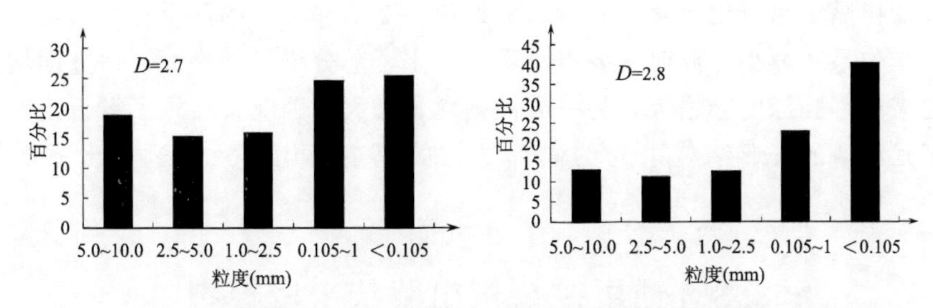

图 3-12　实验用不同分维值组合尾矿样品的粒度分布频率图

表 3-10　实验用不同分维值组合样品的均匀系数

D	1.3	1.5	1.7	1.9	2.1	2.3	2.4	2.5	2.6	2.7	2.8
d_{60}	7.406	7.110	6.750	6.285	5.669	4.820	4.268	3.600	2.789	1.822	0.778
d_{10}	2.581	2.154	1.701	1.233	0.774	0.373	0.215	0.100	0.074	0.074	0.074
C	2.870	3.300	3.970	5.090	7.320	12.920	19.850	36.000	37.690	24.620	10.510

从均匀系数的变化趋势（图 3-13）看，其可以分为三组：$D<2.3$ 的样品均匀系数较小，随 D 值的增大，其 C 值增大的幅度较小；D 为 2.4～2.6 的样品 C 值显著增大，在 $D=2.6$ 时达到最大；$D>2.6$ 时 C 值又逐渐减小。结合图 3-12 和图 3-13，实验样品的结构特征可分为三组，$D=1.3\sim2.3$ 的样品均匀性差，孔隙度的变化不大，氡析出率主要受镭含量的影响，而这些样品中的镭含量随分维值的增大而增大，因此这些样品的氡析出率随分维值增大而增大；$D=2.4\sim2.6$ 的样品均匀性好，孔隙度显著降低，因此氡的析出主要受孔隙度变化的影响，随分维值增大，均匀系数增大、氡析出率逐渐降低，并至 $D=2.6$ 的均匀系

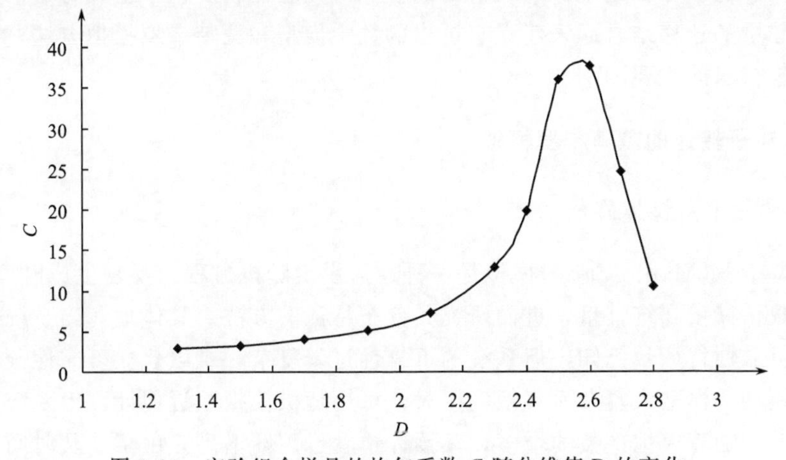

图 3-13　实验组合样品的均匀系数 C 随分维值 D 的变化

数最大的样品中氡析出率降至最低；分维值为 2.7 和 2.8 的两个样品其均匀性又变差、均匀系数减小，此时主要以小颗粒为主，随分维值的增大，一方面均匀系数显著减小，孔隙度会增大，另一方面镭含量增大，因此又导致了氡析出率的增大。正是尾矿的分形结构引起的内部结构的复杂变化导致了氡析出率的复杂变化。

3.3 铀尾矿氡析出蒙特卡罗模拟

目前普遍认为从含铀、镭的固体矿物中衰变产生的氡释放进入大气主要经历两个过程：①固体颗粒中^{226}Ra 经 α 衰变产生^{222}Rn，这些氡原子具有 86.0keV 的反冲能量，部分能逃离固体颗粒而进入孔隙空间中，这一过程也称为氡射气，释放进入孔隙空间的氡原子的分数称为射气系数；②进入孔隙空间的氡主要以扩散和对流的方式通过孔隙空间迁移直至它们继续衰变成新子体或者释放到大气中，氡释放进入大气称为氡析出，一般用氡的析出率来描述。国内外很多学者从颗粒大小、孔隙结构、含水饱和度、颗粒中镭的分布等方面研究了多孔介质中氡射气和迁移的影响因素和机理(孙凯男等，2005；程冠等，2006；Barton and Ziemer，1986；Landa，1987；Morawska and Phillips，1993；Sun et al.，1995；Maraziotis，1996；Bossew，2003；Amin et al.，1995)，颗粒大小、镭的分布和含水饱和度是影响氡射气的主要因素，而影响氡扩散迁移的主要因素是孔隙结构(孔隙度)和含水饱和度。近年来一些学者开展了氡射气数学模型并应用蒙特卡罗方法进行氡射气模拟的研究(Rogers and Nielson，1991；Sasaki et al.，2004；Sakoda et al.，2010)，重点模拟了颗粒大小和含水饱和度对氡射气系数的影响。但是将氡的射气和迁移综合起来开展氡析出的模拟研究还比较少。本研究将氡的射气和氡在孔隙中的迁移结合起来建立氡析出的数学模型和蒙特卡罗模拟方法，模拟研究影响氡析出的主要因素。

3.3.1 粒子输送的蒙特卡罗模拟

1. 蒙特卡罗模拟简介

蒙特卡罗(Monte Carlo)模拟是一种通过设定随机过程，反复生成时间序列，计算参数估计量和统计量，进而研究其分布特征的方法。具体地，当系统中各个单元的可靠性特征量已知，但系统的可靠性过于复杂，难以建立可靠性预计的精确数学模型或模型太复杂而不便应用时，可用随机模拟法近似计算出系统可靠性的预计值；随着模拟次数的增多，其预计精度也逐渐增高。由于涉及时间序列的反复生成，蒙特卡罗模拟法是以高容量和高速度的计算机为前提条件的，因此只是在近些年才得到广泛推广。蒙特卡罗模拟方法的原理是当问题或对象本身具有概率特征时，可以用计算机模拟的方法产生抽样结果，根据抽样结果计算统计量或者参数的值；随着模拟次数的增多，可以通过对各次统计量或参数的估计值求平均的方法得到稳定结论。这项技术首先被从事原子弹工作的科学家使用，它被命名为蒙特卡罗(摩纳哥有名的娱乐旅游胜地)。它是在第二次世界大战的时候被传入的，蒙特卡罗模拟现在已经被用于模拟研究各种物理和概念系统。

应用蒙特卡罗模拟的一般步骤如下：

(1) 构造一个简单、适用的概率模型或随机模型，使问题的解对应于该模型中随机变量的某些特征(如概率、均值和方差等)，所构造的模型在主要特征参量方面要与实际问题或系统相一致。

(2) 根据模型中各个随机变量的分布，在计算机上产生随机数，实现一次模拟过程所需的足够数量的随机数。通常先产生均匀分布的随机数，然后生成服从某一分布的随机数，方可进行随机模拟试验。

(3) 根据概率模型的特点和随机变量的分布特性，设计和选取合适的抽样方法，并对每个随机变量进行抽样(包括直接抽样、分层抽样、相关抽样、重要抽样等)。

(4) 按照所建立的模型进行仿真试验、计算，求出问题的随机解。

(5) 统计分析模拟试验结果，给出问题的概率解以及解的精度估计。在可靠性分析和设计中，用蒙特卡罗模拟法可以确定复杂随机变量的概率分布和数字特征，可以通过随机模拟估算系统和零件的可靠度，也可以模拟随机过程、寻求系统最优参数等。

2. 蒙特卡罗模拟在粒子输送中的应用

蒙特卡罗模拟是基于粒子输运过程的随机统计特性的考虑，认为物理上的可观测量就是大量粒子的行为共同贡献的统计结果。因此，该方法就是考虑一个一个粒子的传输，模拟它们在物质中随机运动的历史，记录其在运动中对所要求的物理模拟量的贡献。在对单个粒子的运动历史进行大量的重复模拟之后，就可以对物理模拟量进行统计平均，得到所需要的物理结果。

由于要达到高精确度，需要很大的数据量，因此必须使用计算机来运行蒙特卡罗模拟。在粒子输送方面，国外已开发了很多成熟的程序，如MCNP、KENO、EGS、MCBEND、MONK、TRIPOLI、PRIZMA、FLUKA、MORSE、MVP、GEANT等，其中MCNP程序的知名度最高，它曾被美国物理学家Metropolis应用于曼哈顿计划。

因为蒙特卡罗模拟的优越性，国内外有很多学者应用其来研究粒子的输送。陈凌等(2004)利用氡及其子体在测量容器中的位置分布和衰变时α粒子出射方向的随机性，编制了固体核径迹氡探测器刻度系数的蒙特卡罗模拟计算程序，模拟计算结果与已有的实验数据符合较好。一些学者采用粒子模拟和蒙特卡罗相结合的方法，应用静电求解模型，对赝火花开关初始放电过程进行了模拟(秦风等，2010)。很多研究者基于蒙特卡罗模拟方法，建立了电子及活性粒子在氢等离子体辉光放电中的输运模型(陈牧笛和周曙，2009)，核爆火球中放射性粒子的形成模型(陈琳等，2009)，补偿蒙特卡罗碰撞模型(李永东等，2009)等。更多的研究人员应用蒙特卡罗模拟方法来模拟各种粒子的运动(帅永等，2005；方美华等，2007；张连星等，2010)。

3. 蒙特卡罗软件 TRIM 和 SRIM

针对原子射入在不同介质的各种行为并基于大量的实验结果，有关研究人员已建立了用来模拟原子在介质中行为的计算机模拟程序，称为 TRIM(transport of ion in matter)程序，它可以用来确定原子范围和损伤分布，以及反向散射与反射原子的角度和能量分布。该程序基于靶中大量单个原子碰撞的“历史”，每个历史开始于给定的能量、位置和方向。假定原子核和电子碰撞的损失是独立的，原子的能量作为原子核和电子(无弹性的)碰撞的损失而被减少；当能量失去给定值或原子不在靶中的时候，碰撞就停止。因此，粒子在原子核的相互碰撞和电子相互作用中不断地失去能量。该软件的输入变量包括：原子序数、原子质量、反冲能量(单位为 keV)、反冲的原子数、反冲角度(入射角)、转移能量；对于靶材料，包括靶材料厚度、密度、原子序数和质量、相关靶元素种类。

本研究所用的版本为 SRIM 2008。该程序通过计算机模拟跟踪一大批入射粒子的运动，粒子的位置、能量损失以及次级粒子的各种参数都在整个跟踪过程中存储下来，最后得到各种所需物理量的期望值和相应的统计误差。在计算过程中采用连续慢化假设，即入射原子与材料靶原子核的碰撞采用两体碰撞描述，这一部分能量主要导致入射原子运动轨迹的曲折，能量损失来自于弹性能量损失部分，而在两次两体碰撞之间认为入射原子与材料中的电子作用连续均匀地损失能量，当入射原子为重原子时可认为在这期间入射原子做直线运动，能量损失来自于非弹性能量损失部分。两次两体碰撞之间的距离以及碰撞后的参数通过随机抽样得到。

基于以上原理，它可以系统地模拟原子与不同介质中原子的碰撞过程，从而得到原子被阻止后在介质中的深度分布剖面。由于原子与介质中原子的碰撞(依赖于原子能量，该碰撞可以分为与靶原子核的弹性碰撞以及与核外电子的非弹性碰撞)，原子最终会被阻止在固体材料中。从统计观点出发，对于相同能量的入射原子，有一个射程 R，它存在最可能的投影射程，称为平均投影射程 R_p，它们的关系如图 3-14 所示。R_p与入射原子能量、入射原子和靶原子的原子序数等相关。

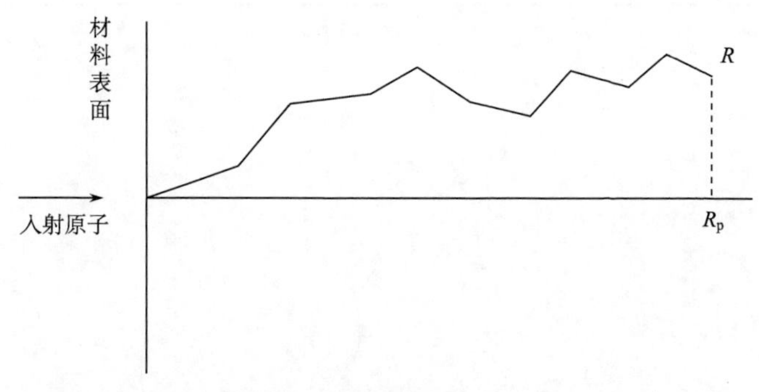

图 3-14　射程 R 与投影射程 R_p 之间的关系

3.3.2　氡在不同介质中的反冲射程

具有能量的氡原子在多孔介质内的反冲过程与原子射入连续材料层的过程相似，不同的是反冲氡原子是从衰变过程得到反冲能量，同时靶材料是空气或水层，而不是另一个固体材料层。下面分别计算单个原子反冲射程的概率分布和不同能量的反冲距离。

1. 氡原子在相关介质中的射程分布

尾矿的主要组成矿物为二氧化硅，孔隙中充填空气和水，因此尾矿中氡原子的反冲主要涉及的是矿物二氧化硅、水和空气。利用 TRIM 软件进行模拟，分别得到氡原子在二氧化硅、水和空气中的反冲射程分布图(图 3-15、图 3-16、图 3-17)。

从图 3-15～图 3-17 可以看出，具有 86.0keV 能量的氡原子在不同介质中的反冲射程有很大差异。在二氧化硅中，氡原子的反冲射程主要分布在 200～700Å，其他射程上基本不存在氡原子；在水中，氡原子的反冲射程主要分布在 500～1400Å；在空气中，氡原子的反冲射程主要分布在 3×10^4～14×10^4Å。

2. 具有不同能量的氡原子的反冲射程

研究氡的析出，必须求出氡在穿过二氧化硅或水后的剩余能量，以计算它还能运动的距离，即必须求得具有不同能量的氡原子的反冲射程。原子的能量范围是 10～100keV，分别模拟得到不同能量的氡原子在二氧化硅、水及空气中的反冲射程如图 3-18～图 3-20 所示。

用 x 表示氡原子能量，单位为 keV，y 表示氡原子反冲射程，单位为 nm，通过拟合数据，它们有如下的三次函数关系：

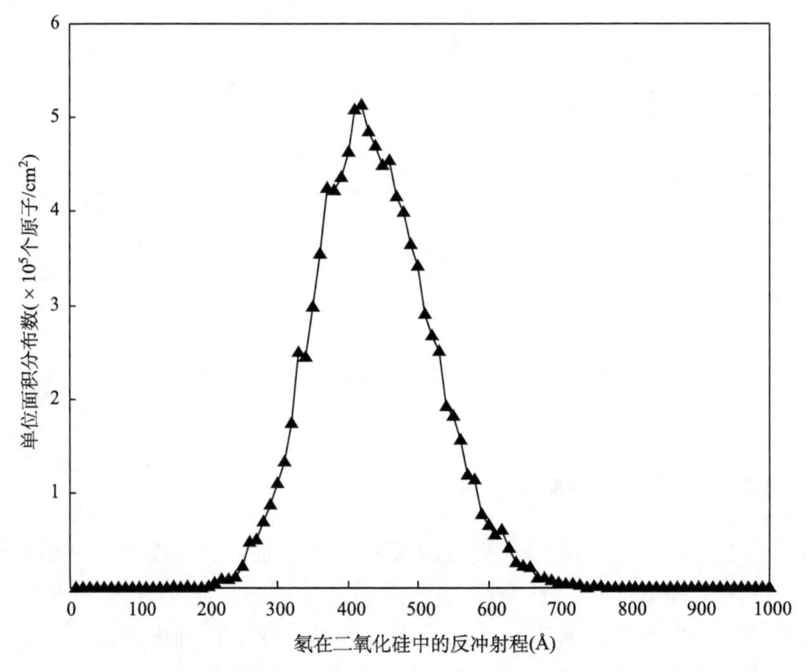

图 3-15 反冲氡原子在二氧化硅中的单位面积分布数图

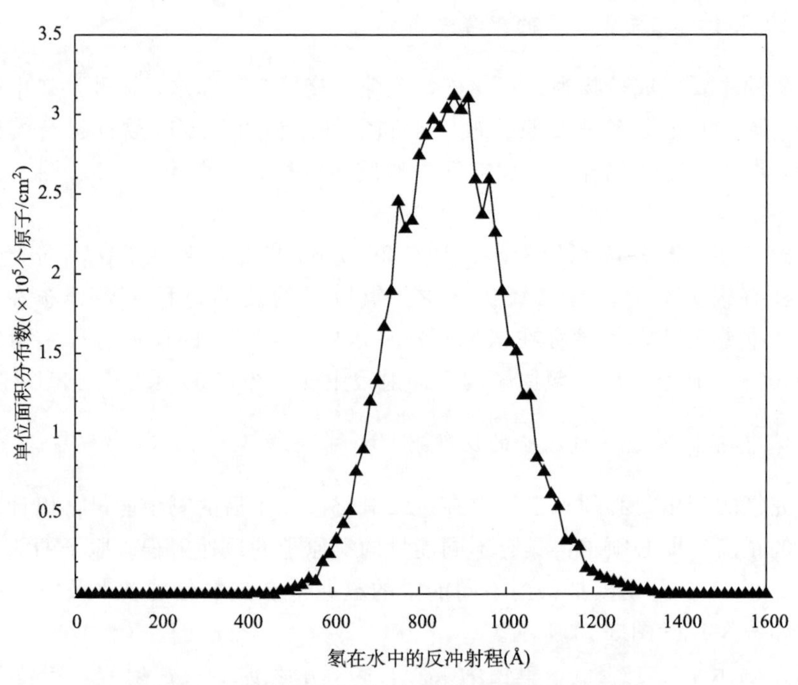

图 3-16 反冲氡原子在水中的单位面积分布数图

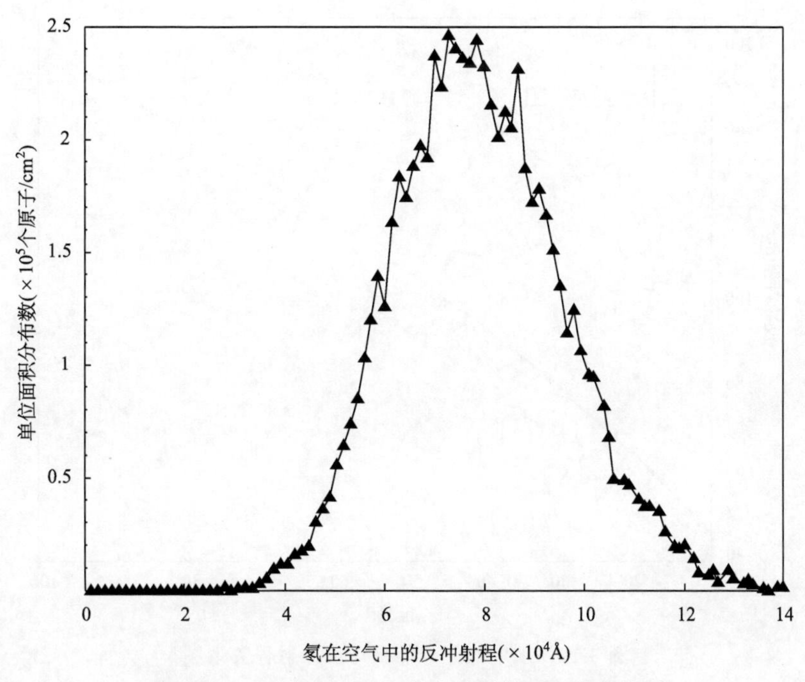

图 3-17　反冲氡原子在空气中的单位面积分布数图

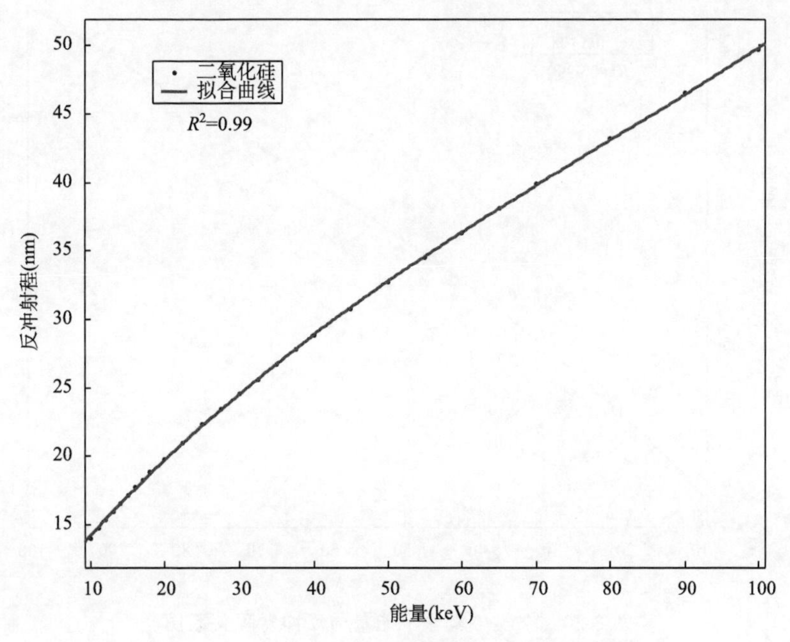

图 3-18　二氧化硅中氡原子能量与反冲射程关系图

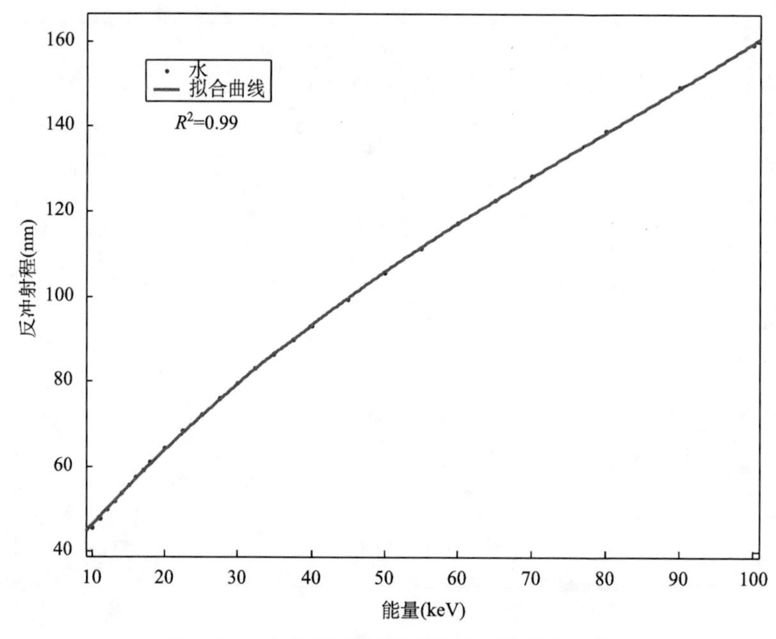

图 3-19　水中氡原子能量与反冲射程关系图

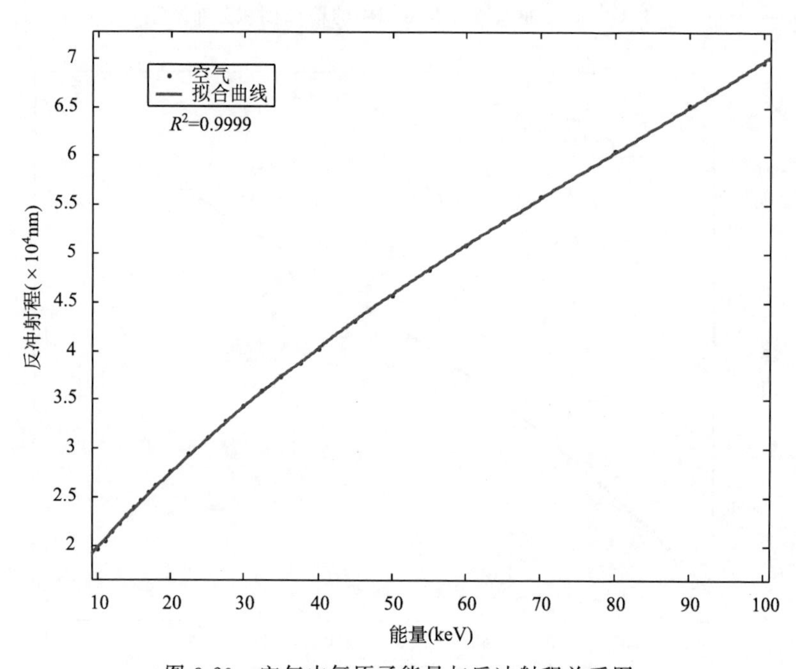

图 3-20　空气中氡原子能量与反冲射程关系图

二氧化硅中：$y=1.74\times10^{-5}x^3-0.0041x^2+0.66x+8$

水中：$y=5.6\times10^{-5}x^3-0.014x^2+2.1x+26.4$

空气中：$y=0.024x^3-5.7x^2+918.7x+1.1\times10^4$

从图 3-18～图 3-20 可以观察到，它们的拟合度都达到了 0.99，说明函数关系式的选择恰当。氡原子从镭衰变得到 86.0keV 的能量，将其代入上述方程可分别求得氡原子的反冲射程，即在二氧化硅中为 46nm，在水中为 139nm，在空气中为 63μm。以上参数作为下一步建立氡析出模型以及设计相关程序的依据。

3.3.3　铀尾矿氡析出模型

1. *尾矿颗粒组成结构的假设*

根据实验测试结果，铀尾矿中二氧化硅的含量最高，所以假设铀尾矿是由半径相同的石英(SiO_2)球形颗粒组成的。一般根据粒子的不同排列结构以及排列层数的多少，可以将它们分为三个基本的类型：简单立方结构(simple cubic packing)、体心立方结构(body centered cubic packing)、面心立方结构(face-centered cubic packing)，它们的基本性质如下。

1）简单立方结构

简单立方结构的结构单元如图 3-21 所示。

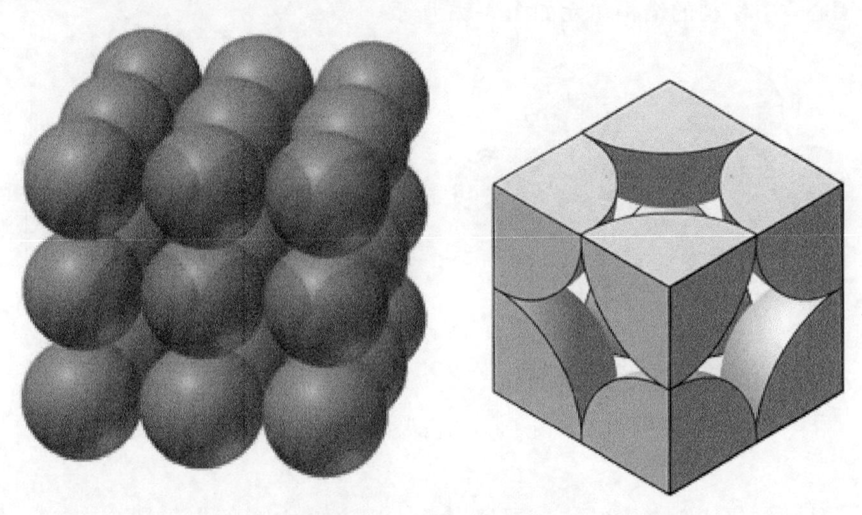

图 3-21　简单立方结构

这种结构的第二层直接堆积在第一层上，它的结构单元是一个立方体，粒子分布在四个角，面上和立方体内没有粒子，每个单元的边缘距离相等。平均每个单元只含有一个粒子，它的空间占有率为 52%，因此孔隙率为 48%。为了简化计算，假设铀尾矿是由球形颗粒组成为简单立方结构。

2）体心立方结构

体心立方结构的结构单元如图 3-22 所示。

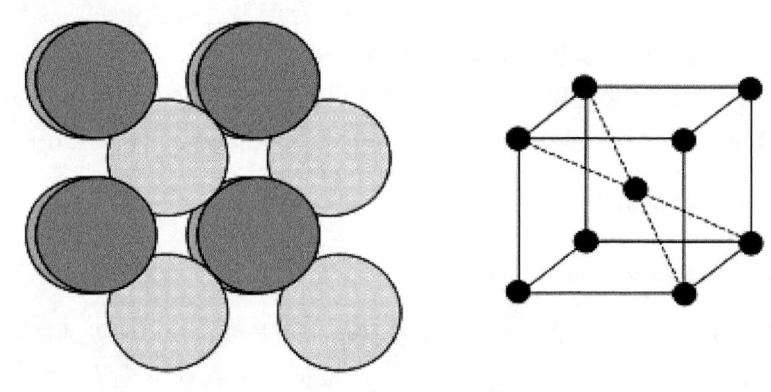

图 3-22　体心立方结构

这种结构排列得紧密些，每个立方体的八个顶点各有一个粒子外，在立方体的中心还分布有一个粒子，因此它的孔隙率要小一些，为 32%。

3）面心立方结构

面心立方结构的结构单元如图 3-23 所示。

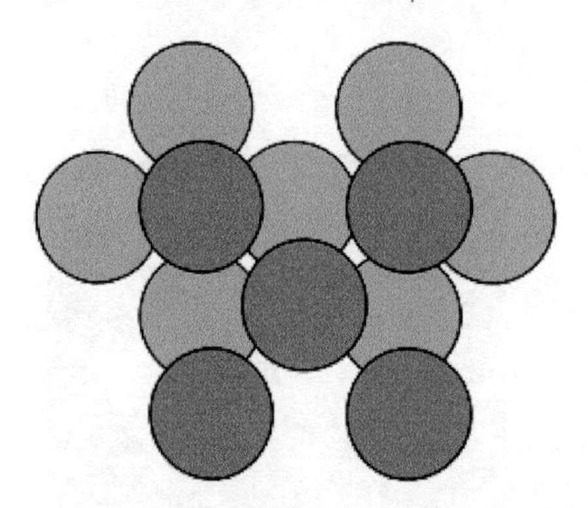

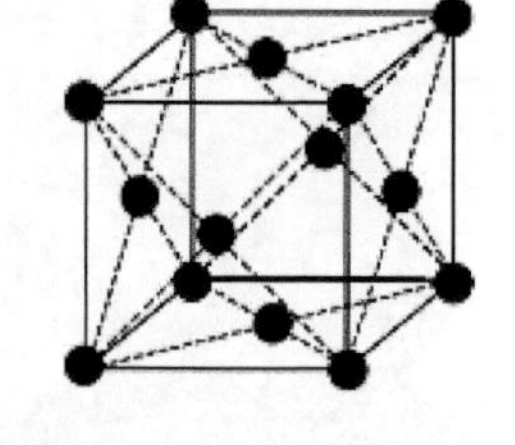

图 3-23　面心立方结构

这种结构比体心立方结构还要紧密，在立方体六个面中心还分布有一个粒子，它的孔隙率为 26%。

2. 孔隙与颗粒大小的关系

因为前面已经定义了“氡射气”，即反冲氡原子在穿过孔隙前必须失去全部的动能。如果孔隙宽度很狭窄，反冲的氡原子可能很容易就射入周围的颗粒中。因此，颗粒之间空隙的宽度对于求解氡射气很重要。

定义孔隙宽度为含有镭的颗粒与反冲氡原子能够碰撞得到的颗粒之间的距离，通过蒙特卡罗方法计算出半径为 1000μm 铀尾矿颗粒之间的孔隙宽度如图 3-24 所示。

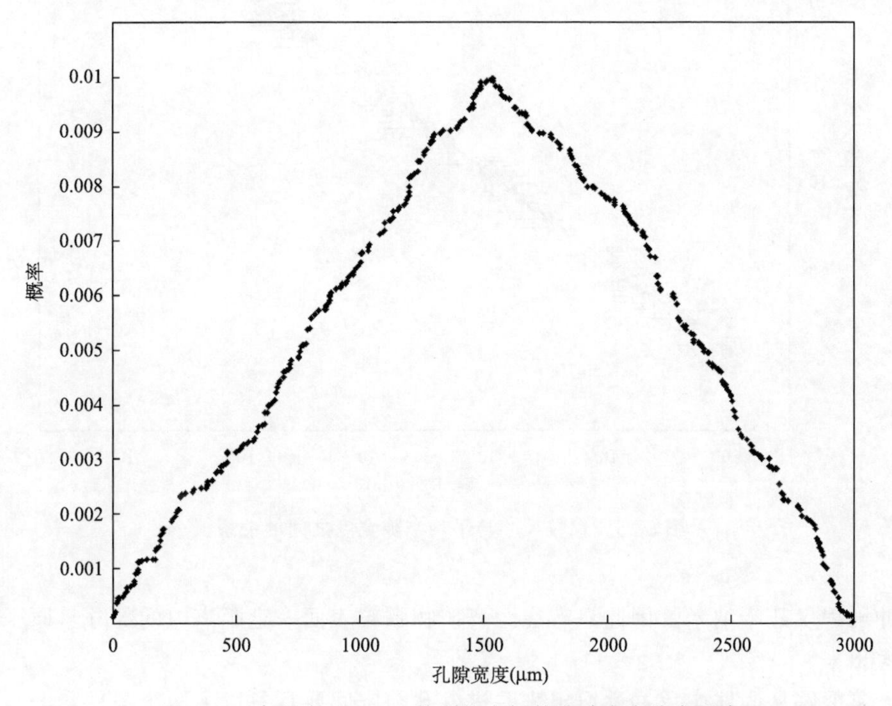

图 3-24　半径为 1000μm 的颗粒之间的孔隙宽度分布概率

从图中可以看到，半径为 1000μm 颗粒的平均孔隙宽度为 1500μm。经过计算其他颗粒尺寸对应的孔隙宽度，我们发现平均孔隙宽度与颗粒尺寸成正比关系，如图 3-25 所示。

3. 氡析出模型

^{222}Rn 由 ^{226}Ra 经衰变而来，当 ^{226}Ra 经 α 衰变变为 ^{222}Rn 时，会放出一个 α 粒子。衰变后的新原子核会受到 α 粒子的反冲，使 ^{226}Ra 经 α 衰变变成 ^{222}Rn 时，^{222}Rn可脱离原矿物中的结晶格架或离开原来的位置。

$$^{226}_{88}\mathrm{Ra} \longrightarrow ^{222}_{86}\mathrm{Rn} + ^{4}_{2}\alpha + Q \tag{3-11}$$

氡原子获得的反冲能量为 86.0keV，使部分氡原子能够从固体颗粒中逃逸出来进入孔隙空气中，这个过程称为射气。由于反冲能量有限，氡原子在固体中的

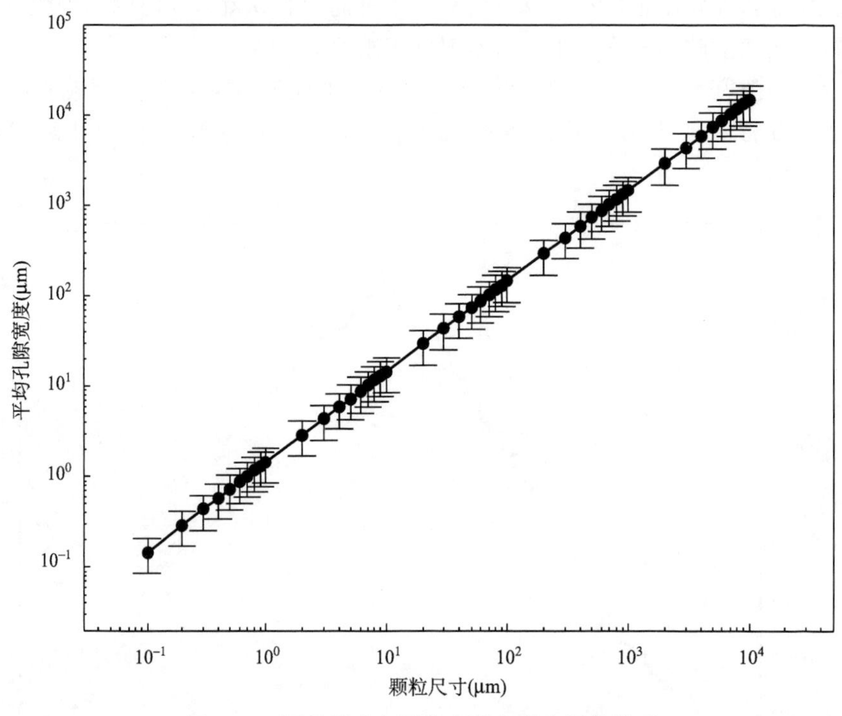

图 3-25 颗粒尺寸与平均空隙宽度之间的关系

反冲射程仅几十纳米，因此只有在距离矿物颗粒表面一定距离内的部分氡原子能逃逸出来。

氡能够从固体中反冲逃逸出来并进入孔隙空间要具备以下两个条件：

(1) 衰变母体镭离颗粒表面的距离应该小于氡原子的反冲射程，否则它将停留在固体中，而不会逃逸出来。

(2) 由固体颗粒中"逃出"的氡所具有的剩余反冲能量，计算氡逃离固体颗粒后还能够反冲的距离，若该距离小于孔隙宽度，氡原子才会进入孔隙空间，否则将嵌入邻近的颗粒中。

要计算氡的射气系数，必须先确定具有一定能量的氡原子在不同介质中所能够运动的距离。氡原子的反冲射程即它在各种介质中碰撞后能够运行的距离，可以通过蒙特卡罗方法进行模拟计算。

基于上述分析，建立尾矿、土壤等多孔介质中氡的析出模型如下：

(1) 假设所有的颗粒都是由二氧化硅组成，且均为直径相同的球形，因为二氧化硅是主要的成岩矿物，该假设能产生代表普通土壤的氡射气系数。

(2) 土壤中的镭原子均匀分布在距离颗粒表面的确定深度。

(3) 所有的氡原子仅仅是镭 α 衰变反冲产生的，氡原子可以在 4π 等方向的范围内反冲。

(4) 氡原子在介质中是以直线形式运动的，并且它们的反冲射程与通过 SRIM 2008 计算出的范围一致，本文模拟计算具有 86.0keV 初始反冲能量的氡在二氧化硅颗粒、空气、水中的反冲射程分别是 34nm、63μm、100nm。

(5) 如果反冲氡原子与相邻颗粒发生碰撞，则认为它们将嵌入颗粒中而不会析出。

(6) 镭衰变产生的氡原子不嵌入相邻颗粒的孔隙宽度(D)与含水饱和度(W)及它需穿越的水的厚度 D_w 和空气厚度 D_a 有关，其表达式为

$$D_w = DW \tag{3-12}$$

$$D_a = D(1-W) \tag{3-13}$$

(7) 氡在孔隙空间的迁移主要是分子扩散。一般采用稳态氡扩散模型来研究氡在孔隙空间的迁移，对于半无限延伸的均质多孔介质，氡析出率的表达式为(UNSCEAR，2000)：

$$J_D = C_{Ra}\lambda_{Rn} f\rho L \tag{3-14}$$

式中，C_{Ra} 为岩土物质中 ^{226}Ra 的活度浓度(Bq/kg)；λ_{Rn} 为 ^{222}Rn 的衰变常数($2.1\times10^{-6}s^{-}$)；f 为氡在岩土物质中的射气系数；ρ 为土壤密度(kg/m^3)；扩散长度 $L=(D_e/\lambda_{Rn})^{1/2}$；$D_e$ 为 Rn 的有效扩散系数，与介质的孔隙度和含水饱和度有关(Rogers and Nielson，1991)：

$$D_e = \phi D_0 \exp(-6m\phi - 6m^{14\phi}) \tag{3-15}$$

式中，ϕ 为岩土的总孔隙度；m 为含水饱和度；D_0 为氡在空气中的扩散系数($1.1\times10^{-5}m^2/s$)。

将式(3-15)代入式(3-14)可得

$$J_D = C_{Ra}\rho f\sqrt{\lambda_{Rn}\phi D_0 \exp(-6m\phi - 6m^{14\phi})} \tag{3-16}$$

从式(3-15)中可知，$f\sqrt{\lambda_{Rn}\phi D_0 \exp(-6m\phi-6m^{14\phi})}$ 跟孔隙介质的结构及物理性质有关，本文将这部分定义为氡析出速率 k(量纲为 m/s)，即

$$k = f\sqrt{\lambda_{Rn}\phi D_0 \exp(-6m\phi - 6m^{14\phi})} \tag{3-17}$$

这样氡析出率可表达为

$$J_D = C_{Ra}\rho k \tag{3-18}$$

不难看出，只要测得孔隙介质的密度 ρ(kg/m^3)，介质中的镭含量 C_{Ra}(Bq/kg)，就可用上述理论模型来计算和评价其氡析出率。本文重点对氡析出速率 k 进行模拟，研究颗粒尺寸、含水饱和度、镭分布等因素对氡析出速率的影响。

4. 氡析出的蒙特卡罗模拟方法

根据上面建立的模型，用 Matlab 编写相关程序，对孔隙介质中的氡析出进行蒙特卡罗模拟，模拟步骤如下：

(1) 设置介质结构模型。

(2) 设置颗粒尺寸、含水饱和度、镭分布为输入变量。

(3) 设置反冲氡原子在含镭颗粒中的初始位置是任意的。

(4) 设置氡原子的反冲方向是任意的，即具有 4π 的方向角。

(5) 先计算氡原子在颗粒中能运行的距离，然后判断反冲氡是逃出至孔隙，还是停留在颗粒中。如果氡原子的反冲射程小于 34nm，就认为它没有逃离颗粒($C_n=0$)，再进入步骤(2)，否则就进入下一个过程。

(6) 计算氡原子逃出颗粒后在水中或空气中所能够运行的距离，与孔隙宽度相比较，如果小于孔隙宽度，则认为氡原子进入孔隙($C_n=1$)，反之，则认为氡原子嵌入邻近颗粒，没有射入孔隙中($C_n=0$)。

(7) $\sum C_n$ 与模拟的总次数之比即氡的射气系数。

(8) 计算 k。

根据蒙特卡罗模拟原理，重复次数越多，结果越精确。本文将上述过程重复 10^5 次，所产生的误差小于 3%，满足研究要求。

3.3.4 氡析出的蒙特卡罗模拟

1. 铀尾矿镭分布对氡射气的影响

氡是由镭的衰变产生的，所以镭存在的位置与氡的射气系数的大小密切相关。颗粒中的镭存在位置太深，氡原子就不能脱离颗粒而逃出；镭存在位置太接近颗粒表面，氡原子就可能射入邻近的颗粒中。通过模拟，计算不同镭深度的氡的射气系数如图 3-26 所示。

从图 3-26 可以看出，镭分布深度与氡的射气系数是呈负相关的。镭离颗粒表面的深度越大，氡的射气系数越小，当深度达到 400nm 时，氡的射气系数基本变为零。这是因为镭距表面的深度超过氡能够在颗粒中运动的反冲范围(46nm)时，它所衰变出来的氡原子都不能析出了。氡的射气系数与镭存在深度的这种关系与国外的相关研究相同(Barillon et al.，2005；Sakoda et al.，2010)，这印证了模拟的正确性。

对不同颗粒尺寸、不同镭分布深度的单颗粒中的氡射气进行模拟，结果如图 3-27 所示。

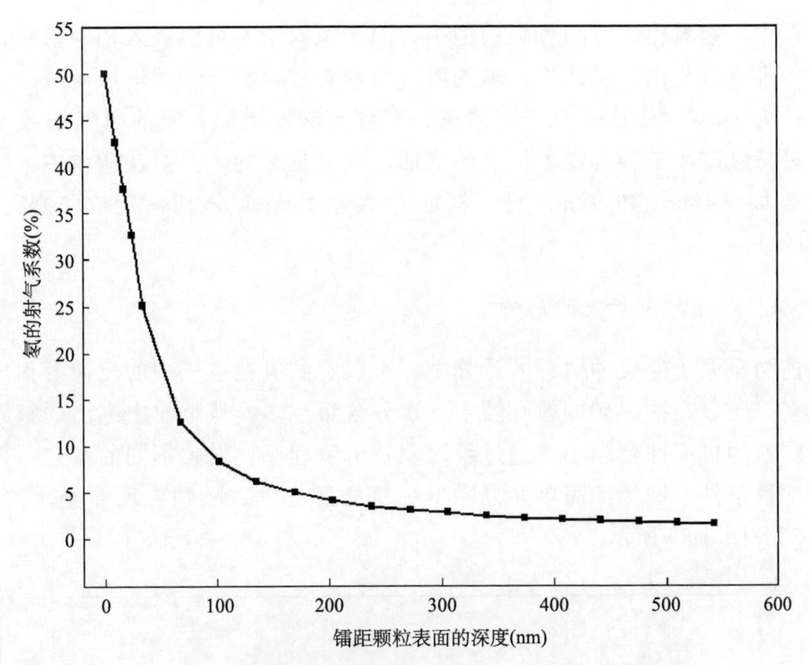

图 3-26　单颗粒模型中镭分布与氡的射气系数的关系

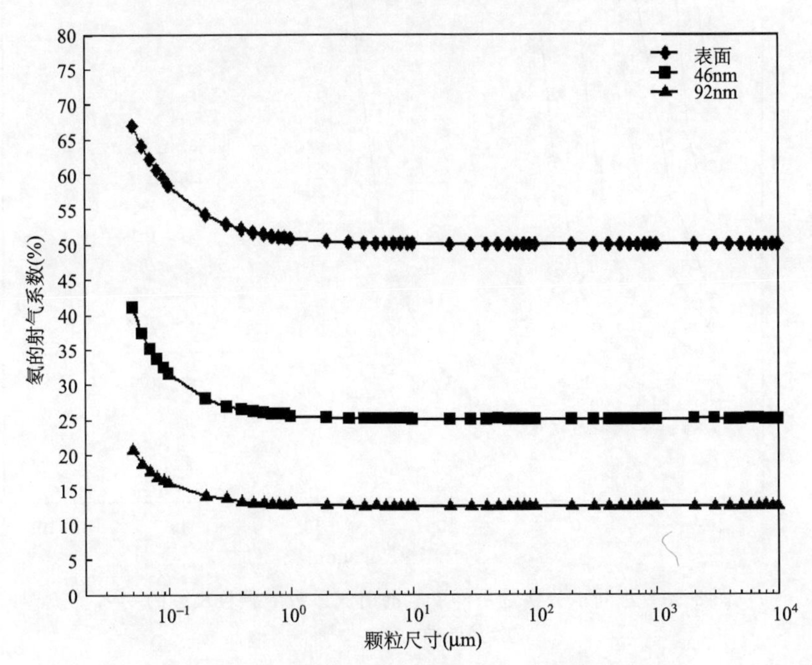

图 3-27　单颗粒模型中不同颗粒尺寸的氡的射气系数

假定镭原子均匀分布在：表面(◆)；46nm(■)；92nm(▲)

从图中可以看出，在单颗粒模型中，因为氡原子不可能嵌入相邻颗粒，每个研究颗粒都具有析出氡的能力；氡的射气系数随着颗粒尺寸的增加而减小，并在颗粒尺寸为 1μm 时变成一个恒定的量；镭分布深度增加，氡的射气系数不断减小，这种持续减小是因为随着深度的增加，越来越多的氡停留在颗粒中。镭均匀分布在表面、46nm 和 92nm 时，氡的射气系数最终分别恒定在 50%、25%和 12.5%。

2. 颗粒尺寸对氡射气的影响

在前面氡原子的反冲射程的计算中，可以看到氡在空气中的反冲射程比水中的远得多，所以在铀尾矿颗粒孔隙中，水分含量越多，从颗粒中逃出的氡原子嵌入邻近颗粒的可能性就越小。通过编写蒙特卡罗程序，设置不同的参数，得到不同水分含量条件下铀尾矿简单立方模型中氡的射气系数随颗粒尺寸变化的关系，如图 3-28～图 3-30 所示。

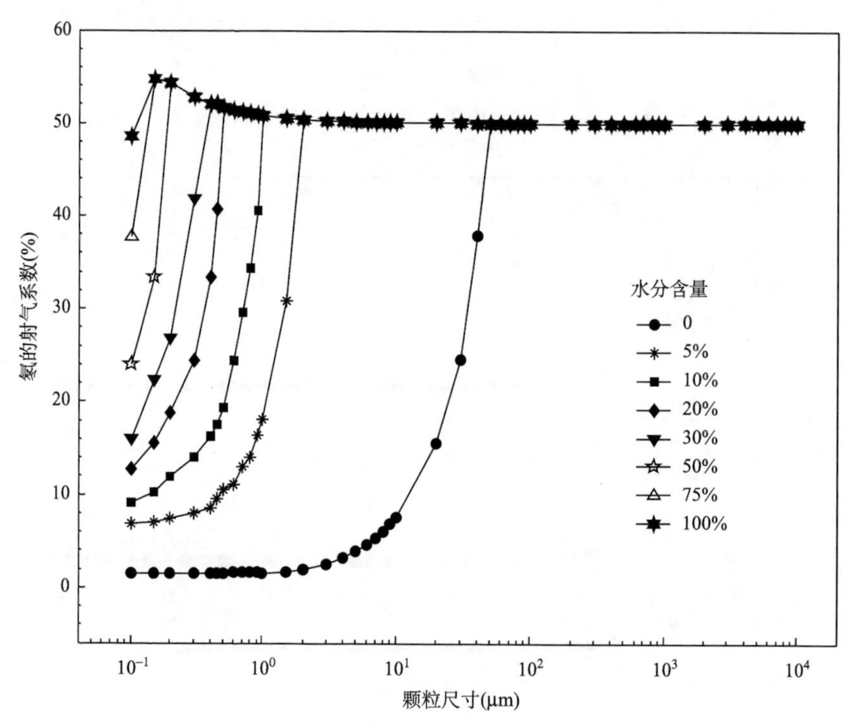

图 3-28 不同水分含量条件下氡的射气系数随颗粒尺寸的变化

镭均匀分布在颗粒表面

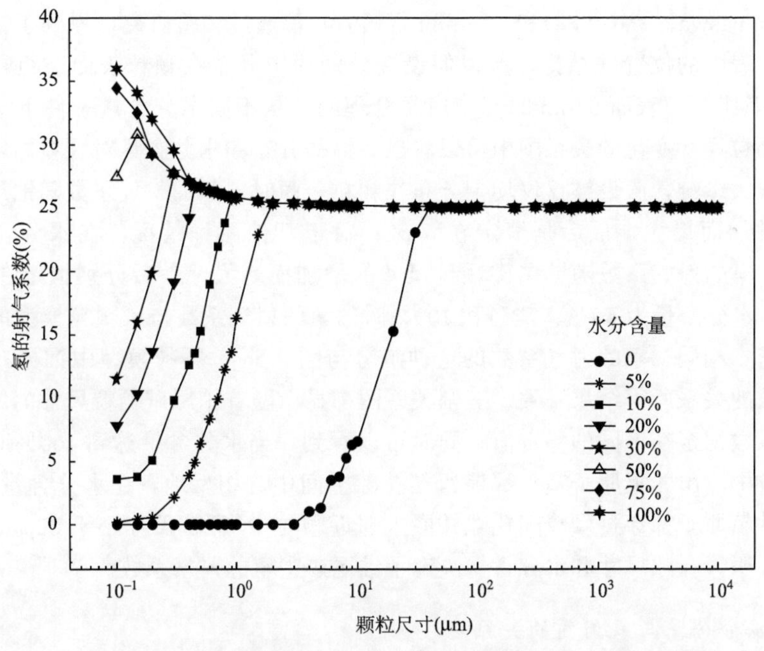

图 3-29　不同水分含量条件下氡的射气系数随颗粒尺寸的变化

镭均匀分布在距颗粒表面 46nm 的范围内

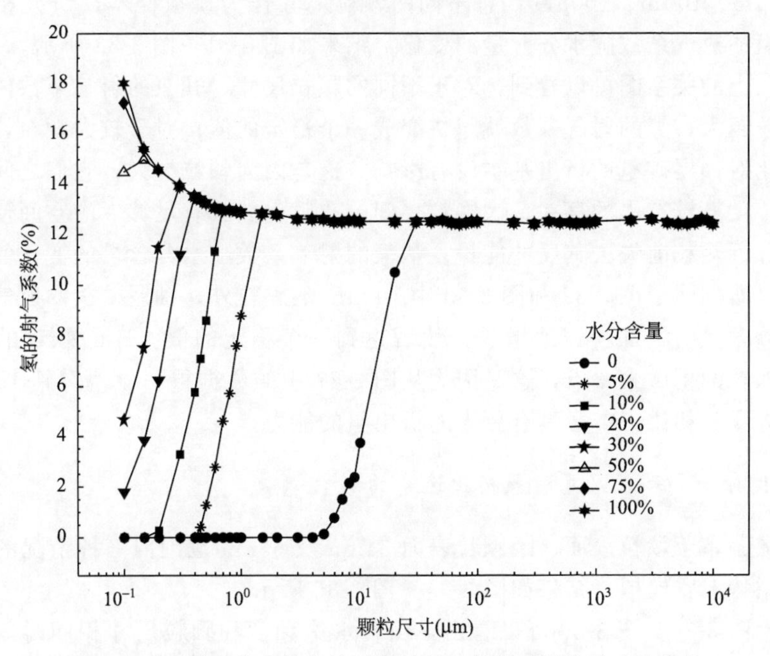

图 3-30　不同水分含量条件下氡的射气系数随颗粒尺寸的变化

镭均匀分布在距颗粒表面 92nm 的范围内

Krishnaswami 等(1988)和 Megumi 等(1974)都通过实验研究，得到了镭富集在靠近颗粒表面的位置的结论，所以假设镭分别均匀分布在颗粒表面、距颗粒表面 46nm 以及距颗粒表面 92nm 的范围内是合理的。从不同水分含量条件下氡的射气系数随颗粒尺寸变化的关系图中可以看出，镭的分布和水分含量对颗粒中氡的射气系数有很大影响，假设镭仅仅均匀分布在颗粒表面时，氡的射气系数随铀尾矿颗粒尺寸的增加而增大，最后是恒定在 50%；对于其他两种情况，在水分含量小于 50%时，氡的射气系数随铀尾矿颗粒尺寸的增加而增大，最后分别恒定在 25%和 12.5%，水分含量为 50%、75%和 100%时的氡的射气系数与单颗粒模型的氡的射气系数基本相同。氡的射气系数的这种趋势与图 3-26 单颗粒模型中镭分布与氡的射气系数的关系所得结果一致。三幅关系图都显示随着铀尾矿颗粒尺寸的增加，氡的射气系数恒定在不同的稳定值。同时可以看到，当水分含量达到 100%时，从铀尾矿颗粒中逃出的氡原子基本都停留在孔隙空间中。相反地，在水分含量为 0 时，所有反冲氡原子都穿过颗粒间孔隙并嵌入邻近颗粒中(颗粒尺寸小于 30μm)。以上的结果表明，孔隙尺寸和水分含量决定了铀尾矿中氡的射气系数。

3. 水分含量与氡射气的关系

从上面的分析可以得知铀尾矿的水分含量对氡的析出有很大影响。选取 1μm、5μm、10μm、100μm 四种不同的颗粒尺寸作为模拟样本，研究相同颗粒尺寸下氡的射气系数随水分含量的变化，结果如图 3-31～图 3-33 所示。

从以上的关系图可以看到，对于不同的颗粒尺寸，其氡的射气系数的变化不同，颗粒越大，氡的射气系数就越快变成一个稳定的值；对于较大颗粒，水分含量的变化对铀尾矿氡的析出基本没有影响。这是因为颗粒越大，它们之间的孔隙就越大，就算没有水的存在，大颗粒之间的孔隙仍然具有足够大的空间使氡原子在嵌入邻近颗粒前失去其反冲能量。从氡的射气系数随水分含量的变化的关系图中还可以看到除了图 3-32 和图 3-33 中 100μm 的颗粒外，铀尾矿氡的射气系数先随着水分含量的增加快速地增长，然后达到一个稳定的值。1μm 颗粒的恒定值比其他颗粒的稍微大一点，这是因为从图 3-27 中的数据很明显地看到 1μm 颗粒与其他大颗粒相比，本身具有更大的析出氡的能力。

4. 镭分布和颗粒尺寸对氡析出速率的影响

对镭分布于颗粒表面、距颗粒表面 34nm 及 68nm 范围内三种情况的氡析出进行了蒙特卡罗模拟，结果如图 3-34～图 3-36 所示。

对比图 3-34～图 3-36 可以看出，当含水饱和度和颗粒尺寸相同时，土壤中氡的析出速率随镭分布深度的增加而减小。对含水饱和度为 0 的孔隙介质，当镭分布于颗粒表面时，氡的析出速率在颗粒尺寸小于 10μm 的范围内几乎为零，之

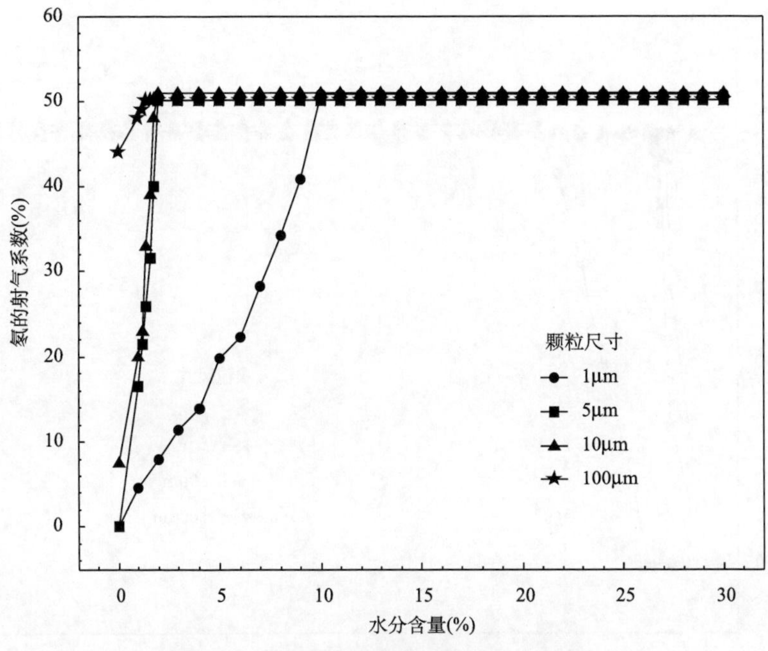

图 3-31　氡的射气系数随水分含量的变化

镭均匀分布在颗粒表面

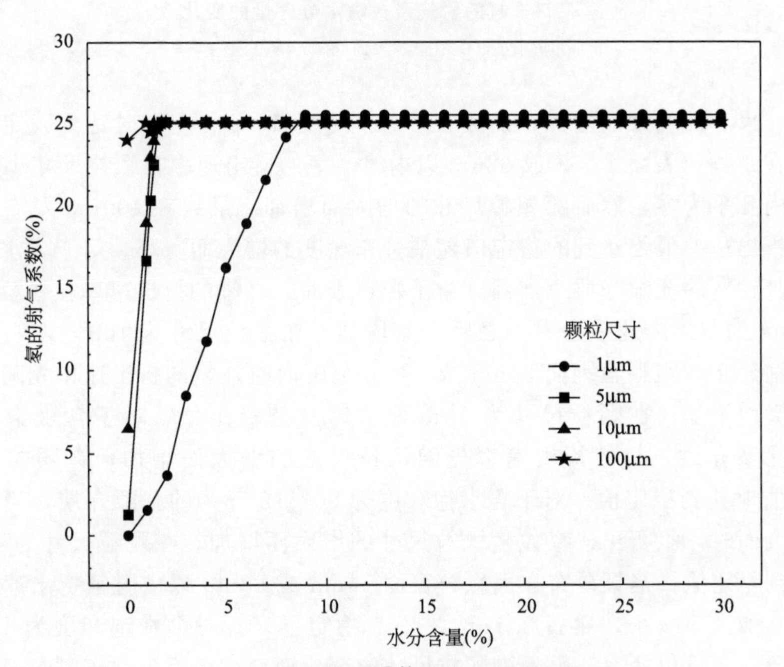

图 3-32　氡的射气系数随水分含量的变化

镭均匀分布在距颗粒表面 46nm 的范围内

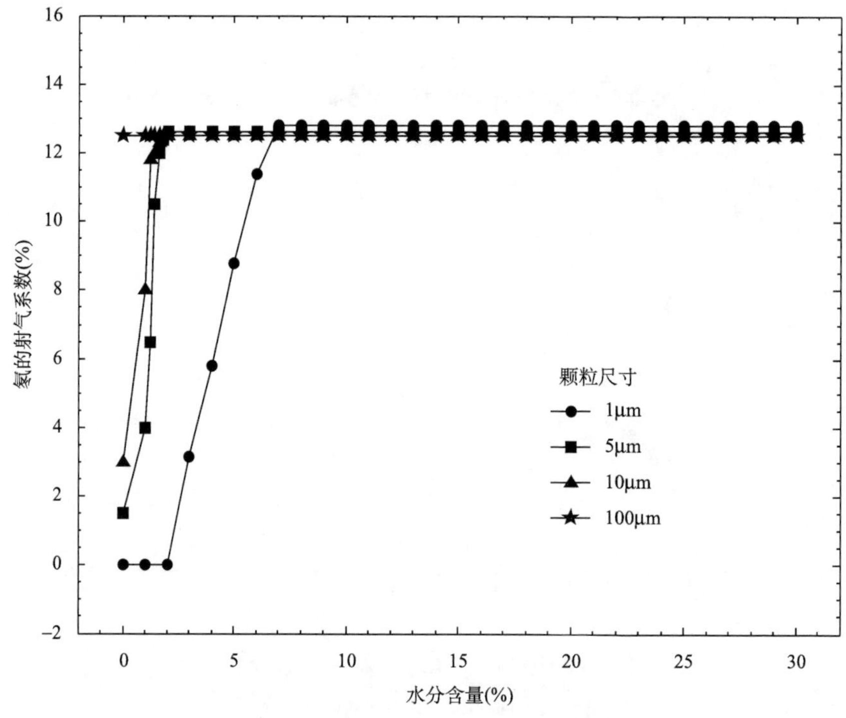

图 3-33　氡的射气系数随水分含量的变化

镭均匀分布在距颗粒表面 92nm 的范围内

后随颗粒尺寸的增大而增加，然后在颗粒尺寸为 100μm 左右时达到稳定值；当镭分布在距颗粒表面 34nm 或 68nm 以内时，氡的析出速率在颗粒尺寸小于 1μm 的范围内几乎为零，然后随颗粒尺寸的增大而增加，最终在 100μm 左右趋于稳定，氡析出速率最终达到的稳定值随镭分布深度的增大而减小。对于含水饱和度为 5%或 10%的孔隙介质，当镭分布于颗粒表面时，氡的析出速率在颗粒尺寸小于 0.5μm 的范围内几乎为零，之后开始增加，在颗粒尺寸为 10μm 左右逐渐稳定；当镭分布在距颗粒表面 34nm 或 68nm 范围内时，氡的析出速率先随颗粒尺寸的增大而增加，在颗粒尺寸为 1μm 左右时达到稳定值。对于含水饱和度为 20%的孔隙介质，氡的析出速率先随颗粒尺寸的增大而增加，在颗粒尺寸为 1μm 左右时达到稳定值。对于含水饱和度为 50%或 75%的孔隙介质，当镭分布于颗粒表面时，氡析出速率先随颗粒尺寸的增大而增加，在颗粒尺寸为 1μm 时左右达到稳定值；当镭分布在离颗粒表面 34nm 或 68nm 以内时氡析出速率先随颗粒尺寸增大而减小，然后在 1μm 左右时稳定下来。对含水饱和度为 100%的孔隙介质，氡析出速率几乎不随颗粒尺寸的变化而变化，但随镭离颗粒表面距离的增大而减小。因为随颗粒尺寸的增大，颗粒间平均孔隙宽度增大，颗粒尺寸为

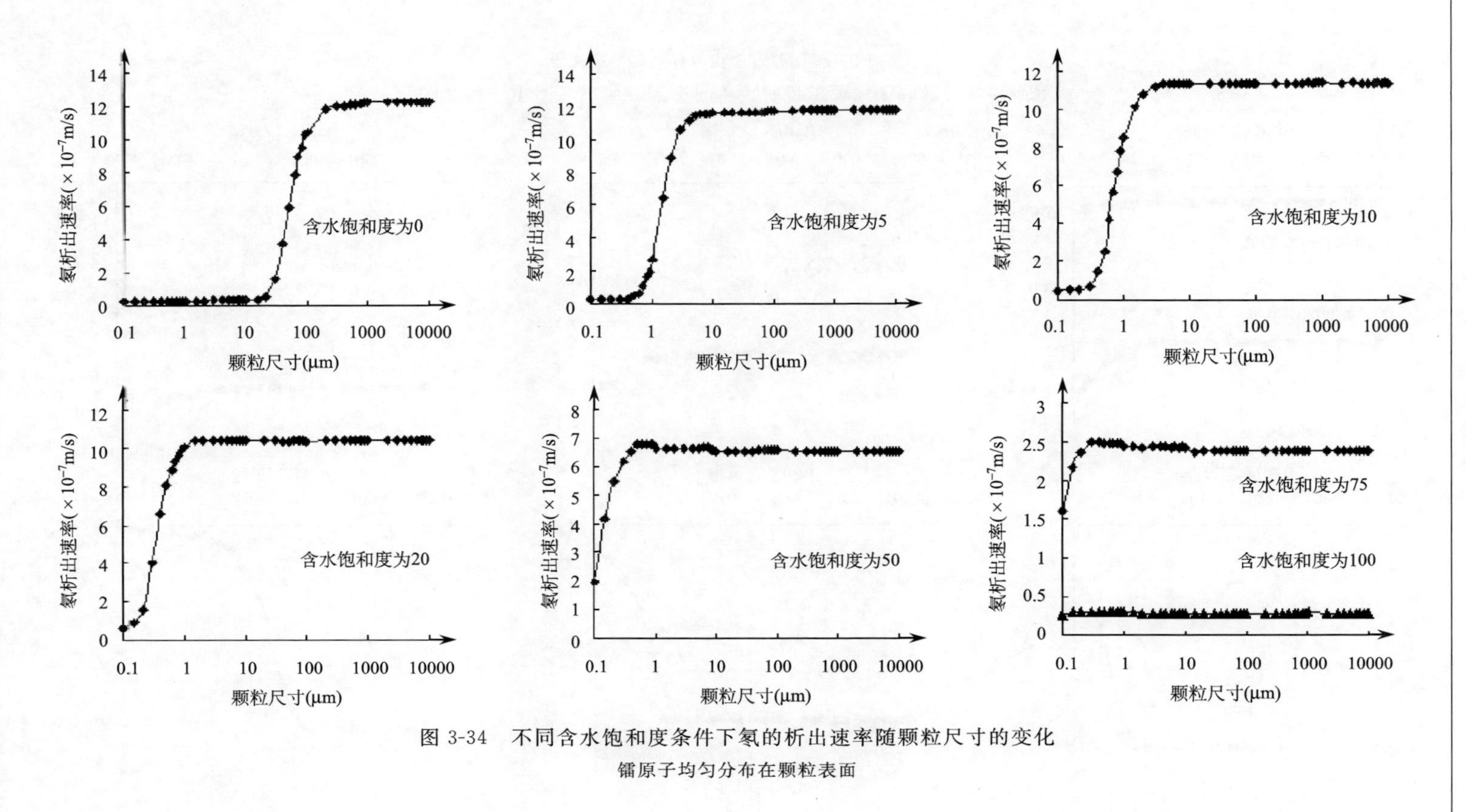

图 3-34　不同含水饱和度条件下氡的析出速率随颗粒尺寸的变化

镭原子均匀分布在颗粒表面

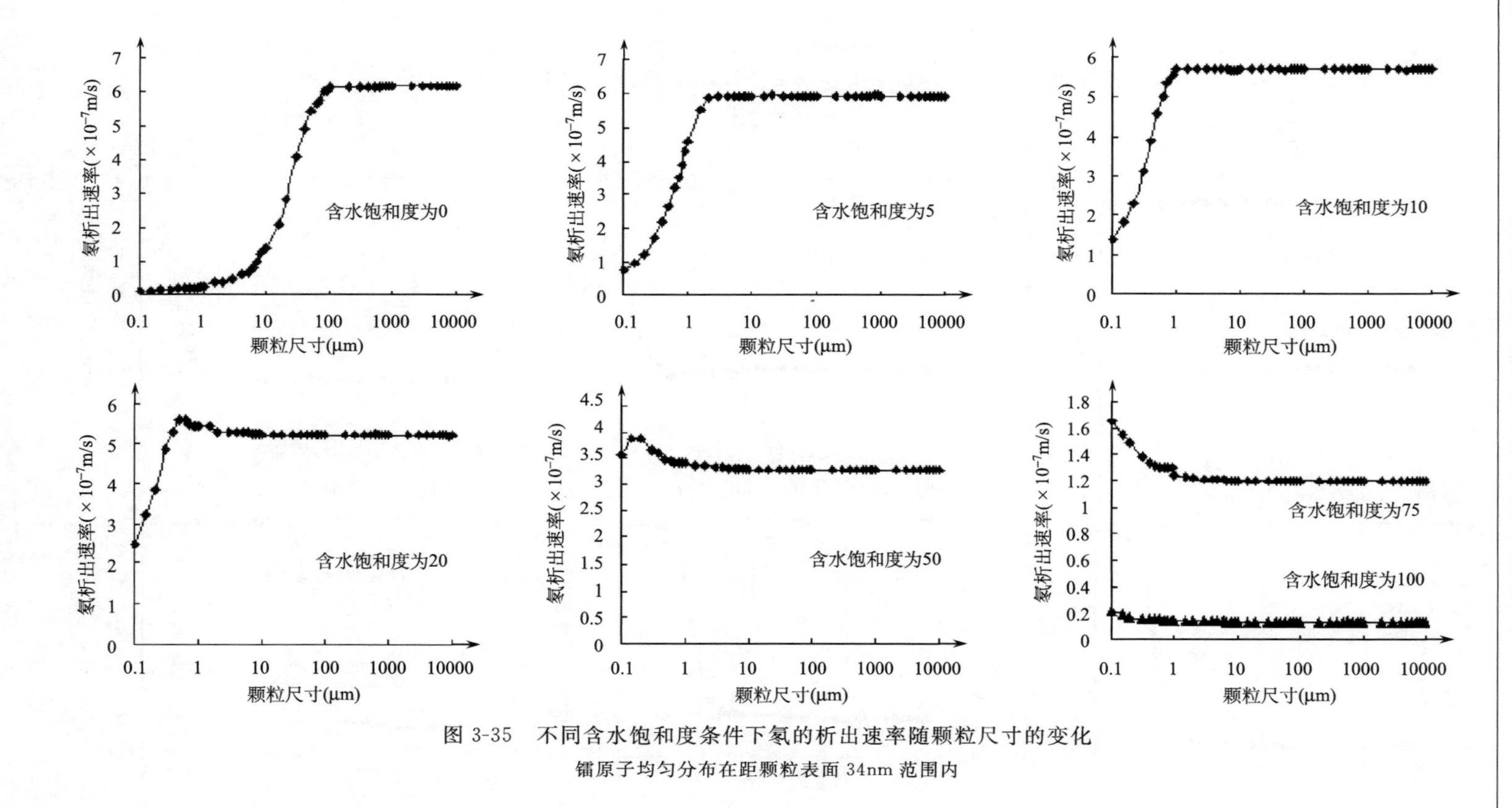

图 3-35　不同含水饱和度条件下氡的析出速率随颗粒尺寸的变化

镭原子均匀分布在距颗粒表面 34nm 范围内

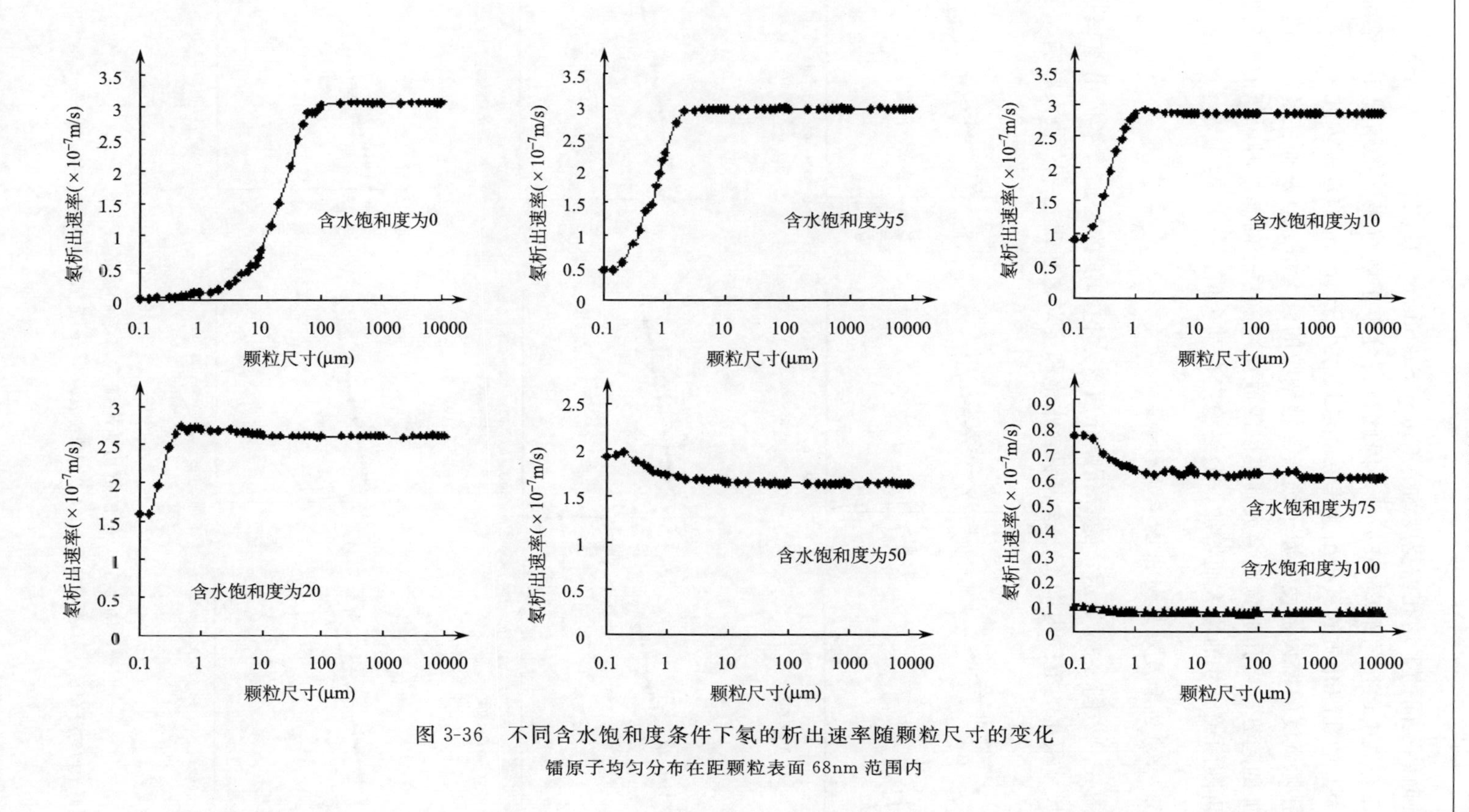

图 3-36　不同含水饱和度条件下氡的析出速率随颗粒尺寸的变化

镭原子均匀分布在距颗粒表面 68nm 范围内

10μm 时颗粒间的平均孔隙宽度约为 53μm(Sakoda et al.，2010)，小于反冲氡原子能在空气中运行的距离(63μm)，因此在镭分布于颗粒表面的情况下，含水饱和度为 0 的孔隙介质的氡析出速率在颗粒尺寸小于 10μm 的范围内几乎为零。颗粒间孔隙宽度的增大将使氡原子逃离含镭颗粒的概率增大，从而使氡析出速率呈现增加的趋势。当孔隙宽度增大到足以吸收反冲氡原子的能量时，氡的析出速率就不再随颗粒尺寸的增大而增加，最终稳定在某个值。

5. 含水饱和度对氡析出速率的影响

图 3-34～图 3-36 显示，随着孔隙介质含水饱和度的增加，氡析出速率只在颗粒尺寸很小的范围内增长，这表明含水饱和度对氡析出速率有很大影响。下面

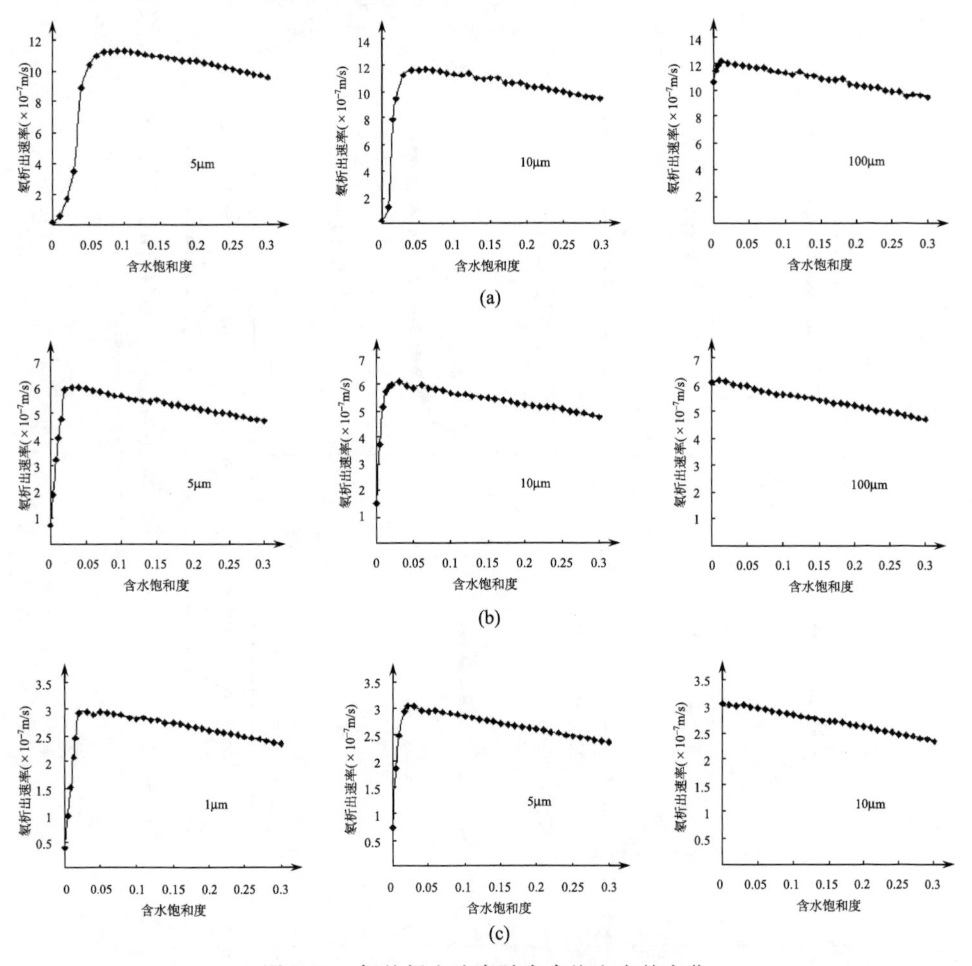

图 3-37　氡的析出速率随含水饱和度的变化

镭原子均匀分布在：(a)颗粒表面上；(b)离颗粒表面 34nm 范围内；(c)离颗粒表面 68nm 范围内

选取 1μm、5μm、10μm、100μm 四种粒度的颗粒作为模拟样本，研究相同颗粒尺寸下，氡析出速率随含水饱和度的变化，结果如图 3-37 所示。

结果表明，对于粒度为 5μm 和 10μm 的孔隙介质，氡的析出速率随含水饱和度的增加先增加然后逐渐减小。而对于粒度为 100μm 的孔隙介质，当镭分布于颗粒表面时，氡的析出速率在含水饱和度为 0.02 左右的范围内呈增加的趋势，之后随含水饱和度的增加而减小；当镭分布在距颗粒表面 34nm 或 68nm 以内时，氡析出速率始终随含水饱和度的增大而减小。这是因为 5μm 和 10μm 颗粒的孔隙间距较小，不能完全吸收氡的反冲能量，当含水饱和度从 0 开始小幅增加时，水还能吸收反冲氡原子的部分能量，使逃离含镭颗粒的氡原子增多，提高了氡析出率；当含水饱和度增加到一定程度时，水对氡扩散的阻碍作用大于对氡析出的促进作用，使氡析出速率逐渐减小。对于 100μm 的颗粒，颗粒间孔隙足够大，就算没有水的存在，仍然具有足够大的空间使氡原子在嵌入邻近颗粒前失去其反冲能量，含水饱和度的增加只会阻碍氡的扩散，因此，其氡析出速率持续减小。

6. 模拟结果与实验数据比较

本章选取了三种镭原子均匀分布的情况下含水饱和度为 5% 的氡析出速率(尾矿样品含水饱和度约 4.6%)，并结合测得的各实验柱样品的密度、镭含量，由式(3-18)分别计算出尾矿的氡析出率，然后将计算的氡析出率与实验测得的平均氡析出率进行对比。镭原子分布在颗粒表面与分布在距颗粒表面 34nm 范围内两种情况的模拟结果与实验测得的氡析出率相对误差很大，而镭原子均匀分布在距颗粒表面 68nm 范围内的模拟氡析出率与实测值拟合得较好(图 3-38)，相对误差为 3%～9%。可见镭原子均匀分布在距颗粒表面 68nm 范围内更符合尾矿样品的镭分布情况。

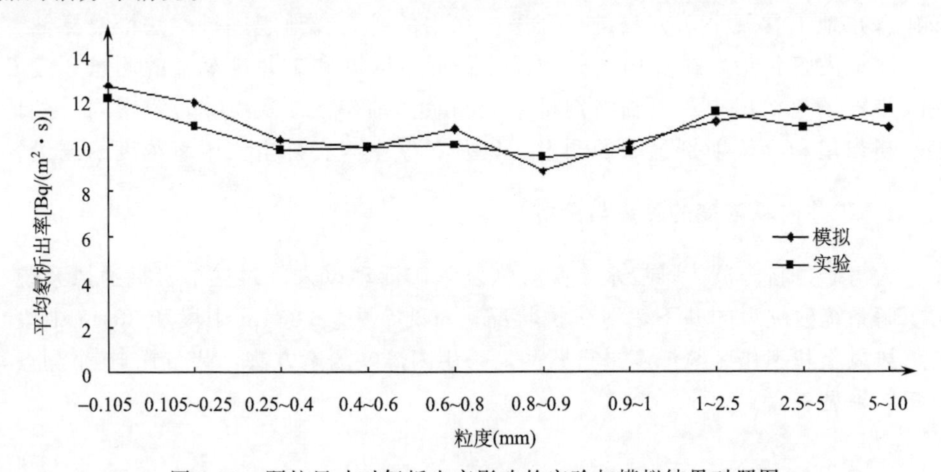

图 3-38　颗粒尺寸对氡析出率影响的实验与模拟结果对照图

第4章　铀尾矿氡在大气中迁移的模拟

铀矿开采产生的放射性气载流出物主要包括放射性粉尘和氡。作业铀矿本身与非作业铀矿废石、尾矿都是氡和放射性粉尘的重要来源(OECD，1999)。在堆浸矿山，由于尾矿和废石的粒度较大，62%的尾矿和46%的废石大于0.9mm，仅有10%的尾矿和15%的废石小于0.2mm，因此大气中放射性粉尘可以忽略，仅考虑氡污染(徐乐昌等，1999)。由铀尾矿及废石场析出的氡通过空气对流流动和扩散进入大气，在大气中不断扩散、漂移，最终沉降到地表，污染空气和周围环境。为了了解铀尾矿氡析出在大气中的迁移及其对周围环境的影响，本章以湖南某铀矿为研究对象，在对矿区的矿井、铀尾矿、铀废石场等多个放射性污染源及矿区附近某民宅室内-外环境中的氡进行实测和放射性剂量分析的基础上，利用CFD(computational fluid dynamics)方法模拟分析复杂山地环境下矿区铀尾矿氡析出在大气中的迁移分布及其对附近居民的放射性影响。

4.1　铀矿区氡的测量

研究对象为湖南某铀矿，该矿区在群山环抱的狭谷地带，属花岗岩基底，高侵蚀类型地貌。地形切割强烈，山坡坡度为35°～45°，相对高度差为200～600m。矿区内山高林密，荆棘灌木丛生，植被良好。地形地貌如图4-1所示。该矿采用地下常规采矿方法进行开采，采出的矿石在地表进行酸法堆浸提铀。

测量内容包括：矿井内两个中段工作面氡浓度和矿井排氡量的测量；废石场及堆浸场氡析出率和γ辐射剂量率的测量；铀矿区居民Z(郑)家室内、外地表氡析出率和γ辐射剂量率的测量，以及Z家室内、外空气中氡浓度的测量。

4.1.1　矿井内氡浓度的测量与分析

大湾矿井自开展为堆浸水冶实验恢复采矿活动以来，建立了机械通风系统，为了解系统建立后的井下辐射防护状况，对两个中段(884m中段和864m中段)的入风风质和工作区氡浓度进行监测，采用闪烁室测氡方法，共布置10个测点，测量结果见表4-1。

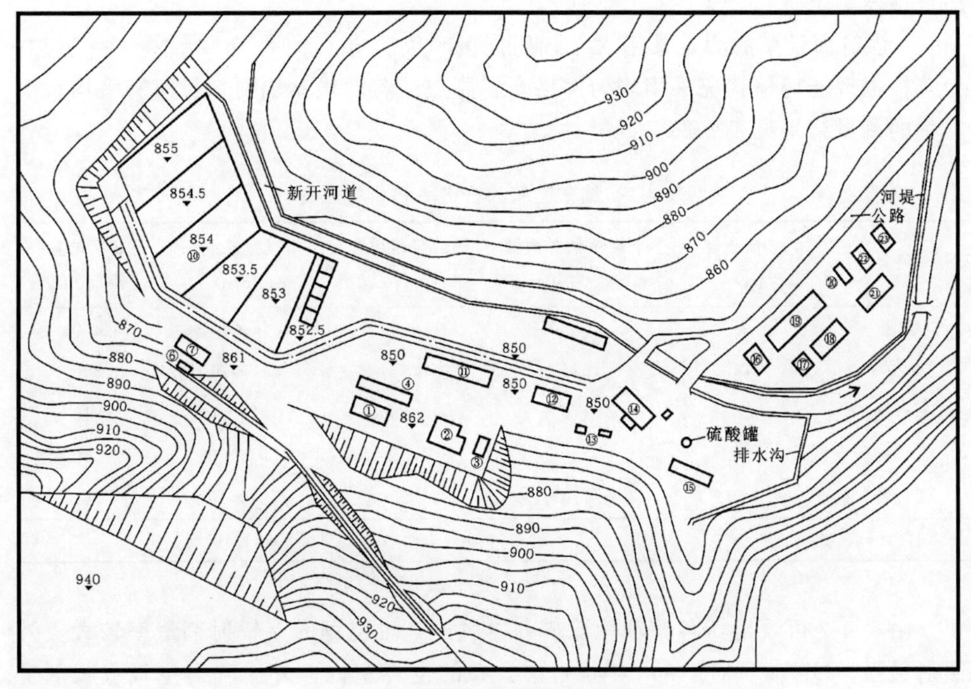

图 4-1　湖南某铀矿区地形图

表 4-1　矿井氡浓度测量结果(kBq/m^3)

入风口		工作面							排风口
1	2	1	2	3	4	5	6	7	
1.01	0.096	1.35	25.06	36.96	14.36	21.32	134.63	21.11	6.34

从上表可以看出，884 中段入风口 1 受平峒口处废渣的影响，受到污染、氡浓度高，没有达到铀矿冶安全规程要求；864m 中段的入风口 2 的风质较好，符合铀矿冶安全规程要求；7 个工作面除一个工作面合格外(国家标准为 3.7kBq/m^3)，其余均不合格。其中工作面 6 由于没有开风机，氡浓度严重超标；矿井排风量为 22m^3/s，根据排风口浓度可以计算出矿井年排氡量为 4.42×10^{12} Bq/a。因此，矿井风路要进行调整，以减少漏风；采空区和原作业巷道要加强密闭；局部通风应进一步加强。

4.1.2　矿区放射性面源的测量与分析

矿区放射性面源表面氡析出率的测量采用表面氡析出率测定积累法(EJ/T 979—95)：采用 0.5L 闪烁室，真空法取样，取样后用 FD-125 氡钍探测器配自动定标器测定。

γ 辐射剂量率的测定采用 X-γ 辐射剂量率仪测定。

根据现场场地状况采用均匀网格布置测点。各源项 γ 辐射剂量率和平均氡析出率的测量结果见表 4-2。

表 4-2 铀矿区氡的析出率和年释放量

源项	面积 (m^2)	平均 γ 辐射剂量率($\times10^{-8}$Gy/h)	平均氡析出率 [Bq/(m^2 · s)]	氡释放量 (Bq/a)	距 Z 家的直线距离(m)
矿井				4.42×10^{12}	400
堆浸场	3162	514	7.93	7.91×10^{11}	360
废石场 1	75	175	0.39	9.22×10^{8}	310
废石场 2	50	230	0.09	1.42×10^{8}	380
废石场 3	150	170	0.50	2.37×10^{9}	260
合计				5.22×10^{12}	

由表 4-2 可看出，各源项中除矿井排风外，堆浸场的 γ 辐射剂量率较大，外照射最强。UNSCEAR 1988 年报告书公布的世界室内、外 γ 辐射空气吸收剂量率分别为 7×10^{-8}Gy/h 和 5×10^{-8}Gy/h，我国相应的 γ 辐射空气吸收剂量率调查平均值分别为 11.95×10^{-8}Gy/ h 和 8.03×10^{-8}Gy/h，测量结果表明所测地区属于放射污染源。

各源项中堆浸场的平均氡析出率值最大，为 7.93Bq/(m^2 · s)。我国的 GB 18871—2002 标准规定，铀废石场、尾矿库表面的氡析出率值必须控制在 0.74Bq/(m^2 · s)以下，因此，除堆浸场氡析出率值超过限值以外，其他面源的氡析出率值均较低。

从氡释放量看，铀矿井是该矿区氡排放的主要污染源，占总排放量的 80%。

4.1.3 矿区附近居民 Z(郑)家氡的测量分析

Z 家住房与大湾矿井工业场地、水冶厂及堆浸场均分布在一个“L”形山谷中，堆浸场位于山谷的谷底，Z 家住房位于山谷出口的山谷中。

大湾工业场地从高山谷到低山谷中分布有：最高为 924m 平硐排风巷口(氡年排放量为 4.42×10^{12} Bq/a)，往下分别为 884m 中段平硐口和 864m 中段平硐口，紧靠 864m 中段平硐口附近有破碎厂房和坑口废石场，在破碎厂房和废石场的上部有堆浸场，最下部为水冶厂房，Z 家住房在水冶厂房一侧，距离水冶厂边界约 100m，距离堆浸场 360m。

在 Z 家调查氡污染(8 月底到 9 月初)时，发现山谷风沿山坡下行时，风速为

1～2m/s，阵风可达 6～7m/s。

Z 家住宅的室内、外地表氡析出率及 γ 辐射剂量率的测量方法同面源测量，测量结果见表 4-3。

表 4-3　Z 家住宅室内、外平均 γ 辐射剂量率和地表氡析出率、氡浓度

源项	平均 γ 辐射剂量率($\times 10^{-8}$Gy/h)	平均氡析出率[Bq/($m^2 \cdot s$)]	平均氡浓度(Bq/m^3)
室外	101.3	0.023	249.2
室内	97.3	0.059	210.0

表 4-3 的数据表明 Z 家 γ 辐射剂量率平均值大于 80×10^{-8}Gy/h，表明可能受到放射性污染；氡析出率值小于 0.74Bq/($m^2 \cdot s$)，室内、外地表氡析出率未超标。

采用连续测氡仪(每小时测 1 个值，测 1d)测量 Z 家室内、室外空气中的氡浓度，结果如图 4-2 所示。

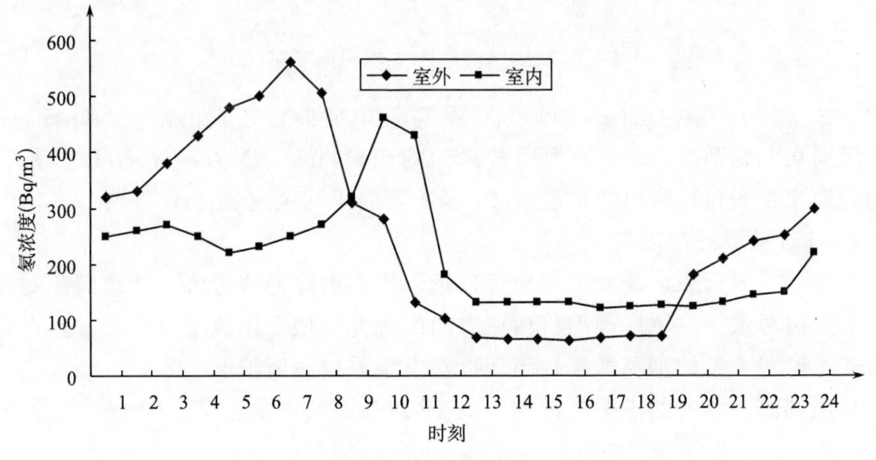

图 4-2　Z 家室内、外空气氡浓度监测结果

图 4-2 表明 Z 家室内、外氡浓度随时间波动，室外最低为 63 Bq/m^3、最高达 560 Bq/m^3，由于受大气逆温层的影响，早上 3 点～7 点钟氡浓度扩散慢，山谷中氡浓度可达最高值，随风速增大，氡浓度随之降低。室内氡浓度与室外环境中氡浓度的变化趋势相近，表明二者有相关性。室外测点处于屋前坪，室内测量是在一卧室中进行的，从表 4-3 和图 4-2 可以看出，室内空气氡浓度的峰值低于室外空气、峰值时间迟后于室外空气，表明房屋建筑对空气中氡的传播过程有衰减和延迟作用；室内空气氡浓度平均值低于室外氡浓度平均值，可能是由测量时

间周期过短及室内外监测位置的气流状态不同引起的。

我国有关标准规定，居室内氡浓度限值为200Bq/m³，从表4-3可以看出，Z家室内氡浓度平均值超出了国家标准限值。

4.2 气载源项放射性核素氡的剂量分析

由于Z家离铀矿区较近，且处于下风向位置，因此将Z家作为辐射剂量分析的对象。以模式计算为主，结合环境监测资料估算各气载源项对Z家居民的辐射剂量及其所受的附加剂量。

4.2.1 放射环境质量评价模式与参数

1. 大气扩散模式与参数

1）地面连续点源的浓度公式

根据高斯烟羽浓度公式，可得地面连续点源的浓度公式：

$$C(x,\ y,\ 0)=\frac{Q}{\pi\sigma_y\sigma_z u}\exp\left(\frac{-y^2}{2\sigma_y^2}\right) \tag{4-1}$$

式中，$C(x,\ y,\ 0)$为点$(x,\ y,\ 0)$处的空气中放射性核素的浓度(Bq/m³)；x为下风向离源的距离(m)；y为横截风向的距离(m)；Q为释放率(Bq/s)；σ_y、σ_z为分别为侧向和铅直向的扩散参数(m)；u为平均风速(m/s)。

2）连续面源的浓度公式

废石场、露天采矿废墟等场地可以近似作为面源释放考虑。连续面源的释放采用后退虚源法计算浓度，即将横截方向的源宽近似看作源上风向某一虚点源的扩散在源位置产生的烟羽宽度，因而可对虚源采用高斯浓度公式。

后退到源上风向的虚源离源的距离x^*对应下式的值：

$$\sigma_y=d/4.3 \tag{4-2}$$

式中，d为横截方向的面源宽度(m)。

计算中用$(x+x^*)$代替式(4-1)中的x。

3）长期扩散因子

考虑风摆效应、天气频率分布、静风和混合层影响的长期扩散因子的计算式为

$$\left(\frac{C}{Q}\right)_i=\frac{2.032}{x}\sum_{j=1}^{6}\frac{\exp[-h^2/(2\sigma_{zj}^2)]}{\sigma_{zj}}\left(\frac{{}_{\mathrm{c}}P_{ij}}{0.5}+\sum_{j=2}^{6}\frac{{}_{\mathrm{w}}P_{ijk}}{U_{jk}}\right)\quad (x\leqslant x_{\mathrm{L}}) \tag{4-3}$$

$$\left(\frac{C}{Q}\right)_i=\frac{8}{\pi x}\sum_{j=1}^{6}\frac{1}{H_{mj}}\left(\frac{{}_{\mathrm{c}}P_{ij}}{0.5}+\sum_{j=2}^{6}\frac{{}_{\mathrm{w}}P_{ijk}}{U_{jk}}\right)\quad (x\geqslant 2x_{\mathrm{L}}) \tag{4-4}$$

式中，$(C/Q)_i$ 为 i 风向下风向扇形内的长期扩散因子(s/m³)；i、j、k 分别为风向、稳定度、风速组；σ_{zj} 为 j 稳定度的铅直向扩散参数，取值见表 4-4；${}_cP_{ij}$ 为对应 i 风向，j 稳定度的静风频率；0.5 为静风的代表风速(m/s)；${}_wP_{ijk}$ 为对应 i 风向、j 稳定度、k 风速组的有风天气频率；U_{jk} 为 j 稳定度、k 风速组下的平均风速(m/s)；H_{mj} 为混合层高度(m)；m 为风速组的数目，取 $m=6$；x_L 为对应 $\sigma_z=(H_{mj}-h)/2.15$ 的下风向距离(m)；h 为排放源高度(m)，对于地面源 $h=0$。

当 $x_L<x\leqslant 2x_L$ 时，$(X/Q)_i$ 值由 $x=x_L$ 和 $x=2x_L$ 处的 $(X/Q)_i$ 值内插得到。

考虑建筑物尾流影响时，用 $\sum_{zj}=(\sigma_{zj}^2+0.5D_z^2/\pi)\leqslant(3)^{1/2}\sigma_{zj}$ 代替 σ_{zj}。式中，D_z 为排放点上下方向最高建筑物高度(m)。

4）扩散参数

工程项目所在地为中高山区，采用 Briggs 山区扩散参数。参数表达式见表 4-4。

表 4-4　Briggs 扩散参数表达式

稳定度	σ_y	σ_z
A-B	$0.32x(1+0.0004x)^{-1/2}$	$0.24x(1+0.001x)^{-1/2}$
C	$0.22x(1+0.0004x)^{-1/2}$	$0.20x$
D	$0.16x(1+0.0004x)^{-1/2}$	$0.14x(1+0.003x)^{-1/2}$
E-F	$0.11x(1+0.0004x)^{-1/2}$	$0.08x(1+0.0015x)^{-1/2}$

5）干沉积校正因子

干沉积过程中造成的烟羽耗损可用校正因子 F_D 进行修正：

$$C'=F_DC \tag{4-5}$$

式中，C 和 C' 分别为校正前、后的浓度(Bq/m³)；F_D 为校正因子，按源耗损模式计算，其计算式为

$$F_D=\exp\left[-(2/\pi)^{1/2}\frac{V_d}{u}\int_0^x\exp\left(\frac{-h^2}{2\sigma_z^2}\right)\frac{dx'}{\sigma_z}\right] \tag{4-6}$$

6）湿沉积校正因子

湿沉积校正因子 f_w 用以修正实际降雨期因湿沉积造成的烟羽耗损：

$$f_w=\exp[-\Lambda(x/u)] \tag{4-7}$$

式中，Λ 为冲洗系数(s^{-1})，$\Lambda=\alpha I$；α 为比例常数，对于气载物质为粒子情况，$\alpha=1.6\times10^{-4}$ h/(mm · s)；I 为降水量(mm/h)。

7）放射性衰变

放射性衰变造成了烟羽耗损，通过引入放射性衰变校正因子加以校正。

对于单一核素，衰变校正因子 F_m 为

$$F_m = \exp\left(\frac{-3.17 \times 10^{-8} \lambda_m x}{u}\right) \tag{4-8}$$

对子体产物，其校正因子 F_d 为

$$F_d = \frac{\lambda_d}{\lambda_m - \lambda_d} \cdot \left[\exp\left(\frac{-3.17 \times 10^{-8} \lambda_d x}{u}\right) - \exp\left(\frac{-3.17 \times 10^{-8} \lambda_m x}{u}\right)\right] \tag{4-9}$$

式中，λ_m、λ_d 分别为母体和子体的衰变常数(a^{-1})。

2. 气载剂量估算模式与参数

1）吸入氡子体所致公众年有效剂量

对于氡及其子体的吸入内照射剂量计算，采用氡子体的吸入剂量转换因子，并由空气中氡浓度及其子体的平衡因子直接计算氡子体的吸入剂量。计算中平衡因子取 0.4。由此吸入氡子体所致公众个人有效剂量按下式计算：

$$D_h^a = 24 \times 365 \times C_{Rn} K_{Rn} \tag{4-10}$$

式中，C_{Rn} 为地面空气氡浓度（Bq/m^3）；K_{Rn} 为氡子体吸入剂量转换因子[$Sv/(h \cdot Bq/m^3)$]；根据 GB 18871—2002，对幼儿、少年、成年取值 2.44×10^{-9}(已考虑平衡因子 0.4)。若不考虑平衡因子 0.4，公式中需乘以 0.4，同时 K_{Rn} 取值为 6.11×10^{-9}。

2）空气浸没外照射

空气浸没外照射所致全身剂量由下式计算：

$$D_A = 3.15 \times 10^7 S_F C g_A \tag{4-11}$$

式中，D_A 为年空气浸没外照射全身剂量(Sv/a)；S_F 为建筑物屏蔽产生的剂量减弱因子，推荐值为：对个体 $S_F = 0.7$，对群体 $S_F = 0.5$；g_A 为空气浸没照射对全身的剂量转换因子[$Sv/(s \cdot Bq/m^3)$]。各放射性核素的 g_A 值见表 4-5。

表 4-5　空气浸没外照射剂量转换因子[$Sv/(s \cdot Bq/m^3)$]

^{210}Pb	^{210}Po	^{226}Ra	^{230}Th	^{234}U	^{238}U
2.20×10^{-16}	6.08×10^{-19}	1.13×10^{-13}	4.09×10^{-16}	3.89×10^{-16}	2.54×10^{-15}

3）地表沉积外照射

干、湿沉积产生的地表放射性外照射的剂量计算式：

$$D_G = 3.15 \times 10^7 S_F C_G g_G \tag{4-12}$$

式中，D_G为沉积外照射的年全身剂量(Sv/a)；C_G为地表面的沉积活度(Bq/m²)；g_G为地表沉积外照射的剂量转换因子[Sv/(s · Bq/m²)]，取值见表 4-6。

表 4-6　地表沉积外照射剂量转换因子[Sv/(s · Bq/m²)]

^{210}Pb	^{210}Po	^{226}Ra	^{230}Th	^{234}U	^{238}U
9.76×10^{-19}	4.06×10^{-21}	9.61×10^{-16}	5.87×10^{-19}	5.50×10^{-19}	2.64×10^{-17}

4) 吸入放射性核素产生的待积有效剂量计算式：

$$D_h^a = R_a C g_h^a \tag{4-13}$$

式中，D_h^a为 a 年龄组公众因年吸入而接受的待积有效剂量(Sv/a)；R_a为 a 年龄组公众空气摄入量(m³/a)，对幼儿取值 1.4×10^3，少年取值 5.5×10^3，成年取值 8.0×10^3；g_h^a为 a 年龄组的吸入剂量转换因子(Sv/Bq)，其值见表 4-7。

表 4-7　不同年龄组的吸入核素剂量转换因子(Sv/Bq)

核素	肺类型	幼儿(≤7 岁)	少年(7～17 岁)	成年(>17 岁)
^{238}U	S	2.9×10^{-5}	1.0×10^{-5}	8.0×10^{-6}
^{234}U	S	3.3×10^{-5}	1.2×10^{-5}	9.4×10^{-6}
^{230}Th	F	2.1×10^{-4}	1.1×10^{-4}	1.0×10^{-4}
^{226}Ra	S	3.4×10^{-5}	1.2×10^{-5}	9.5×10^{-6}
^{210}Po	S	1.8×10^{-5}	5.9×10^{-6}	4.3×10^{-6}
^{210}Pb	S	1.8×10^{-5}	7.2×10^{-6}	5.6×10^{-6}

注：数据来源于 GB 18871—2002 附录 B 的表 B7。从保守角度考虑，取幼儿(≤1 岁)、少年(7～12 岁)和成年(>17 岁)的剂量转换因子数值。

3. 气载集体剂量估算模式

评价范围内产生的集体剂量按下式计算：

$$D_h = \sum_d \sum_a D_{hd}^a \cdot P_d^a \tag{4-14}$$

式中，D_h为年集体剂量(人 · Sv/a)；D_{hd}^a为第 d 子区 a 年龄组的平均公众年有效剂量(Sv/a)；P_d^a为第 d 子区内 a 年龄组人口数(人)。

4. 吸入氡子体所致公众年有效剂量(表 4-8)

表 4-8 居民吸入^{222}Rn 子体的剂量转换因子(Sv·Bq·h/m^3)

0～10 岁儿童		成人	
室内	室外	室内	室外
1.3×10^{-8}	2.6×10^{-8}	3.7×10^{-9}	1.7×10^{-8}

4.2.2 气载源项核素氡剂量分析

1. 放射性源项确定

气态源项确定：回风井排氡量采用实测值，固体废物析出氡量采用氡析出率实测值求得，气态源项见表 4-9。

表 4-9 气态源项汇总

源项	面积(m^2)	平均 γ 辐射剂量率($\times10^{-8}$Gy/h)	平均氡析出率[Bq/(m^2·s)]	氡释放量(Bq/a)
铀矿井(点源)	—	—	—	4.42×10^{12}
堆浸场(面源)	3162	514	7.93	7.91×10^{11}
路边废石场(面源)	75	175	0.39	9.22×10^{8}
坑口废石场(面源)	50	230	0.09	1.42×10^{8}
堆场下废石场(面源)	150	170	0.50	2.37×10^{9}
合计	3437	1089	8.98	7.95×10^{11}

2. 居民 Z 家剂量分析与估算

结合 Z 家居民的生产、生活习性，为了便于分析和简化复杂的计算，通过考虑氡所致剂量的影响，对 Z 家居民所致剂量进行分析。

从保守角度考虑，假设各源项均处在 Z 家民宅的主导风向上风侧，根据式(4-1)和式(4-10)分别计算目前各源项对 Z 家居民附加的氡浓度和附加剂量。由于采用后退虚源法计算的面源后退距离较小(不到 0.4m)，对计算结果的影响可以忽略，计算中没有考虑面源后退距离。根据气象资料调查结果，D 类稳定度出现的频率最大，三年年平均频率为 61.98%，所以选择 D 类稳定度的扩散参数计算公式。主导风向的年平均风速为 2m/s。

经计算，各源项对 Z 家居民附加的氡浓度和附加剂量见表 4-10。

表 4-10　各气态源项对 Z 家居民附加的氡浓度和附加剂量

源项	铀矿井	堆浸场	路边废石场	坑口废石场	堆场下废石场	合计
氡释放率(Bq/s)	1.4×10^5	25075	29	5	75	25184
距离 Z 家的直线距离(m)	400	360	310	380	260	1310
侧向扩散系数(m)	39.7	36.9	33.1	38.3	29.1	137.4
铅直向扩散系数(m)	37.8	35.0	31.2	36.4	27.3	129.9
在 Z 家处的氡浓度(Bq/m^3)	14.85	3.09	4×10^{-3}	5×10^{-4}	0.15	18.09
附加有效剂量(mSv/a)	0.32	0.066	8.5×10^{-5}	1.1×10^{-6}	0.003	0.389

由表 4-10 可知，气载面源项中堆浸场对 Z 家所处位置的氡浓度贡献最大，约占总贡献的 95%，这是在模拟中将多面源简化为单面源进行计算的依据。

4.3　铀尾矿氡在大气中迁移的数值模拟

大气中污染物的扩散一般受到局部风场和大气稳定度的影响很大，特别是湍流风场的变化，所以，在研究复杂地形污染物扩散的问题之前，首先要进行扩散区域的湍流风场的分析和模拟。在复杂地形上的空气环境评价中，由于流场在空间上的不均匀性，基本上不能采用一维流动模式，用解析法得到的简化评价模式(如一维流动的正态模式)计算出的浓度分布和实际分布有较大的偏差，地形越复杂，这类偏差越大。复杂地形的大气污染扩散是湍流问题，FLUENT 软件在这方面的应用较多。下面基于计算流体力学的数值方法，利用 FLUENT 软件对湖南某铀矿大湾矿区进行三维流场和氡浓度场的数值模拟，以了解氡自氡源析出后的扩散和分布特征。

4.3.1　CFD 仿真软件——FLUENT

计算流体力学(computational fluid dynamic，CFD)是一种有效和经济的研究手段，其基本思路是：把原来在空间与时间坐标中连续的物理量的场(速度场、温度场、浓度场等)，用一系列有限个离散点(称为节点)上的值的集合来代替，再通过一定的原则建立起这些离散点上变量之间关系的代数方程(称为离散方程)，最后求解所建立起来的代数方程以获得所求解变量的近似值。

FLUENT 是全球应用较多的 CFD 软件，软件的结构由前处理、求解器及后处理三大模块组成。软件中采用 GAMBIT 作为专用的前处理软件，使网格可以有多种形状。对于二维流动，可以生成三角形和矩形网格；对于三维流动，可以生成四面体、六面体、三角柱和金字塔等网格；结合具体计算，还可以生成混合网格，其有自适应功能，能对网格进行细分或粗化，或生成不连续网格、可变网格和滑动网格。FLUENT 软件采用的二阶上风格式是 Barth 与 Jespersen 针对非结构网格提出的多维梯度重构法(multi-dimensional gradient reconstruction)，后来进一步发展，采用最小二乘法估算梯度，能较好地处理畸变网格的计算。由于采用了多种求解方法和多重网格加速收敛技术，因而 FLUENT 能达到最佳的收敛速度和求解精度。灵活的非结构化网格和基于解算的自适应网格技术及成熟的物理模型，使 FLUENT 在层流、转捩和湍流、传热、化学反应、多相流、多孔介质等方面有广泛应用。

FLUENT 软件可以用结构化和非结构化自适应网格模拟各种二维或者三维流场。它可以模拟不可压或可压流动，牛顿流或者非牛顿流，层流和湍流；模拟定常状态或者过渡分析；模拟对流热传导，包括自然对流和强迫对流；模拟偶合热传导和对流，具有辐射热传导模型；惯性(静止)坐标系和非惯性(旋转)坐标系模型；多重运动参考框架，包括滑动网格界面和 rotor/stator interaction 的混合界面；化学组分混合和反应，包括燃烧子模型和表面沉积反应模型。可以模拟热、质量、动量、湍流和化学组分的控制体源；粒子、液滴和气泡的离散相的拉格朗日轨迹的计算，包括与连续相的偶合；多孔介质流动；一维风扇/热交换模型；多相流，包括气穴现象；复杂外形的自由表面流动等。

FLUENT 软件的核心部分是纳维-斯托克斯方程组的求解模块。用压力校正法作为低速不可压流动的计算方法，包括 SIMPLE、SIMPLER、SIMPLEC、PISO 等。采用有限体积法离散方程，其计算精度和稳定性都优于传统编程中使用的有限差分法。离散格式为对流项二阶迎风插值格式——QUICK 格式(quadratic upwind interpolation for convection kinetics scheme)，其数值耗散较低，精度高且构造简单。而对可压缩流动采用偶合法，即连续性方程、动量方程、能量方程联立求解。

湍流模型是包括 FLUENT 软件在内的 CFD 软件的主要组成部分。FLUENT 软件配有各种层次的湍流模型，包括有代数模型、一方程模型、二方程模型、湍应力模型、大涡模拟等，应用最广泛的二方程模型是 k-ε 模型。k-ε 模型又包括鲁棒性较好的标准 k-ε 模型、针对逆压梯度的 RNG k-ε 模型、针对旋流的可实现 k-ε 模型。这三种湍流模型又分别包括三种壁面函数：标准壁面函数(应用最广泛，鲁棒性最好)；非平衡壁面函数(适用于分离流，逆压梯度)；双层区域壁面函数(将层流底层同湍流区分别计算)。软件的后处理模块具有三维显示功能来展现各种流动特性，并能以动画功能演示非定常过程，从而以直观的形式展示模拟效果，便于进一步的分析。

4.3.2　矿区地形模型的建立

本章主要研究氡气自各面源(堆浸场、废石场)析出后随大气扩散的稳态浓度分布。模型尺寸在长度方向上是从源项(堆浸场)西侧 100m 处开始到敏感点(Z 家)所在地段，其几何尺寸为 500m×300m×140m。

对图 4-1 所示的地形利用三维数字地形图的概念建立了山地曲面图。利用矩阵法记录坐标点，保存为 .dat 格式文件，输入仿真前处理软件 GAMBIT 中，经过适当的三维尺寸选择，建立三维模型，如图 4-3 所示。为了达到较好的网格划分效果，并利于仿真计算，网格的划分采用了分体网格的划分方法，将模型分为四个小体分别进行网格划分，选用非结构化网格，其中体网格的划分从小到大的过渡比例为 1∶3∶5，在污染源处网格最密，划分尺寸取为 0.5，如图 4-4 所示。

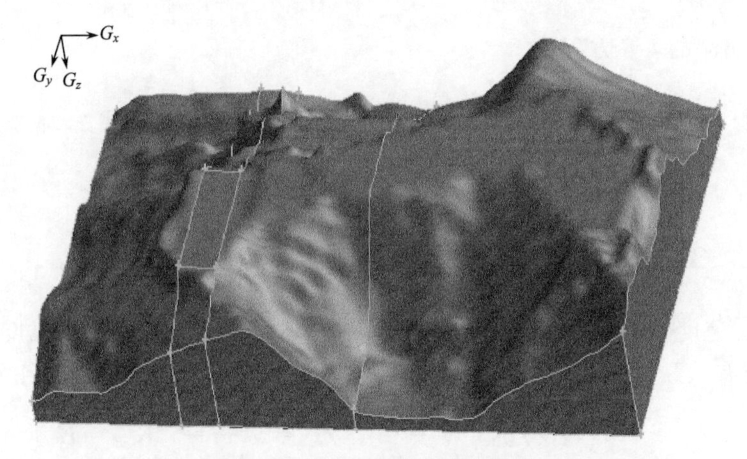

图 4-3　矿区山地实体填充模型

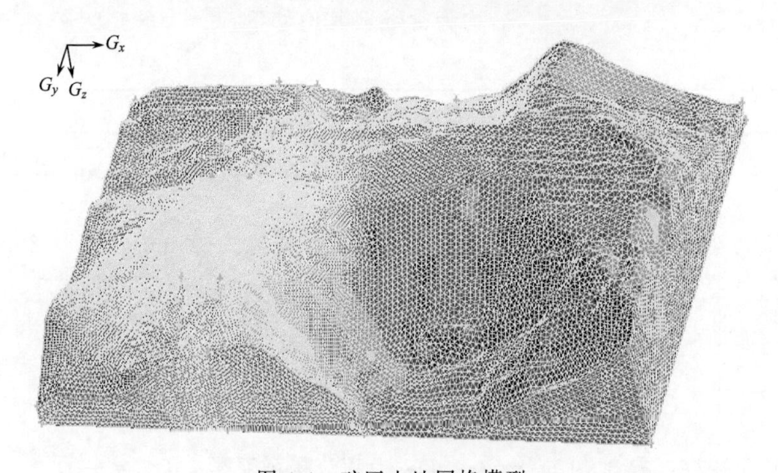

图 4-4　矿区山地网格模型

4.3.3　数学模型及计算方法的确定

1. 数学模型

采用三维定常 N - S 方程描述复杂下垫面下大气风场的流动，包括连续性方程、动量方程和湍流方程。

连续方程：

$$\frac{\partial u_i}{\partial x_i}=0 \tag{4-15}$$

动量方程：

$$\frac{\partial}{\partial x_j}(u_i u_j)=-\frac{\partial p}{\rho\partial x_i}+\frac{\partial}{\partial x_i}\left[v_{\text{eff}}\left(\frac{\partial u_i}{\partial x_j}+\frac{\partial u_i}{\partial x_j}\right)\right]+\text{Ar}T\delta_{z,i} \tag{4-16}$$

描述湍流的 k-ε 方程：

$$\frac{\partial(u_j K)}{\partial x_j}=\frac{\partial\left(\gamma_{\text{keff}}\dfrac{\partial K}{\partial x_j}\right)}{\partial x_j}+V_t\left(\frac{\partial u_i}{\partial x_j}+\frac{\partial u_j}{\partial x_i}\right)\frac{\partial u_j}{\partial x_i}-\frac{\sigma_\mu K^2}{V_{\text{t}}} \tag{4-17}$$

$$\frac{\partial(u_j\varepsilon)}{\partial x_j}=\frac{\partial\left(\gamma_{\text{seff}}\dfrac{\partial\varepsilon}{\partial x_j}\right)}{\partial x_j}+\sigma_1\sigma_\mu K\left(\frac{\partial u_i}{\partial x_j}+\frac{\partial u_j}{\partial x_i}\right)\frac{\partial u_j}{\partial x_i}-\frac{\sigma_2\varepsilon^2}{K} \tag{4-18}$$

式中，u 为速度(m/s)；ρ 为密度(kg/m^3)；p 为压力(Pa)；μ 为运动黏度($\text{m}^2\text{/s}$)；v_{eff}为紊流有效黏性系数；Ar 为阿基米德数；T 为温度(K)。其他的各个系数的定义如下：$V_{\text{eff}}=V+V_{\text{t}}$，$\gamma_{\text{keff}}=V+\dfrac{V_{\text{t}}}{\sigma_K}$，$\gamma_{\text{seff}}=V+\dfrac{V_{\text{t}}}{\sigma_\varepsilon}$，$K_{\text{eff}}=K+\dfrac{V_{\text{t}}}{\sigma}$，$V_{\text{t}}=\dfrac{\sigma_u K^2}{\varepsilon}$；$\sigma_1$、$\sigma_2$、$\sigma_\varepsilon$、$\sigma_k$、$\sigma_c$、$\sigma_\mu$ 均为常数，其值如下：

系数	σ_1	σ_2	σ_ε	σ_k	σ_c	σ_μ
取值	1.44	1.95	1.25	1.00	1.00	1.00

大气中氡传输的浓度方程可用欧拉差分方程描述为(Zhuo et al.，2001)

$$\frac{\partial C}{\partial t}+\nabla uC=\nabla[(D_{\text{M}}+D_{\text{T}})\nabla C]+Q-(\lambda+\lambda_{\text{w}})C \tag{4-19}$$

式中，$\nabla=\dfrac{\partial}{\partial x}+\dfrac{\partial}{\partial y}+\dfrac{\partial}{\partial z}$；$C$ 为氡的质量浓度(Bq/g)；u 为速度矢量；D_{M} 为分子运动扩散系数，取 $5\times10^{-3}\,\text{m}^2\text{/s}$；$D_{\text{T}}$ 为紊流扩散系数，$D_{\text{T}}=\dfrac{V_{\text{t}}}{S_{\text{CT}}}$，$S_{\text{CT}}$为浓度

的紊流施密特数，取0.7；λ为氡的衰减系数；λ_w为重力沉降率；V_t为紊流运动黏性系数；Q为源项氡释放强度[Bq/(g·s)]。

为便于计算，将实际污染源项转化为离源面距离很小(h_i)的空气层源项，其氡释放量等于实际污染源的氡释放量，则有

$$Q = \sum_i \frac{A_i J_i}{\rho_r V_i} = \sum_i \frac{J_i}{\rho_r h_i} \tag{4-20}$$

式中，J_i为源项i的氡析出率[Bq/(m^2·s)]；ρ_r为氡的密度(9.73×10^3g/m^3)；A_i为源项i的面积(m^2)；V_i为空气层源体积(m^3)；h_i为假定的空气层源高度(m)。

2. 边界条件和计算方法

近地面局部区域的大气流动具备以下特点(刘长威等，2002)：

(1) 地面是风场的固体边界，具有湍流流动固体边界的作用。

(2) 地面上的山体对风场有扰动作用，扰动作用的大小取决于山体高度和迎风面积。

(3) 大气层结造成的空气上下对流作用对近地面风场的影响相对于主风向风力的影响可以忽略。

在工程允许的范围内对边界条件和源项进行如下设定：

(1) 风向与风速的确定。从研究对象的几何模型可以看出，其地形为较复杂的山谷地形，敏感点Z家处于几何模型的东偏北方向；全年主导风向是西南风。因此，考虑到安全和模拟方便，设定源项均处在Z家民宅的主导风向的上风侧，且主导风向定为西风。主导风向的入口设置为速度入口；假定环境入口风速剖面符合简单的幂指数分布规律，地面粗糙度取0.1m，则入口风速分布满足(桑建国和温市耕，1992)：

$$\frac{U}{U_{10}} = (Z/10)^{0.16} \tag{4-21}$$

式中，U_{10}为在10m高度处的环境入口风速。

(2) 控制边界。地面设为固体壁面(wall)，无滑移壁面条件，采用非平衡壁面函数，不考虑温度对流动的影响；顶部设定为自由边界，以保证流体的流通；其他面设为质量出口(outflow)。

(3) 源项。由于所研究的面源项中(矿井排风除外)，堆浸场尾矿氡的析出率远大于废石堆等其他面源项，为简化计算，将多污染源简化为单源污染，即假定只有堆浸场氡析出为污染物释放源，其面积为3162m^2，氡释放率稳定为7.93Bq/(m^2·s)(忽略风速和风向对源强的影响)，取h=0.1m，则由式(4-20)计算得源项氡释放强度：Q=0.00815Bq/(g·s)。

流场计算时源项设定为壁面(wall)边界条件，在浓度场计算时，其边界条件定义为速度入口条件(velocity inlet)，初始速度由流场计算结果确定。

图 4-5 为模拟的地形和风向示意图(X、Y、Z 坐标的单位为 m)。源项中心点坐标为(135，105，55)，Z 家所处地理位置坐标为(490，110，70)。

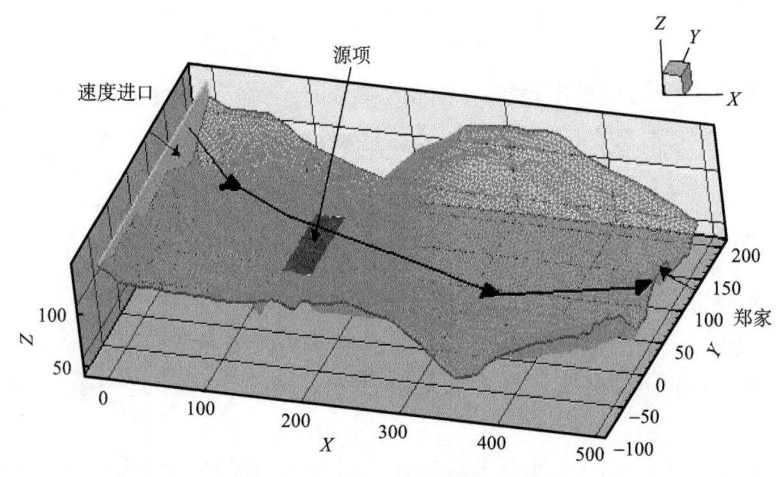

图 4-5　矿区地貌与环境风向示意图

模拟计算方法的选取如下：

1）计算方法

铀尾矿氡析出后在大气中迁移扩散过程的实质是氡气在大气中的输送过程。在输送过程中，氡气所占的体积/质量较小，对输送流体的影响忽略不计，研究中只需考虑流体对氡的输送作用。考虑核素在大气中输送的以上特点，采用分离求解的计算方法，即先计算流场获得大气风场的详细信息，然后计算氡浓度场。采用 FLUENT 软件进行三维数值模拟，对流项为一阶迎风格式，扩散项为中心差分格式。

2）湍流模型的选择和湍流参数的确定

(1) 模型选择。选择湍流模型中的标准 k-ε 二方程模型来计算湍流流场，空气为不可压缩流体，物性为常数；不考虑温度影响。

(2) 湍流参数的确定。

湍流动能 k(turbulent kinetic energy)的计算公式为

$$k=\frac{3}{2}(uI)^2 \tag{4-22}$$

式中，u 为平均速度(m/s)；I 为湍流强度(turbulence intensity)，$I=0.16(Re_D)^{-1/8}$；Re_D为水力直径为 D 计算得到的雷诺数，$Re_D=u\cdot D\cdot \rho/\mu$；$\rho$ 为

空气的密度(1.0kg/m³)；μ 为空气的动力黏滞系数，取 2.0×10^{-5}kg/(m·s)。

湍流耗散率 ε(turbulent dissipation rate)的计算公式为

$$\varepsilon = C_{\mu}^{3/4}\frac{k^{3/2}}{l} \tag{4-23}$$

式中，C_{μ} 取0.09；l 为湍流长度尺度，$l=0.07L$；L 为关联尺寸，此处取 L 等于水力直径。

3）氡参数的确定

氡的衰减系数 λ 为 2.097×10^{-6} s^{-1}(半衰期为3.82d)。标准状态下氡的密度为9.73kg/m³，近8倍于空气密度，质量比空气重的氡在静风时有一定的重力沉降，考虑到模拟的大气流动速度较大，基本为湍流，可以忽略重力沉降的影响，模拟时取 $\lambda_{w}=0$。

4）环境风速的选取

根据实际测量的结果和当地气象条件，确定模拟的入口环境风速分别为 $U_{10}=1.0$m/s、$U_{10}=2.0$m/s、$U_{10}=7.0$m/s。

4.3.4　氡迁移的模拟结果分析

选取通过源项中心点的纵横两个断面($Y=105$m 和 $X=135$m)和Z家所在位置横断面($X=490$m)为典型观察面，相应位置在不同环境风速下的气流流场分布、氡气浓度分布如图4-6～图4-14所示。

(1) 从流场仿真结果中可以看出，在地形的迎风面的山脚附近，因气流的阻塞作用，风速减小；在山地的背风侧出现回流；当遇到山坡时风速就会加大，当遇到山凹时风速就会减小。由于山谷地形的狭缝作用，局部风速有升高的现象。

三种不同的环境风速对山谷地形气流流场变化的影响较明显。从 $Y=105$m 平面的流线图可以看出，当气流以1m/s的最小风速自西面进入山谷后，风速较小，源项处沿风向在山地两侧出现明显回流，局部风速增大；当环境风速增大时，即以2m/s或7m/s的风速进入山谷后，只在源项地带沿风向在山地背风侧产生涡流，而在迎风侧没有涡流。源项 $Y=105$m 和 $X=135$m 两个断面的模拟结果表明，源项处于山凹地带，因峡谷地形和风流作用产生的涡流使源项处气流向四周扩散。从 $Y=105$m 和 $X=490$m 两个断面的模拟结果可以看出，当环境风速增大时Z家处逐渐产生涡流。三种不同工况下流场的分布出现明显不同，体现了山谷地形湍流流场分布的复杂性。模拟结果与实际观测的结果基本一致。

(2) 由氡浓度场仿真结果可得，在假定堆浸场处于Z家的上风侧、氡析出率恒定为7.93Bq/(m²·s)的情况下，当环境风速分别为1m/s、2m/s、7m/s时，堆浸场中氡扩散到Z家的浓度分别为48.75 Bq/m³、6.81 Bq/m³、9.73 Bq/m³。堆浸场氡扩散对Z家氡浓度的贡献随环境风速的变化如图4-15所示。

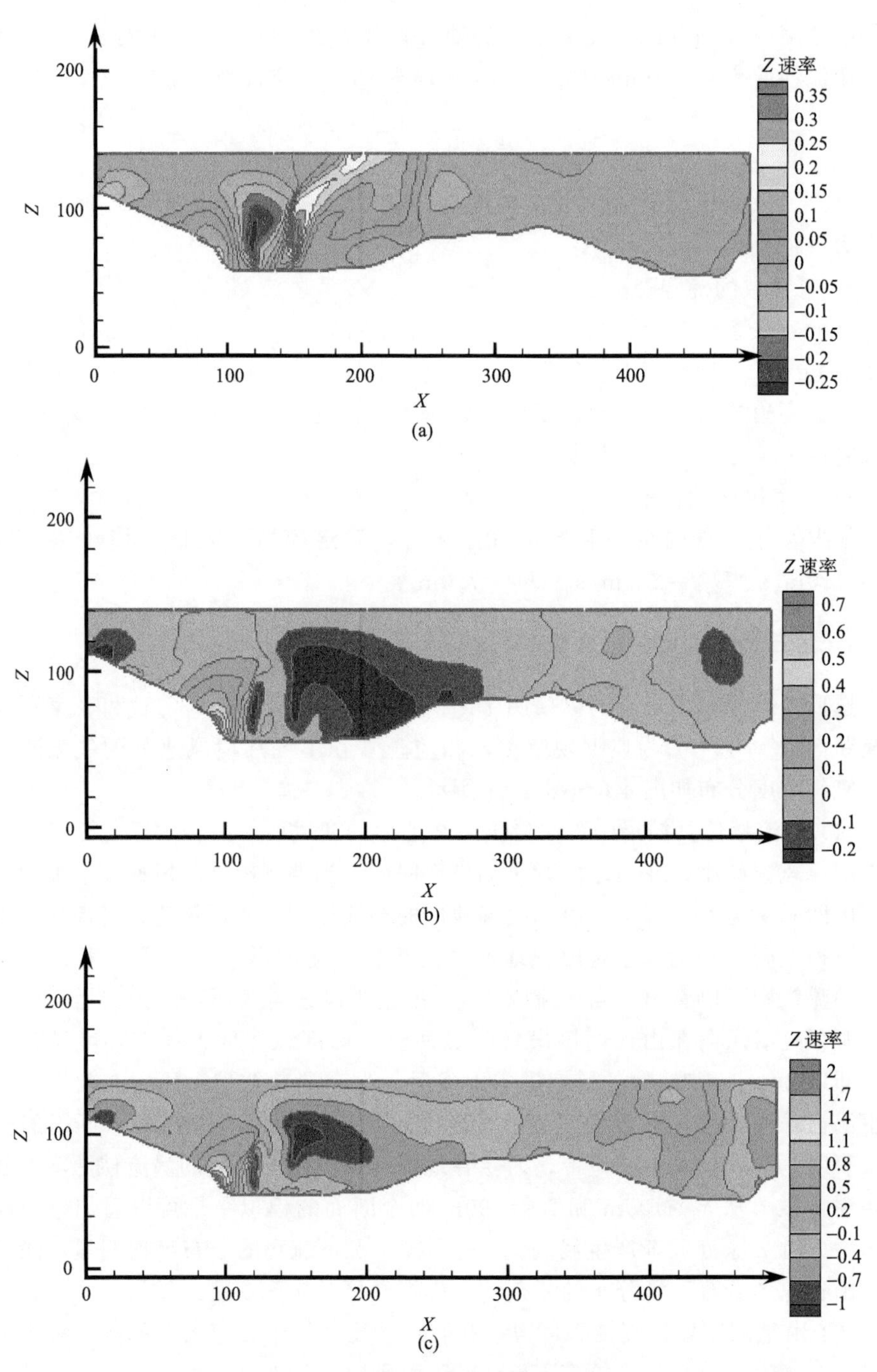

图 4-6　$Y=105$m 平面速度等值线图

(a)$U_{10}=1.0$m/s；(b)$U_{10}=2.0$m/s；(c)$U_{10}=7.0$m/s

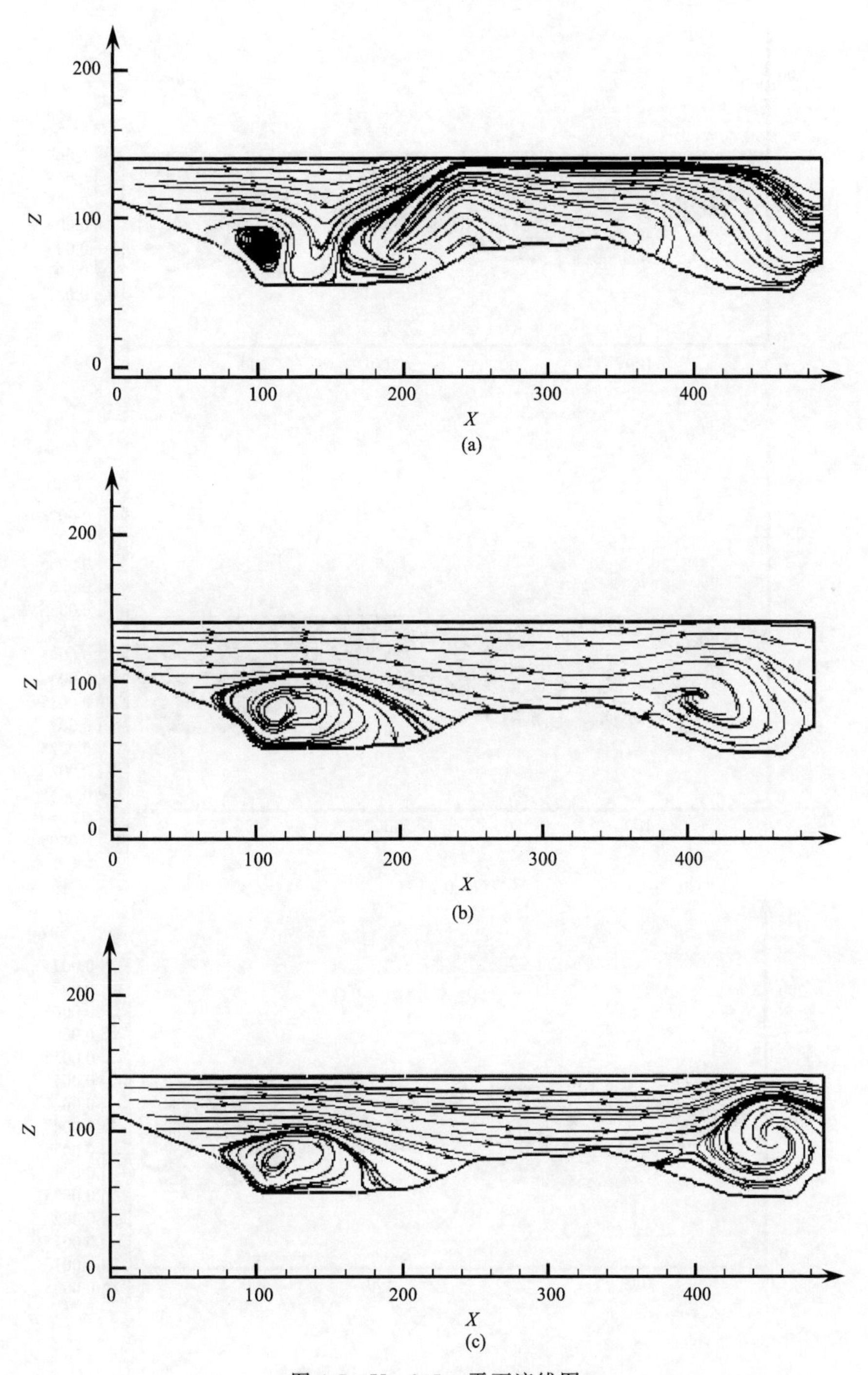

图 4-7　$Y=105\text{m}$ 平面流线图

(a)$U_{10}=1.0\text{m/s}$；(b)$U_{10}=2.0\text{m/s}$；(c)$U_{10}=7.0\text{m/s}$

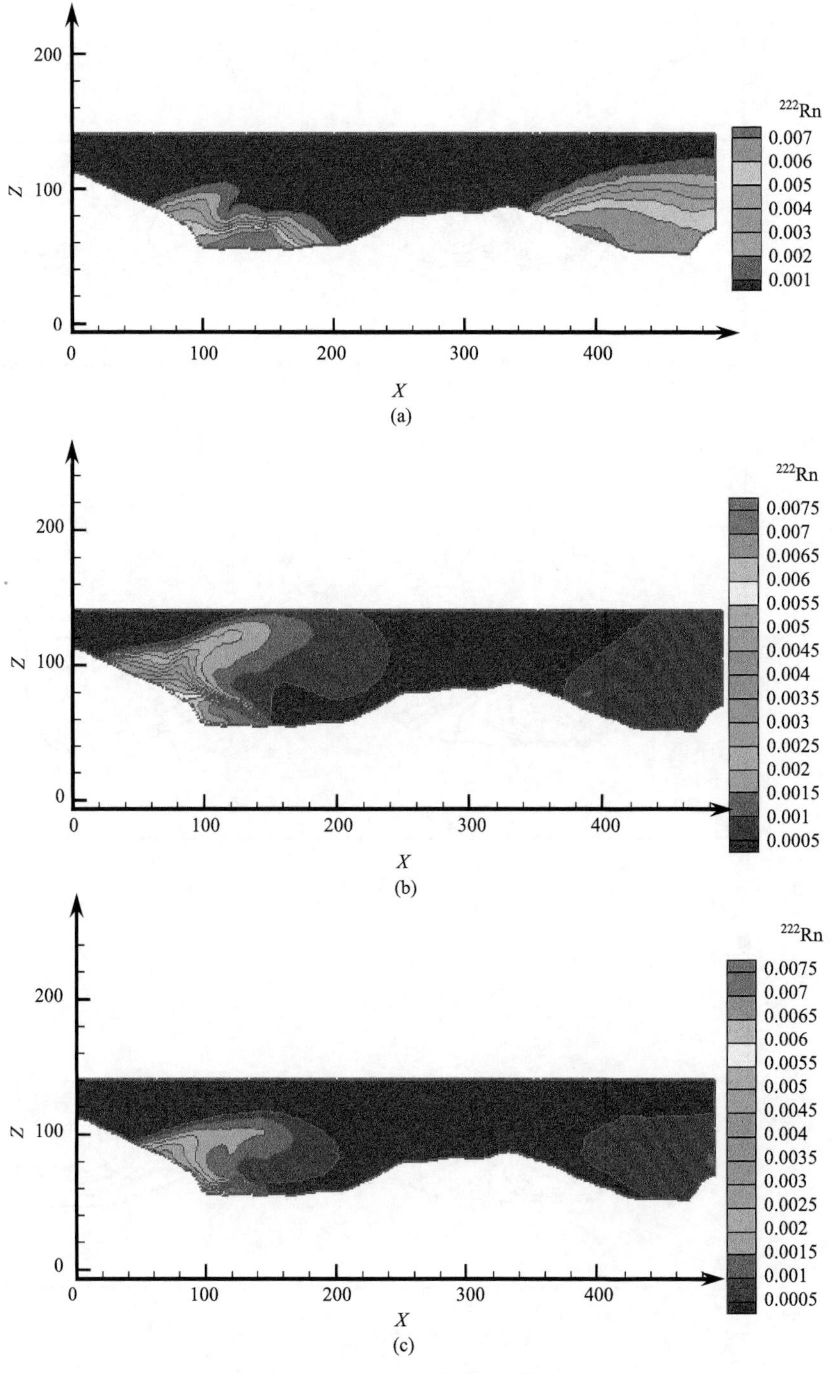

图 4-8　$Y=105$m 平面浓度分布图

(a)$U_{10}=1.0$m/s；(b)$U_{10}=2.0$m/s；(c)$U_{10}=7.0$m/s

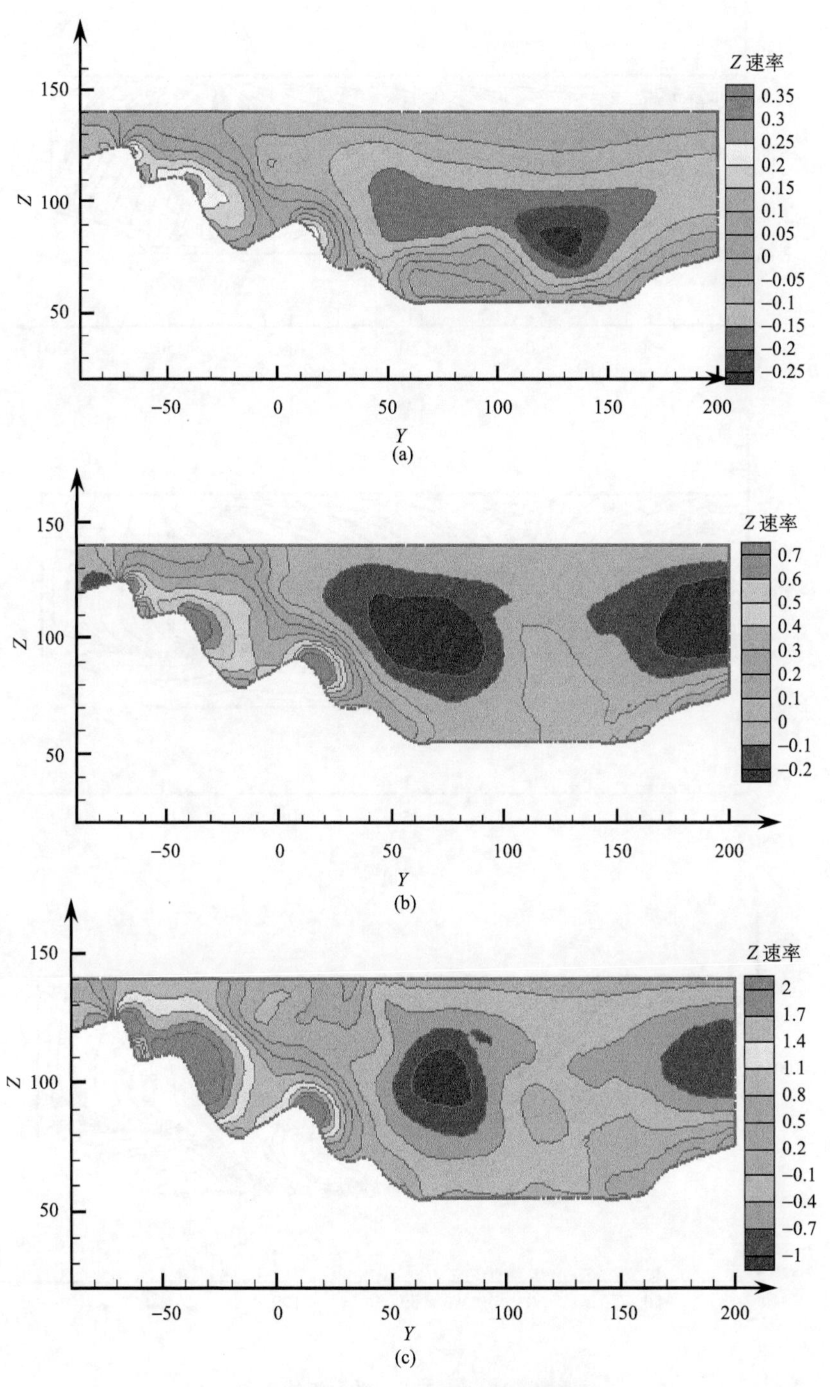

图 4-9　$X=135$m 平面速度等值线图

(a)$U_{10}=1.0$m/s；(b)$U_{10}=2.0$m/s；(c)$U_{10}=7.0$m/s

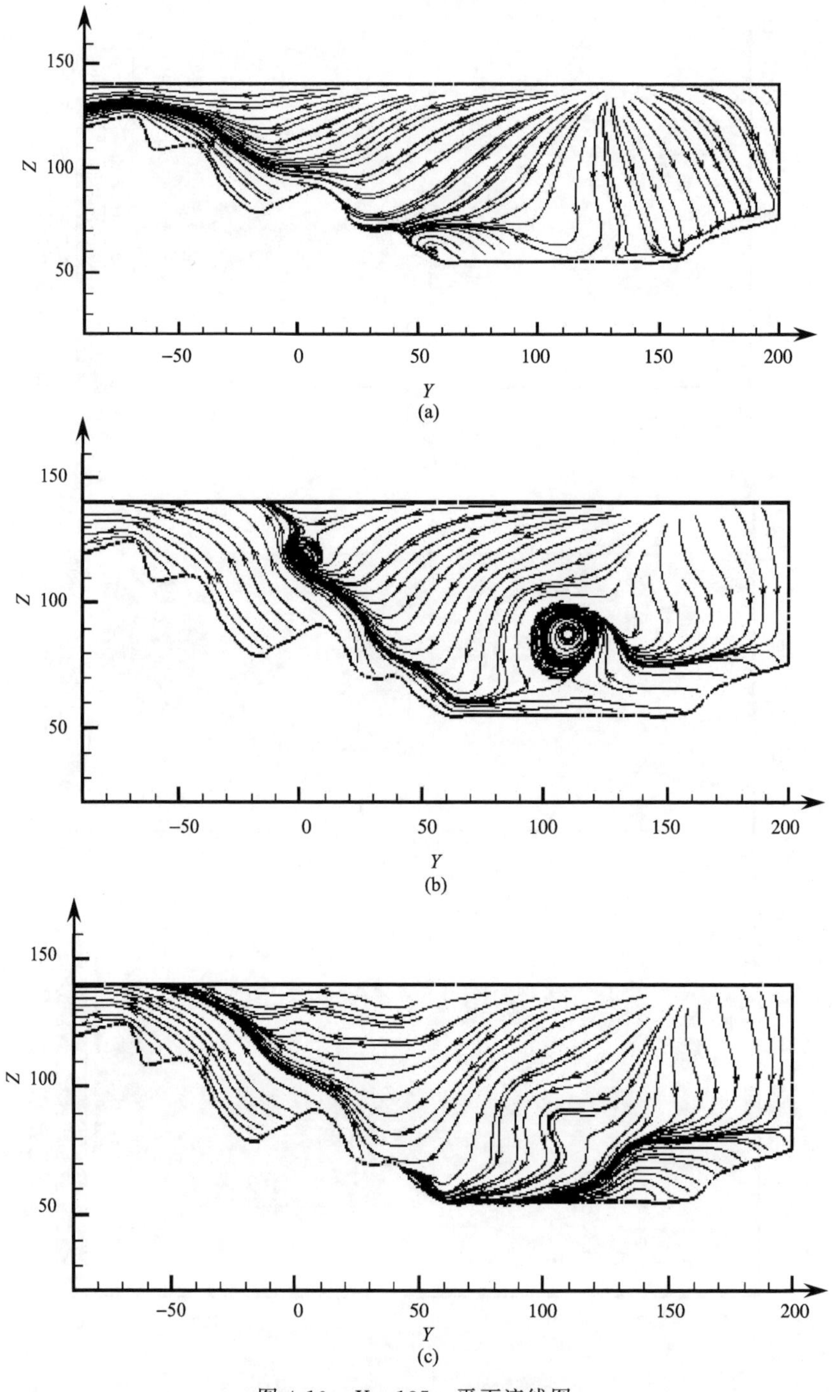

图 4-10　$X=135$m 平面流线图

(a)$U_{10}=1.0$m/s；(b)$U_{10}=2.0$m/s；(c)$U_{10}=7.0$m/s

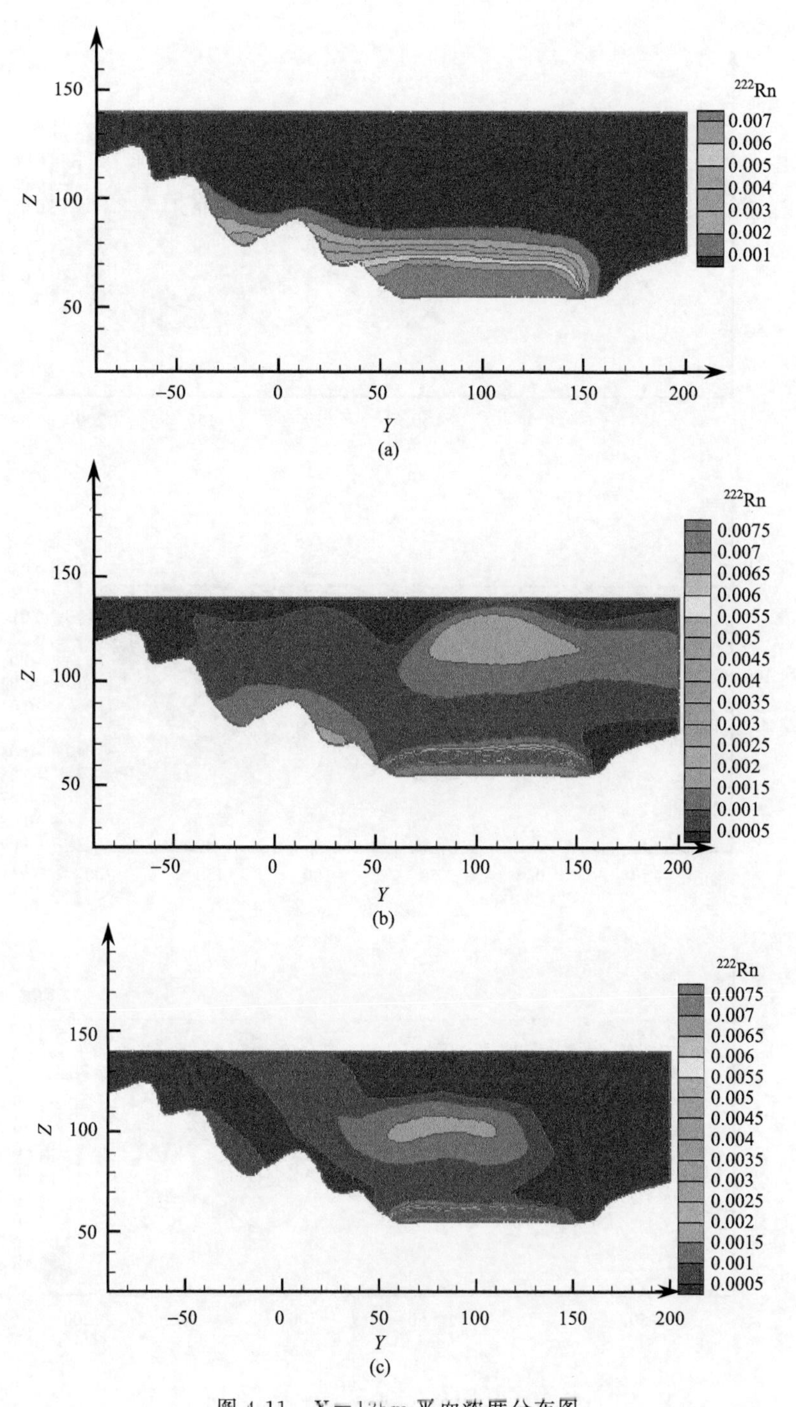

图 4-11　$X=135$m 平面浓度分布图

(a)$U_{10}=1.0$m/s；(b)$U_{10}=2.0$m/s；(c)$U_{10}=7.0$m/s

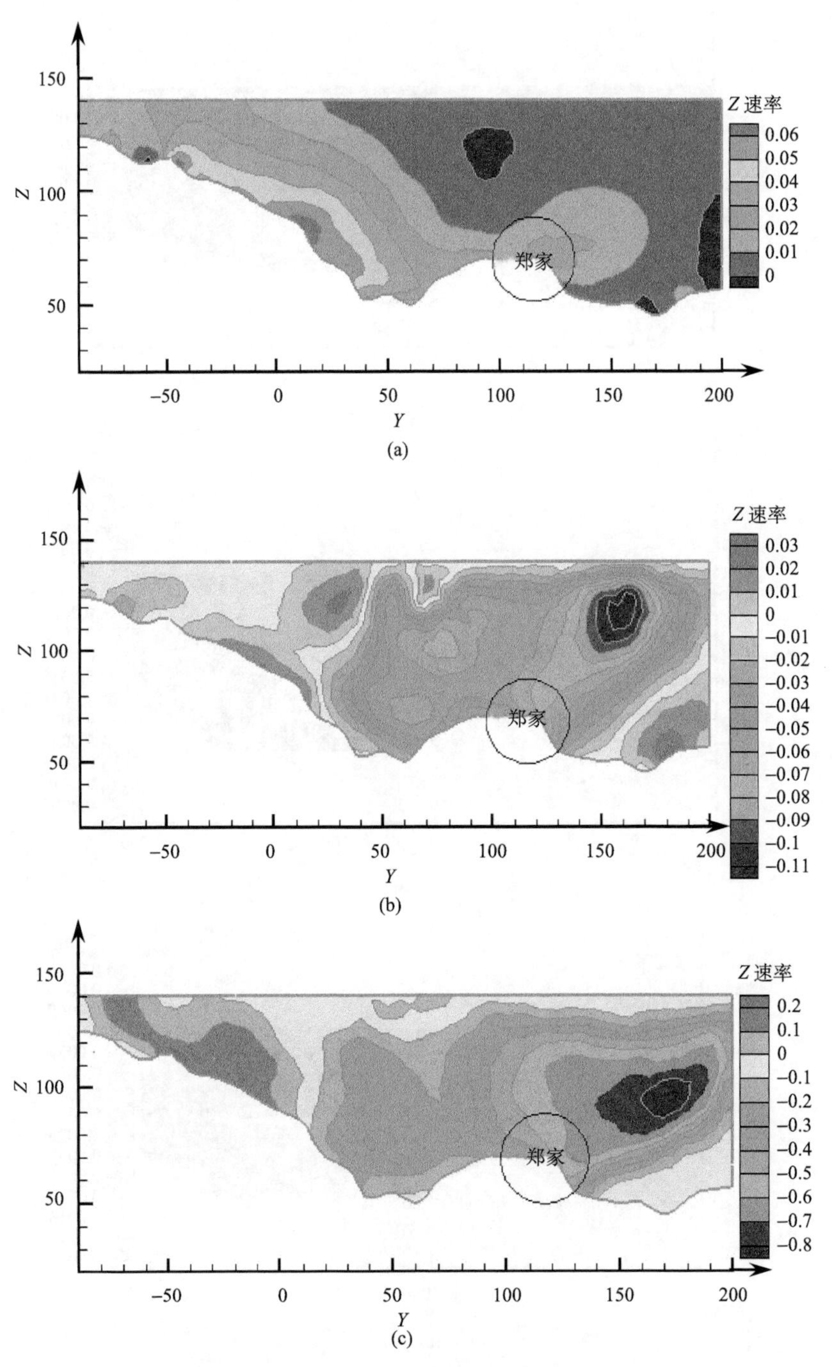

图 4-12　X=490m 平面速度等值线图

(a)U_{10}=1.0m/s；(b)U_{10}=2.0m/s；(c)U_{10}=7.0m/s

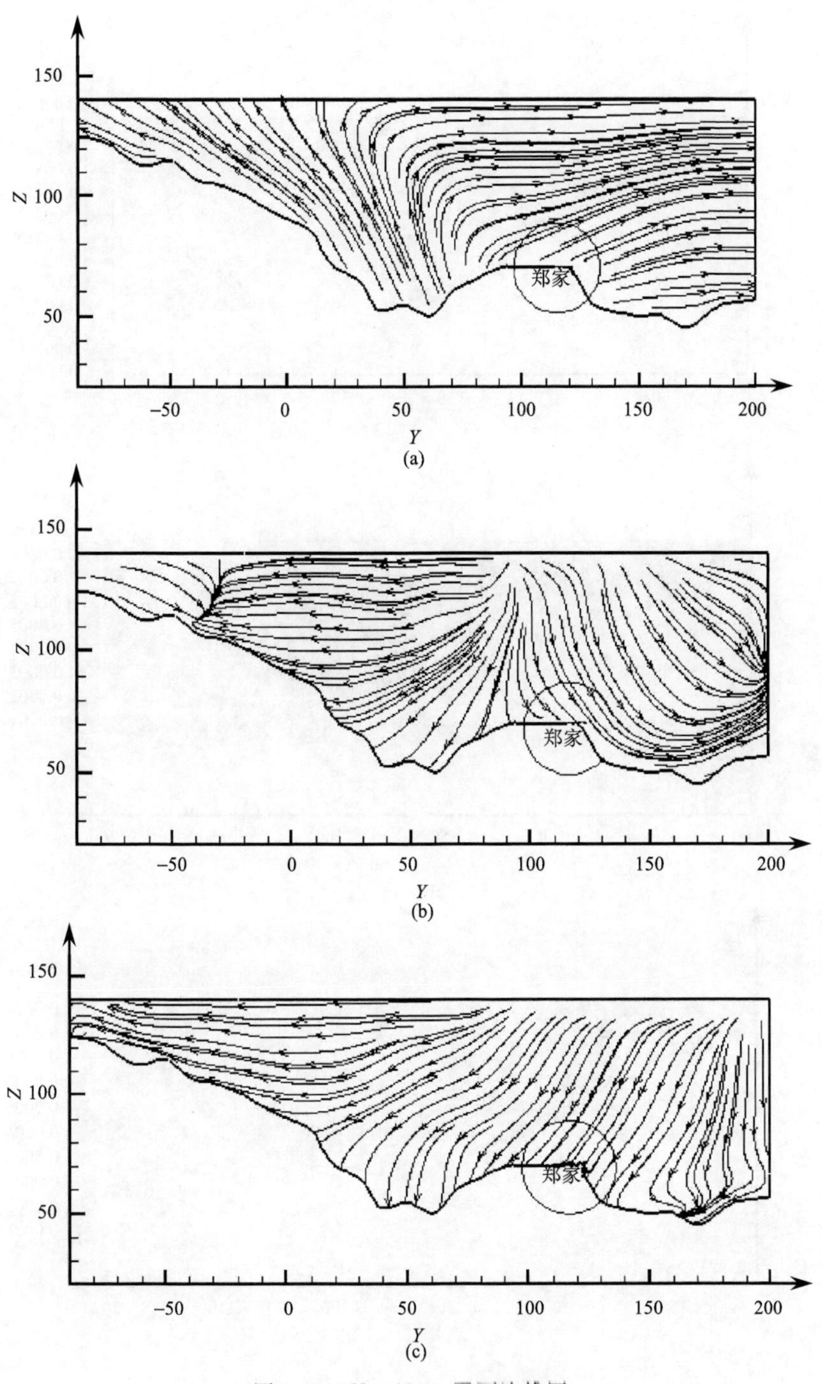

图 4-13　$X=490$m 平面流线图

(a)$U_{10}=1.0$m/s；(b)$U_{10}=2.0$m/s；(c)$U_{10}=7.0$m/s

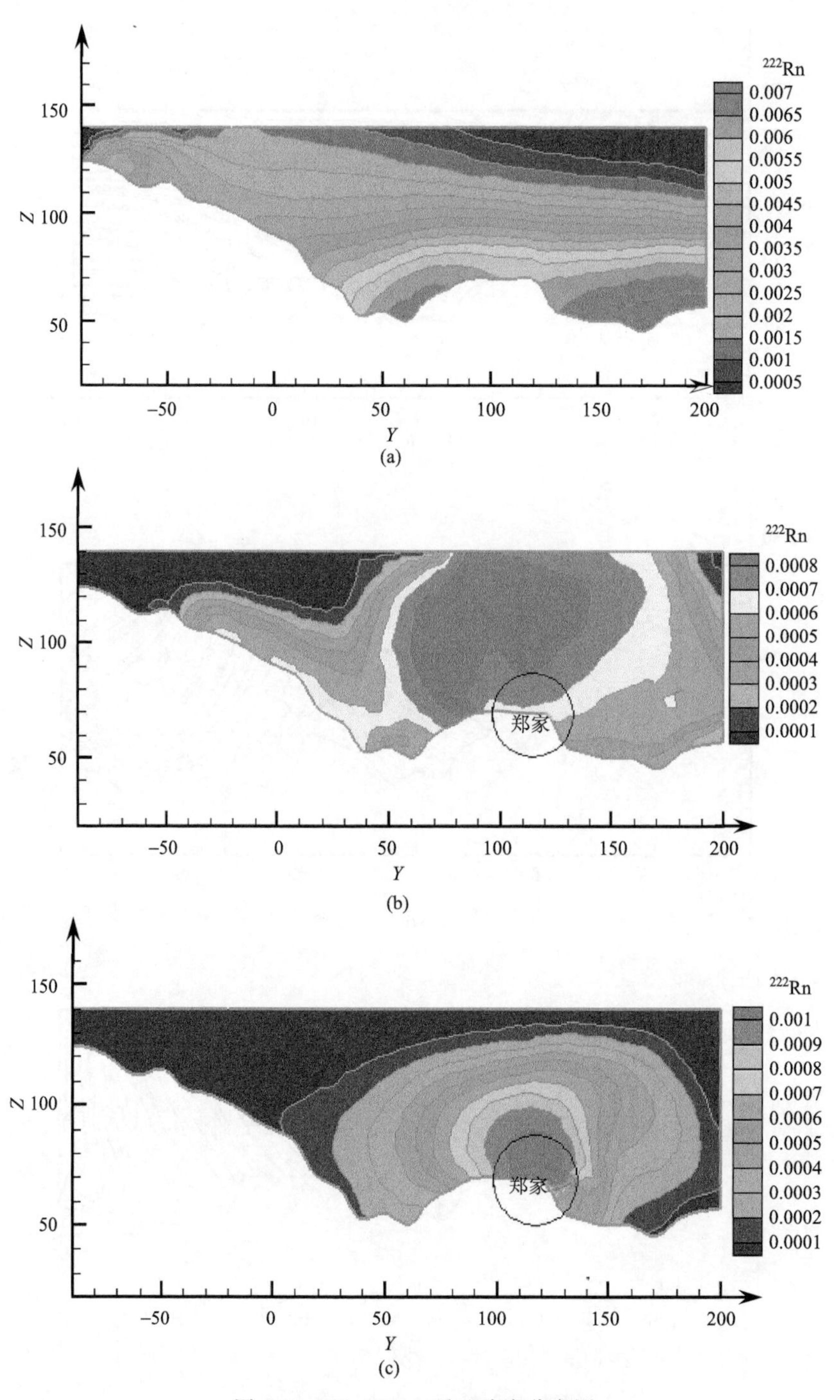

图 4-14　$X=490$m 平面浓度分布图

(a)$U_{10}=1.0$m/s；(b)$U_{10}=2.0$m/s；(c)$U_{10}=7.0$m/s

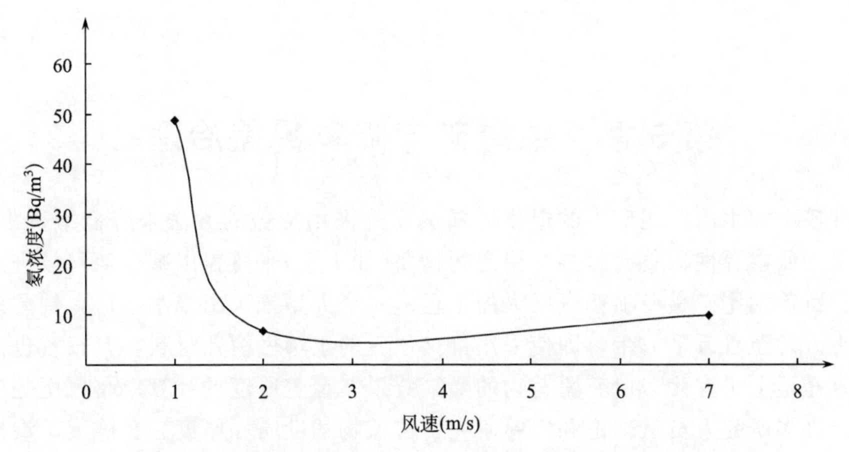

图 4-15　堆浸场扩散到 Z 家的氡浓度随环境风速的变化

流场和氡浓度场仿真结果表明：由于山地地形较复杂，当入口计算风速由低到高变化时，流场变得更复杂，Z 家处氡污染浓度呈现先急降后缓升的变化趋势。在入口风速较低时，堆浸场附近无漩涡，Z 家处于氡源的污染扩散的下风向，由于风速低，氡向其他方向扩散得少，基本沿风向从上游往 Z 家方向迁移，氡浓度较高。当入口风速增加时，在堆浸场处和 Z 家附近均产生气流漩涡，氡向不同方向扩散(甚至产生逆流污染)，流向 Z 家的氡减少，氡浓度较低；随 Z 家附近气流漩涡增大，其氡浓度有所上升。可以看出，在山地复杂地形的气流环境下，氡的迁移分布呈现复杂性。

用大气扩散模式(高斯公式)计算出在环境风速为 2m/s 时该堆浸场氡析出对 Z 家的氡污染贡献值(表 4-10)为 3.09 Bq/m^3(刘畅荣等，2007)，显然低于 CFD 的模拟结果(6.81Bq/m^3)。CFD 方法考虑了复杂地形造成的气流环境的复杂性(漩涡、回流、局部风速增大等)，流场和浓度场分布分析结果更加丰富、详细和准确。

从图 4-15 可看出，在计算的环境风速范围内(1～7m/s)，在堆浸场的氡析出率为 7.93$Bq/(m^2 \cdot s)$的情况下，环境风速越低，从堆浸场扩散到与之距离 380m 的 Z 家室外的氡浓度越大，随风速增大污染浓度将降低。此变化趋势与现场测量结果(图 4-2)基本吻合。

实际工程中，当堆浸场处风速增大时，尾矿的氡析出率(源强)也将增大，随气流扩散到 Z 家的氡浓度将相应增加，即氡污染变大。更准确的方法应该是同时考虑多面源、温度影响，并将氡从源项析出的过程和氡在大气中迁移扩散的过程偶合到一起进行模拟、评价。

第 5 章　铀尾矿库降氡覆盖治理

铀矿山和水冶厂尾矿库的退役治理主要是采用覆盖的方法来降低氡析出率，通常采用低渗透性、贫放射性且稳定的物质(如土壤)来覆盖以减少氡释放进入大气中。覆盖铀尾矿是一项耗资巨大的工程。一个大型铀矿山或水冶厂，铀尾矿占地数十万乃至百万平方米，即使采用价格便宜的土壤做覆盖材料，其投资也高达数百万乃至上千万元。研究覆盖物的降氡效果、覆盖厚度的计算等是广泛关注的问题。许多研究人员从理论和实验研究了覆盖物的性质如厚度、孔隙度、渗透性等对降低氡析出率效果的影响、覆盖效果的计算模拟、覆盖厚度的确定方法等。

华南地区是我国重要的铀矿采冶基地，经过几十年的开采产生了大量的尾矿，一些矿山和尾矿库陆续进入退役治理阶段。本章以广东两个铀矿山的铀尾矿库为对象，通过现场覆盖实验和室内覆盖实验，研究不同覆盖物的覆盖降氡效果、覆盖密度对降氡效果的影响、不同覆盖物的粒度分布分形结构特征及其对降低氡析出率的影响，建立铀尾矿覆盖降氡的评价和覆盖厚度的计算公式。

5.1　覆土密度对降氡的影响

5.1.1　实验方法

1. 实验装置的设计与加工

设计制作了两根实验柱，柱身选用高为 1900mm、内径为 250mm、外径为 255mm 的 PVC 管材制成，顶部整平，柱身自上而下标好刻度，以便控制集气层厚度；为方便柱身的垂直放置、避免装料时柱底因受压应力过大而导致管壁破裂，将柱身置于铁桶内，在铁桶与实验柱之间填充混凝土，并做如下加工：

(1) 实验柱内壁用水泥加粗骨料沙石配制混凝土进行加糙处理，使尾矿和柱内壁间连续接触，抑制其内表面产生边壁效应。

(2) 在柱外壁及柱底与填充混凝土间衬有连续塑料薄膜，尽量确保实验柱的底部较低的渗透性。

(3) 在填充混凝土时，要尽量捣实，并不断振动桶壁，使混凝土内部气体尽量跑出，以达到低空隙率要求。

(4) 在混凝土干燥过程中，置于阴凉通风处阴干，避免暴晒。防止混凝土内部气体因快速受热溢出，形成连续孔隙，从而增大空隙率。

(5) 填充混凝土的暴露空气面要求光面处理，然后用橡皮泥均匀覆盖，再在边缘封石蜡，最后再涂一层玻璃胶。

2. *尾矿样品处理与装填*

本实验尾矿取自广东某矿山的堆浸尾矿，含湿量为9.96%。尾矿在实验柱中的装填高度为1.5m，即选取氡源层厚度为1.5m。

为了使物料的镭含量、含水量、块度(粒度)分布、化学成分等均一，将尾矿装入实验柱之前须经预先混料，混料均匀后进行缩分，留出分析样品，然后再进行装料。装料要求如下：

(1) 分层捣实，以保证其密度的均匀一致，防止覆盖覆土时影响柱内尾矿的稳定。

(2) 考虑其会有自由沉降，装料3d后再次捣实，往复三次。

3. *覆盖实验*

尾矿装好20d后进行覆土实验。覆土层选取当地亚黏土(黄土)为覆盖用土；根据相关实验研究，覆土单层覆盖厚度至少要达到300mm，根据本实验装置情况和操作难易度，选择覆盖400mm黄土。

在施工前测量黄土的含水率，确定是否在合适的黏土含水率范围内。若施工前检验的土源的含水率低于合适的黏土含水率范围，则对土源进行洒水，然后混合均匀；若施工前检验的土源含水率高于合适的黏土含水率范围，则对土源进行翻晒，然后混合均匀，确保施工所用土的含水率符合要求。

覆盖施工时，在尾矿上先垫上透气性良好的纱布，将尾矿与覆土隔开，以便调整覆土密度时进行操作；然后松铺覆土，检验黏土铺垫平整度，确定平整后，分层加入覆土，每层覆土控制在100mm左右。在施工过程中逐层压实，先轻后重、先静后振、先外侧后中间，振动式压实次数在三遍左右。

本实验研究覆土密度对氡析出率的影响，这里覆土密度指的是表观密度，即固定体积时改变土的质量即可。操作时，用刀铲分步取出覆土，置于铁桶内，根据覆土密度设计要求，每次添加0.5kg含湿量为9.23%的覆土，搅拌均匀后再次装料压实。

每次改变覆土密度后，停工4d，使射气柱及覆土内氡浓度的分布趋向稳定后再进行氡析出率测定。

每次调整覆土密度时，倾倒出的覆土尽量保持原有含湿量(9.23%)，装入桶后用塑料膜覆盖，当调整前后两天温差变化大、空气含湿量变化大时，取样确定覆土含湿量，若有变化，调整覆土含湿量至9.23%。

5.1.2 实验结果

对两实验柱装入同质量、同高度的尾沙，覆土时采用同一固定含湿量、同一覆盖厚度的同种覆土，仅覆土质量有所变化。这样，本实验就简化为在单一变量(覆土密度)的前提下讨论降氡效果。

实验柱装填尾矿后，由于尾矿原有的氡浓度平衡被打破，需放置一段时间、达到新的平衡后再加覆土。同时，根据尾矿的自由沉降，及时添加尾矿以保持1500mm固定高度。实验柱尾矿经过20d的稳定后，开始定期测量尾矿在不覆盖时的初始氡析出率，连续测量9d，每天在上午10点进行测量，测定结果见表5-1，得出未覆盖覆土时的尾矿氡析出率平均值为8.12 Bq/(m^2 · s)。

表5-1 未覆盖覆土时尾矿氡析出率[Bq/(m^2 · s)]

时间(d)	1	2	3	4	5	6	7	8	9	平均
氡析出率	7.05	6.00	5.50	4.68	7.00	6.59	11.08	9.26	8.45	8.12

此后进行覆土实验，通过改变覆土质量，研究覆土密度对氡析出率的影响。第一次加覆土时，不做任何压实操作，覆盖40cm，测得所加覆土的质量为18kg。覆盖后停滞4d，然后测量氡析出率，每天上午10点、下午4点各测量一次，连测5d，求得平均氡析出率。以后依次加覆土0.5kg，压实、保持覆土厚度不变，重复测量氡析出率。结果见表5-2和图5-1。

表5-2 覆盖后氡析出率

覆土质量(kg)	0	18	18.5	19	19.5	20	20.5	21	21.5
覆土密度(g/cm^3)	0	0.917	0.943	0.968	0.993	1.019	1.044	1.070	1.095
平均氡析出率[Bq/(m^2 · s)]	8.12	6.38	6.16	5.95	5.19	4.50	4.39	4.21	3.94
覆土质量(kg)	22	22.5	23	23.5	24	24.5	25	25.5	26
覆土密度(g/cm^3)	1.120	1.146	1.171	1.197	1.222	1.248	1.273	1.299	1.324
平均氡析出率[Bq/(m^2 · s)]	3.63	3.53	3.50	3.45	3.44	3.44	3.41	3.22	3.21

结果可见，随着覆土密度的不断增大，氡析出率逐渐减小，说明覆土密度对氡的析出有明显影响。特别是当覆土密度小于1g/cm^{3}时，氡析出率随覆土密度的增大而降低的幅度更大，而当覆土密度大于1.1g/cm^{3}后，氡析出率降低的幅度显著减小。

5.1.3 覆土密度与氡扩散系数的关系

根据尾矿中氡释放的计算方法(IAEA，2013)，可以推导出覆盖物中氡扩散

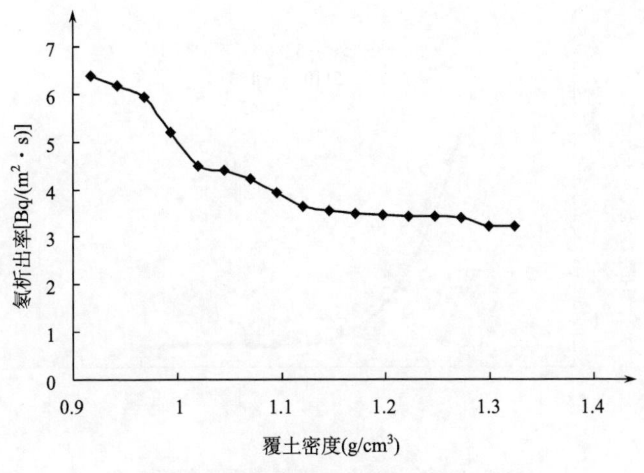

图 5-1　覆土密度对氡析出率的影响

系数的计算公式：

$$D_c = \lambda z_c^2 \left[\ln \frac{J_c}{J_0} \right]^{-2} \tag{5-1}$$

式中，D_c为覆盖物中氡的扩散系数(m^2/s)；λ 为氡的衰变常数($2.1\times10^{-6}/s$)；z_c为覆盖物厚度(本实验中为 0.4m)；J_0为覆盖前尾矿的氡析出率[Bq/(m²·s)]；J_c为覆盖后的氡析出率[Bq/(m²·s)]。由表 5-2 的测试结果计算出不同密度下覆盖物中氡的扩散系数，计算结果见表 5-3。

表 5-3　不同覆土密度下的氡扩散系数

覆土密度(g/cm³)	0	0.917	0.943	0.968	0.993	1.019	1.044	1.070	1.095
扩散系数($\times10^{-6}m^2/s$)	11.0*	5.777	4.403	3.475	1.677	0.964	0.888	0.779	0.623
覆土密度(g/cm³)	1.120	1.146	1.171	1.197	1.222	1.248	1.273	1.299	1.324
扩散系数($\times10^{-6}m^2/s$)	0.518	0.484	0.474	0.459	0.456	0.456	0.446	0.393	0.393

* 覆土密度等于 0 时的扩散系数为氡在空气中的扩散系数。

土壤中氡的扩散系数比空气中要降低 1 倍以上，并且覆土密度对氡扩散系数有明显影响，随着覆土密度的增大其扩散系数逐渐减小(图 5-2)，特别是当覆土密度小于 1.1 时，覆土密度的变化对氡扩散系数的影响更加显著。采用最小二乘法对实验数据进行拟合，得出覆土中氡扩散系数与覆土密度的经验方程如下：

$$D = [686.75\rho_b^4 - 3386.5\rho_b^3 + 6247.3\rho_b^2 - 5110.5\rho_b + 1564.7]\times10^{-6} \tag{5-2}$$

其相关系数 $R^2=0.9845$。

随覆土密度增加，氡扩散系数迅速减小，并趋向一个很低的稳定值。这说明

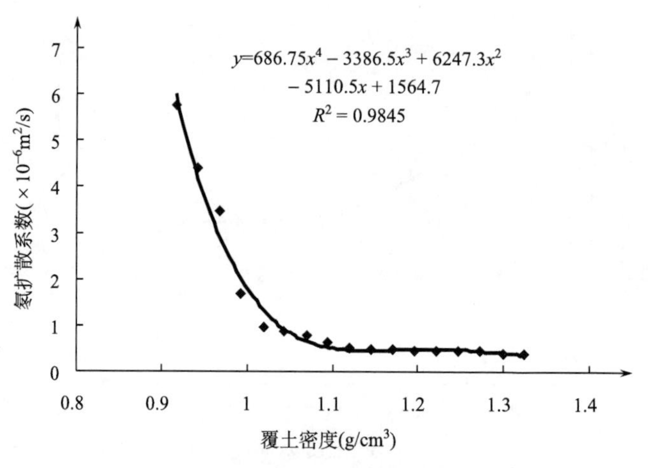

图 5-2　覆土密度对氡扩散系数的影响

覆土可降低氡扩散系数，增加氡在尾矿和覆土层内的滞留时间，确保氡在进入大气之前，在覆土层内产生更多的衰变来实现氡析出的减少。

5.1.4　覆土密度与降氡系数的关系

覆盖层降低氡析出的效果可以用降氡系数 A 来表示(Ferry et al.，2002)：

$$A=\frac{J_0}{J_c} \tag{5-3}$$

式中，A 为降氡系数；J_c 为被覆盖物质覆盖后的氡析出率[Bq/(m^2 · s)]；J_0 为被覆盖物质覆盖前的氡析出率[Bq/(m^2 · s)]。

根据表 5-2 中的测量结果，应用式(5-3)计算出不同覆土密度下的降氡系数见表 5-4。结果表明，覆土密度对降氡效果有明显影响，降氡系数随覆土密度的增大而增大。但是，不同密度值区间对降氡的影响效果有明显差异，在密度小于 1.1g/cm^3 时，降氡系数随密度的增大而增大的幅度较大，在密度大于 1.1g/cm^3 后，降氡系数增大的幅度明显减小。这与前面的覆土密度对氡扩散系数的影响相一致。采用最小二乘法对实验数据进行拟合，得出降氡系数与覆土密度的关系式为

$$A=287.19\rho_b^4-1289.1\rho_b^3+2151\rho_b^2-1577.6\rho_b+430.14 \tag{5-4}$$

其相关系数 $R^2=0.991$。根据该经验方程可以估算不同密度下的降氡系数并评价降氡效果。覆土密度对降氡系数的影响见图 5-3。

表 5-4　不同覆土密度下的降氡系数

密度(g/cm^3)	0	0.917	0.943	0.968	0.993	1.019	1.044	1.070	1.095
降氡系数	1	1.273	1.318	1.365	1.564	1.804	1.850	1.929	2.061
密度(g/cm^3)	1.120	1.146	1.171	1.197	1.222	1.248	1.273	1.299	1.324
降氡系数	2.237	2.300	2.320	2.354	2.360	2.360	2.381	2.522	2.522

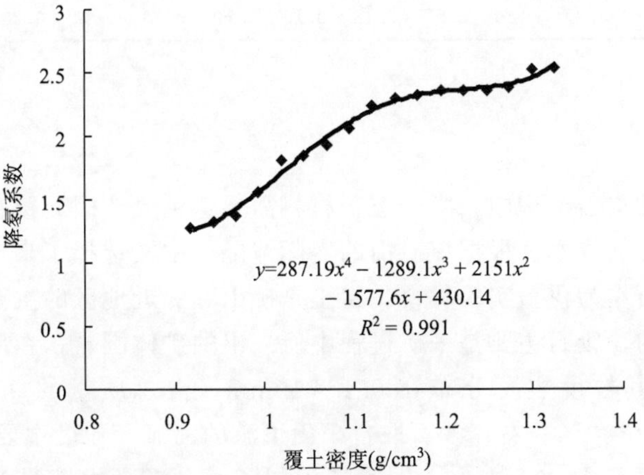

图 5-3　覆土密度对降氡系数的影响

覆土密度对氡扩散系数和降低氡的析出有显著影响，随着密度增大，氡的扩散系数减小、降氡系数增大。因此，在铀尾矿库的退役治理中，要确保覆土层的压实程度，即确保覆土层的密度达到一定的值，这样才能有更好的降氡效果。退役治理工程中凡采用土质覆盖的尾矿堆、废石场堆，其覆土必须夯实。为确保退役治理工程中覆土的降氡效果，覆土密度可作为验收指标之一。

5.2　不同覆盖物的降氡效果

5.2.1　现场覆盖实验和氡测量

1. 实验场地和尾矿特征

实验场地选在广东韶关某铀矿(C 矿)。该铀矿历经 50 多年的开采，已堆积了数百万吨尾矿，形成了规模宏大的尾矿库。该矿为花岗岩型铀矿，矿石的化学成分以 SiO_2 为主(表 5-5)，CaO、MgO 含量较低，近十多年采用地表酸法堆浸法提取铀。堆浸尾矿的主要化学组成与原矿石基本相同，仍含有较高的放射性元素 U 和 Ra，Ra 的含量为 33.71 Bq/g。尾矿样品的筛分分析表明堆浸尾矿的粒度较大，分布范围主要为 0.1～10mm，占 93%左右，其中粒度为 1～10mm 的占 70%左右。

表 5-5　广东某铀矿矿石和尾矿的化学组成(%)

样品	SiO_2	Al_2O_3	Fe_2O_3	FeO	K_2O	Na_2O	CaO	MgO	TiO_2	MnO	P_2O_5	U	Ra(Bq/g)
矿石	80.56	10.27	2.23	0.78	4.15	0.11	0.33	0.30	0.153	0.035	0.341	0.14	
尾矿	81.16	9.57	3.37	0.16	3.97	0.13	0.15	0.10	0.13	0.14	0.28	0.04	33.71

2. *覆盖材料*

在尾矿库的覆盖治理中，由于覆盖材料需要量巨大，因此覆盖材料一般应取自矿山附近以降低成本。根据该矿山的实际情况，本文选择了来自矿山附近的红土、沙石、废石作为覆盖实验材料。红土是矿山和邻近地区的主要土壤，是由花岗岩风化形成的，废石主要是采矿过程中所采出的矿体围岩，在用作覆盖物前进行人工破碎，其粒度主要分布在 0.1～10mm，占总质量的 90%以上，其中 0.5～10mm 的占 80%左右；沙石取自矿山下游的河流，粒度主要分布在 0.45～2.5mm，占总质量的 80%左右。同时还配制了两个混合物做覆盖材料，沙与红土混合物(沙与红土质量比为 1∶1)和废石与红土混合物(质量比为 1∶1)。

3. *覆盖实验和氡测量*

实验选在 10～11 月进行，此时期为干旱季节，下雨量很少。实验步骤如下：

(1) 在尾矿库上选取 5 个不同的实验点，对每个实验点平整出 4m×4m 大小的正方形场地做覆盖实验用，对每一种覆盖材料都分别做了 0.3m、0.6m、0.9m、1.2m 厚的覆盖实验。在覆盖前分别测量每一个实验点的氡析出率，连续测量 10d，每天在 8：00、11：00、14：00、17：00 各测量 1 次，然后计算出平均氡析出率。

(2) 在每个实验点覆盖 0.3m 厚的不同覆盖物，测量覆盖物表面中心点的氡析出率，同样连续测量 10d，每天测量 4 次。

(3) 每个实验点将覆盖物厚度增加至 0.6m，连续测量 10d 的氡析出率。

(4) 每个实验点将覆盖物厚度增加至 0.9m，测量氡析出率。

(5) 每个实验点将覆盖物厚度增加至 1.2m，测量覆盖物表面中心点的氡析出率。四个不同覆盖厚度下测量和计算出氡析出率。在(2)～(5)的每个实验测量中，氡析出率都是连续测量 10d，每天在 8：00、11：00、14：00、17：00 测量，然后计算出平均氡析出率。

氡析出率的测量采用局部静态法(又称积累法)，测量仪器由 FD-125 型氡钍分析仪，FH-463 定标器和容积为 500mL 的 ST-203 型闪烁室组成。

在尾矿表面扣一个不透气、不吸氡、不溶氡材料制成的集氡罩(图 5-4)，周边用不透气的材料密封，集氡罩的顶部开一个小于 10mm 的小孔并装上铜嘴，铜嘴上接橡皮管，橡皮管用夹子夹紧，铜嘴与集氡罩的接合部位用环氧树脂密封。待尾矿表面析出的氡气在罩内积累一定的时间后，取样测量集氡罩内的氡体积活度，根据集氡罩的体积、底面积和积氡时间等计算氡的析出率。

$$J=\frac{\Delta C\times S\times H}{S\times t}=\frac{K[(n_{L2}-n_{L1})-(n_{02}-n_{01})]}{t_1}\times H \tag{5-5}$$

式中，ΔC 为两次取样测量的浓度差；H 为集氡罩的高度；S 为集氡罩的底面积；t 为集氡罩的累积时间；n_{L1}、n_{L2}分别为 t_1时刻闪烁室内氡的本底浓度计数和取样后的氡浓度计数；n_{01}、n_{02}分别为集氡开始时刻 t_0闪烁室内氡的本底浓度计数和取铀尾矿表面的空气样的氡浓度计数；K 为仪器的标度系数，本次研究中由南华大学湖南省氡重点实验室标定为 13.75。

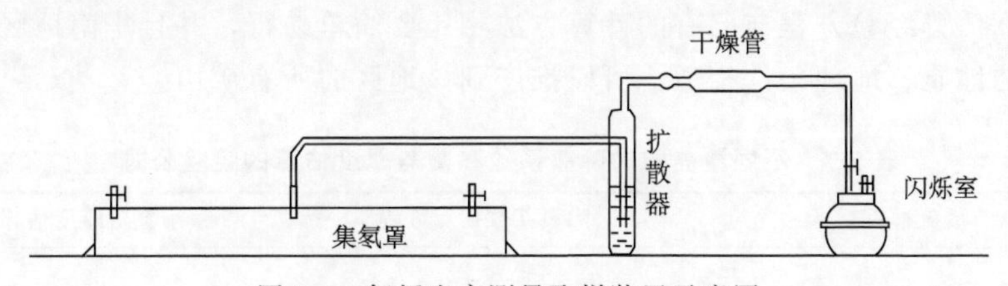

图 5-4　氡析出率测量取样装置示意图

5.2.2　不同覆盖物对降氡效果的影响

采用 5 种不同覆盖物红土、沙、废石、沙与红土混合物、废石与红土混合物进行覆盖降氡实验(谭凯旋等，2012)，分析不同覆盖物的降氡效果，建立各种覆盖物降氡效果的评价和覆盖厚度估算的经验公式。

实验结果见表 5-6。覆盖前尾矿的氡析出率达 12.17～15.25Bq/(m^2 · s)，显著高于国际原子能机构和我国国家环境标准 GB 14586—93 规定的环境管理限值 0.74Bq/(m^2 · s)，因此必须进行大规模的覆盖治理。

所选择的 5 种覆盖物均能降低尾矿中氡的析出率，并且氡析出率随覆盖厚度的增大而逐渐降低。

每种覆盖物在不同覆盖厚度下的降氡系数的计算结果也列于表 5-6 中。在相同厚度下，不同覆盖物的降氡系数是不同的，其大小顺序为红土＞红土与废石混合物＞红土与沙混合物＞废石＞沙。降氡系数越大降氡效果越好，显然红土是最佳的覆盖物，其次为红土与废石混合物。

表 5-6 不同覆盖厚度下的氡析出率 J[Bq/(m² · s)]和降氡系数 A(C 矿)

厚度（m）	0.0	0.3		0.6		0.9		1.2	
	J	J	A	J	A	J	A	J	A
废石	13.74	8.53	1.61	5.95	2.31	4.40	3.12	2.95	4.65
沙	12.17	7.91	1.54	5.36	2.27	4.44	2.74	2.84	4.29
红土	15.25	8.92	1.71	6.05	2.52	4.39	3.47	2.81	5.42
沙与红土混合物	13.53	8.39	1.61	5.68	2.38	4.42	3.06	2.83	4.79
废石与红土混合物	14.18	8.49	1.67	5.81	2.44	4.34	3.27	2.76	5.14

从表 5-6 还可见降氡系数随覆盖厚度的增大而增大，将降氡系数的对数对覆盖厚度作图，各种覆盖物均具有好的线性拟合关系(图 5-5)，根据这些拟合方程可以评价相应的覆盖物在特定覆盖厚度下的降氡效果(表 5-7)。由这些拟合方程可进一步推导出各种覆盖物达到环境管理限值所需的最小覆盖厚度的估算方程(表 5-7)，可进行覆盖物的优选和覆盖治理工程的经济评价。所得出的不同覆盖物的厚度估算经验方程与已有的计算方法相比要简单易行，并且华南地区的热液铀矿床的地质、地理条件相似，可以推广到该地区的所有矿山。

表 5-7 不同覆盖物的降氡系数和覆盖厚度估算的经验公式

覆盖材料	降氡系数估算方程	最小覆盖厚度估算方程
废石	$\ln A=1.199x+0.058$	$x_{\min}=\dfrac{\ln J_0}{1.199}+0.20$
沙	$\ln A=1.151x+0.047$	$x_{\min}=\dfrac{\ln J_0}{1.151}+0.22$
红土	$\ln A=1.325x+0.066$	$x_{\min}=\dfrac{\ln J_0}{1.325}+0.18$
沙与红土混合物	$\ln A=1.233x+0.055$	$x_{\min}=\dfrac{\ln J_0}{1.233}+0.20$
废石与红土混合物	$\ln A=1.278x+0.060$	$x_{\min}=\dfrac{\ln J_0}{1.278}+0.19$

结果还表明，废石与红土混合物的降氡效果仅次于红土。在铀矿山的采矿过程中有大量的废石产生，这些废石的堆积不仅破坏了生态环境，而且本身也含有低水平的放射性，因而也需要治理。将废石作为覆盖物之一既可减小红土的取土量，减小取土对生态环境的破坏，同时还可达到以废治废、治理废石堆的目的。以该矿山为例，尾矿库的面积约 $6\times10^5\,m^2$，氡的平均析出率为 13.5Bq/(m² · s)，

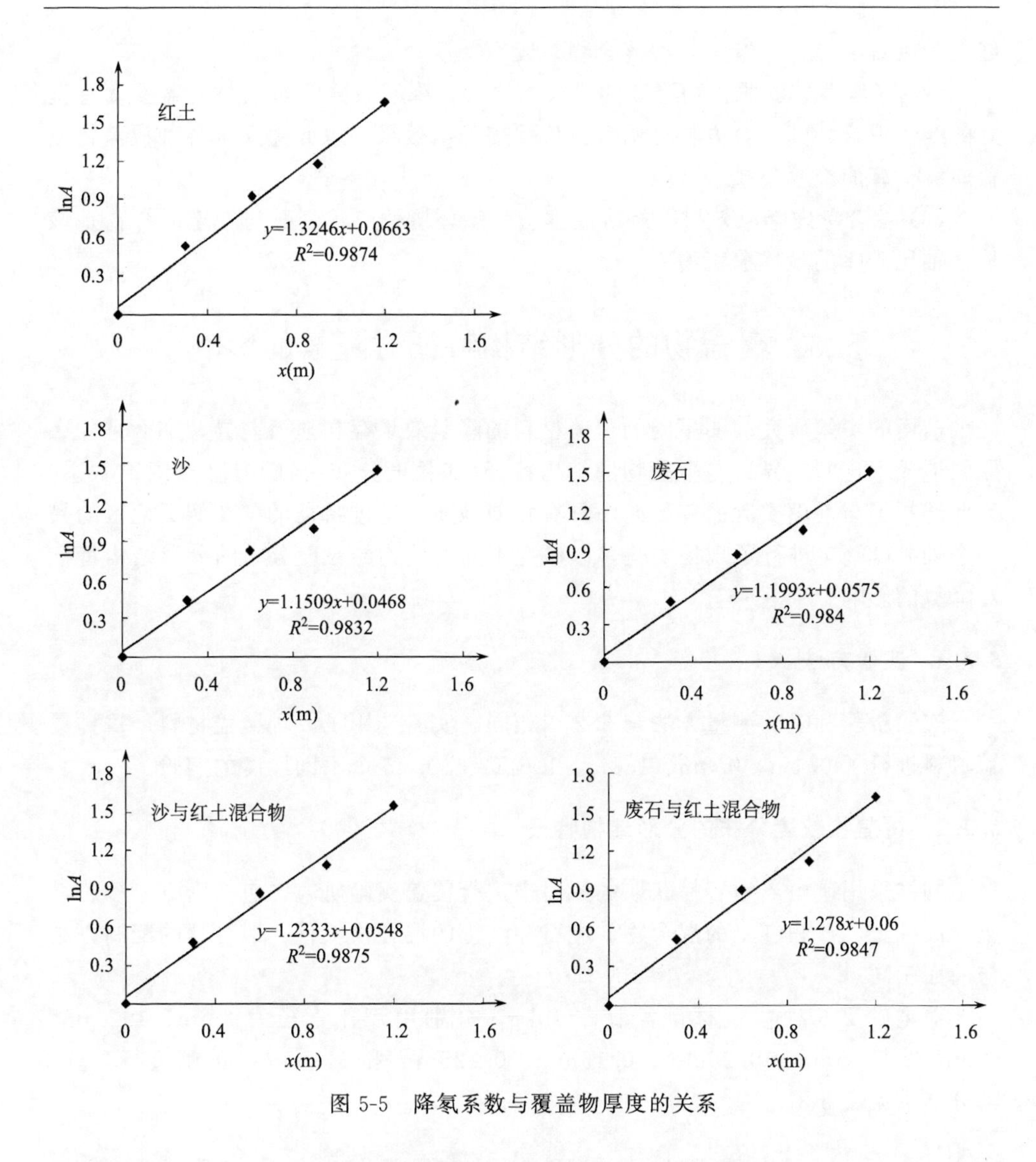

图 5-5　降氡系数与覆盖物厚度的关系

达到国家环境标准的环境管理限值 0.74Bq/(m^2 · s)的最小覆盖厚度是红土 2.14m、废石与红土混合物 2.23m，因此采用红土覆盖时，需要的取土量为 1.28×10^6 m^3，如果采用废石与红土混合物进行覆盖，则所需覆盖物总量为 1.34×10^6 m^3，按质量比为 1∶1 配制混合物，则需要红土和废石的量为 0.67×10^6 m^3。与单一的红土覆盖相比，可减少红土取土量 6.7×10^5 m^3，还可处理废石近百万吨。

综合前述分析，可以得出如下认识：

(1) 不同覆盖物的降氡效果存在较大差别，几种覆盖物的降氡效果是红土>

红土与废石混合物>红土与沙混合物>废石>沙。

(2) 降氡系数随覆盖物厚度的增大而增大，降氡系数的对数与覆盖厚度有良好的线性拟合，其拟合方程可用来评价覆盖降氡效果。以此建立了各种覆盖物覆盖厚度估算的经验公式。

(3) 综合考虑降氡效果、经济成本、生态环境效应，废石与红土混合物是该地区铀尾矿库的最佳覆盖物。

5.3　覆盖物的分形结构特征对降氡的影响

前面的实验研究表明不同的覆盖材料的降氡效果存在显著差异，那么是什么原因造成了这些差异，与覆盖物的结构特征(如粒度分布特征)有什么内在联系？为此选择了与前面实验研究的矿山具有相似地质、地理特征的广东韶关地区的另一个铀矿(D矿)进行了现场实验，以研究不同覆盖物的粒度分布的分形结构特征对降氡的影响。

5.3.1　实验方法

实验步骤和氡的测量方法与5.2节相同。实验选用了6种覆盖材料，每种覆盖材料进行了0.4m、0.8m、1.2m、1.6m、2.0m 5个不同厚度的实验。

5.3.2　覆盖物粒度分布的分形结构特征

同样采用矿山当地容易获取的原料来进行覆盖实验研究，包括废石、沙、红土、高岭土、沙和红土的混合物、废石和红土的混合物6种，混合物的配制方法与前面相同。

对尾矿及6种覆盖材料各取样10kg，分别用筛孔直径为2mm、1.2mm、0.9mm、0.45mm、0.20mm、0.15mm、0.125mm和0.105mm的筛进行筛分，筛分结果见表5-8。

表5-8　铀尾矿和覆盖材料的粒度分布

材料	质量分数(%)									D
	>2/mm	1.2～2	0.9～1.20	0.45～0.9	0.20～0.45	0.15～0.20	0.125～0.15	0.105～0.125	<0.105	
尾矿	5.62	38.82	16.04	19.43	10.50	2.63	1.58	1.52	3.86	1.964
废石		38.76	7.31	20.62	13.98	4.57	2.16	3.29	9.31	2.225
沙		6.22	16.24	38.76	17.58	5.99	3.72	3.25	8.24	2.049
红土		1.49	17.76	27.57	16.63	5.87	5.5	5.25	19.93	2.392

续表

材料	质量分数(%)									D
	>2/mm	1.2～2	0.9～1.20	0.45～0.9	0.20～0.45	0.15～0.20	0.125～0.15	0.105～0.125	<0.105	
高岭土		8.29	14.44	23.63	12.34	5.62	5.67	7.67	22.34	2.494
沙与红土混合物		5.79	14.56	33.26	17.21	6.05	4.63	4.28	14.22	2.251
废石与红土混合物		15.41	16.61	24.26	15.27	5.25	4.05	4.27	14.88	2.343

在质量分数-粒度的双对数图中对各种覆盖物的粒度分布进行分形分析(图5-6)，可见各种材料均具有较好的线性关系。因此尾矿、废石、沙、红土、高岭土、沙和红土的混合物、废石和红土的混合物的粒度分布均为分形分布，计算得出分维值(表5-8)分别为1.964、2.225、2.049、2.392、2.494、2.251和2.343。

从表5-8还可看出，分维值越大，较细颗粒的含量越高。

5.3.3　覆盖厚度对氡析出率的影响

覆盖前和覆盖后氡析出率的测量结果见表5-9，其降氡系数的计算结果也列于表5-9中。

表5-9　不同覆盖厚度下的氡析出率 J[$Bq/(m^2 \cdot s)$]及降氡系数 A(D矿)

厚度(m)	0.0	0.4		0.8		1.2		1.6		2.0	
	J	J	A	J	A	J	A	J	A	J	A
废石	14.74	8.62	1.71	5.12	2.88	3.25	4.54	1.96	7.52	1.08	13.65
沙	18.57	11.61	1.60	6.01	2.65	4.47	4.15	2.95	6.29	1.63	11.39
红土	15.35	8.62	1.78	5.05	3.04	2.97	5.16	1.57	9.78	1.03	14.90
高岭土	14.97	8.05	1.86	4.66	3.21	2.75	5.45	1.46	10.25	0.87	17.22
沙与红土混合物	17.63	10.43	1.69	6.25	2.82	3.63	4.86	2.12	8.31	1.40	12.59
废石与红土混合物	16.58	9.47	1.75	5.62	2.95	3.33	4.98	1.78	9.31	1.18	14.05

由表5-9可知，6块实验区域覆盖前的氡析出率为14.74～18.57$Bq/(m^2 \cdot s)$。分别覆盖6种材料后的氡析出率都有显著的降低，相同覆盖厚度下降氡系数的大小(降氡效果)排序为高岭土>红土>废石与红土混合物>废石>沙与红土混合物>沙。

各种覆盖物的降氡系数随着覆盖层厚度的增加而增大。

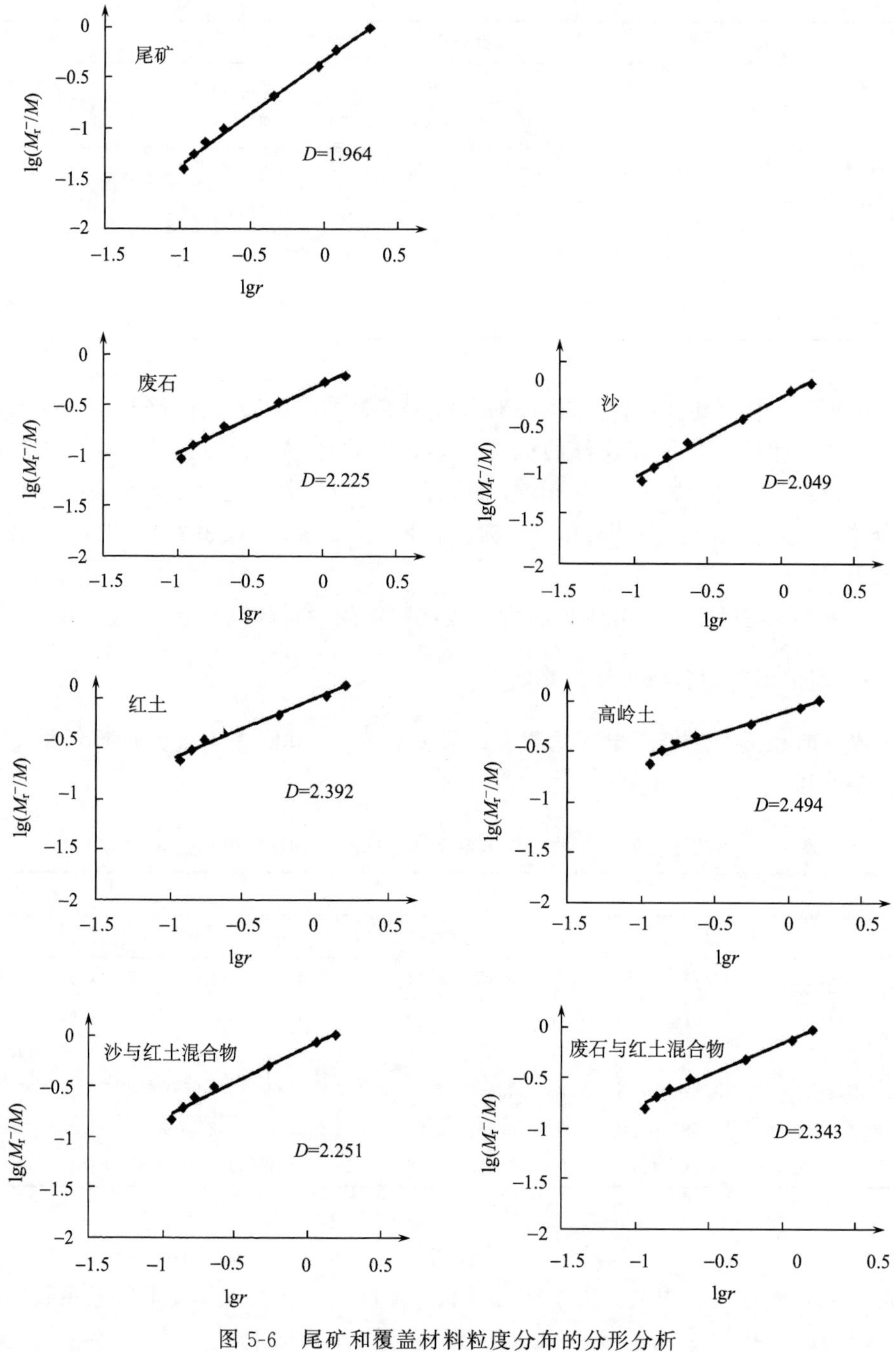

图 5-6　尾矿和覆盖材料粒度分布的分形分析

降氡系数的对数 $\ln A$ 与覆盖层厚度 x 的关系如图 5-7 和表 5-10 所示。

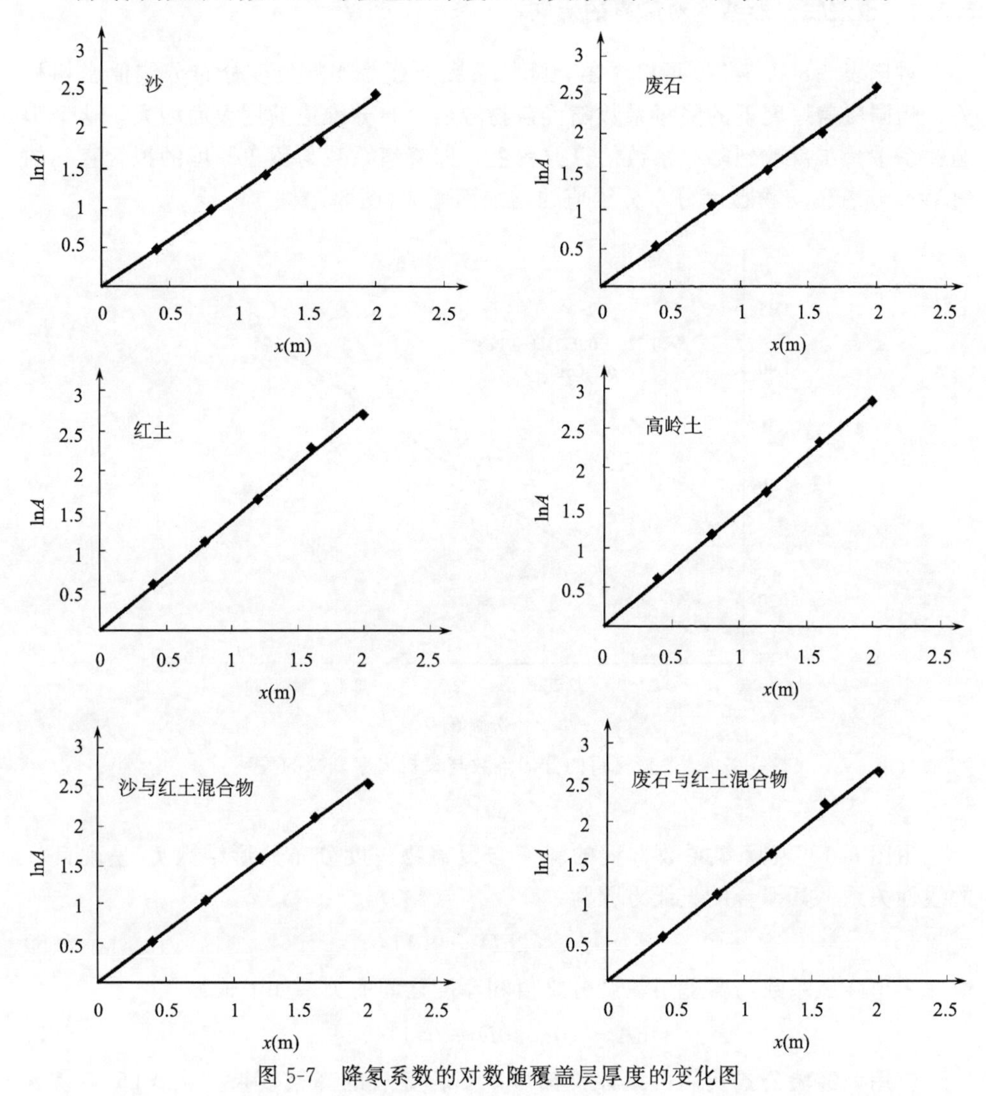

图 5-7　降氡系数的对数随覆盖层厚度的变化图

表 5-10　降氡系数 A 与覆盖层厚度 x 的关系式

覆盖材料	方程	R^2
废石	$\ln A=1.288x$	0.9994
沙	$\ln A=1.205x$	0.9954
红土	$\ln A=1.380x$	0.9991
高岭土	$\ln A=1.435x$	0.9995
沙与红土混合物	$\ln A=1.295x$	0.9993
废石与红土混合物	$\ln A=1.349x$	0.9991

5.3.4　覆盖物分形结构对降氡的影响

对比表 5-8 和表 5-9 可以看出，降氡系数与覆盖物的粒度分布分维值密切相关，相同覆盖厚度下的降氡系数随覆盖物粒度分布分维值的增大而增大，这个影响关系进一步反映到降氡系数估算方程上，即降氡系数与覆盖厚度的拟合直线的斜率 S 随着覆盖物粒度分布分维值的增加而增大(图 5-8)。

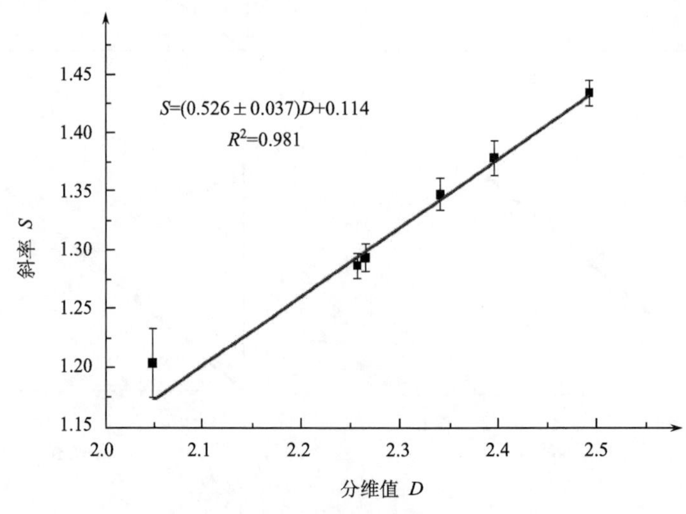

图 5-8　覆盖材料的分形维数与氡析出率衰减的关系

由图 5-8 可见降氡系数方程的斜率与覆盖物粒度分布分形维数 D 呈现良好的线性关系，其拟合的直线方程为

$$S = 0.526D + 0.114 \tag{5-6}$$

由此得出降氡系数与覆盖层粒度分维值和厚度之间的关系如下式：

$$\ln A = (0.526D + 0.114)x \tag{5-7}$$

应用该经验公式我们可以评价铀尾矿库覆盖后的降氡效果。从式(5-7)易看出，相同的覆盖厚度下降氡系数随着覆盖物的粒度分布分维值 D 的增加而增大。降氡系数与覆盖物的粒度分布分维值的这种关系可以用以下理论解释：氡原子在含水层和土壤表面间的渗流区的迁移机制主要是由气压、温度导致的对流和充满空气和水分的孔隙的分子扩散形成的动力。一般来说，不饱和区水流速非常慢，所以氡的对流可以被忽略不计。因此可采用稳态氡扩散模型来研究铀尾矿和土壤中的氡迁移和析出。在这种情况下，孔隙中的平均氡扩散系数 D_{Rn} 与铀尾矿和土壤的孔隙度、湿度的关系可用下式来表达(Rogers and Nielson，1991)：

$$D_{Rn} = \phi_s D_{MA} \exp(-6m\phi_s - 6m^{14\phi_s}) \tag{5-8}$$

式中，$D_{MA}=1.1\times10^{-5}m^2/s$，为氡在空气中的扩散系数；$\phi_s$ 为尾矿孔隙度；m 为含水饱和度。式(5-8)说明氡扩散系数 D_{Rn} 随着尾矿或土壤孔隙度的减小而减小。对沉积物的大量研究表明粒度分布对孔隙度有很大影响，其孔隙度随着颗粒粒度不均匀性的增强而减小(Panda and Lake，1994)。因为细小的颗粒会阻塞较大颗粒之间的孔隙和孔隙之间的通路孔喉。覆盖物粒度分布分维值越大，其细小颗粒的含量也越高，因此会有较低的孔隙度和较低的氡扩散系数。这就导致了降氡系数随覆盖物粒度分布分维值的增大而增大。

5.4　铀尾矿覆盖治理优化分析

由式(5-7)降氡系数与覆盖层粒度分布的分维值及覆盖厚度之间的经验方程可以进一步推导出铀尾矿库最低覆盖厚度的估算方程为

$$x_{\min}=\frac{\ln(J_0/J_p)}{0.526D+0.114}=\frac{\ln J_0+0.3}{0.526D+0.114} \tag{5-9}$$

式中，J_0 为尾矿库覆盖前的氡析出率；J_p 为覆盖后允许的最大氡析出率[我国 GB 14586—93 标准规定铀尾矿库在退役治理后其表面平均氡析出率不超过 0.74Bq/(m^2 · s)]；D 为覆盖物粒度分布分维值。

对于本实验尾矿，覆盖前氡析出率为 14.74～18.57Bq/(m^2 · s)，取平均值 16Bq/(m^2 · s)，按式(5-9)计算出为达到国家治理标准的要求上述材料覆盖的最小厚度，见表 5-11；同时为了对比，也将根据前面的表 5-7 中各种覆盖物的估算公式所估算的覆盖厚度列于表 5-11 中。

表 5-11　覆盖层最小厚度(m)

覆盖材料	分维值	由式(5-9)计算的最小覆盖厚度	由表 5-7 中公式估算的最小覆盖厚度
废石	2.225	2.39	2.51
沙	2.049	2.58	2.63
红土	2.392	2.24	2.27
高岭土	2.494	2.16	
沙与红土混合物	2.251	2.37	2.45
废石与红土混合物	2.343	2.28	2.36

从表 5-11 可以看出：

(1) 采用分形经验公式估算的覆盖厚度与采用各种物质覆盖厚度的经验公式所估算的覆盖厚度较接近，尽管是在两个不同的矿山进行实验获得的经验公式。

因此所建立的覆盖降氡系数和覆盖厚度估算的分形经验公式是有效的和具有代表性的，并可在我国南方的铀矿山推广使用。

(2) 为了达到我国铀尾矿退役治理的标准，上述各种覆盖材料的覆盖厚度达到2.16～2.58m，可见覆盖治理的工程量很大，不同材料之间的覆盖厚度最大可相差0.4m左右，因此可尽量选择粒度分布分维值大的材料作为覆盖物以降低覆盖工程量和覆盖成本。另外，通过对覆盖材料进行加工处理，使其粒度分布的分维值增大，可使其在较小厚度下有更大的降氡效果，达到优化治理的目的。

(3) 采矿工程中有大量废石产生并堆积，其本身对生态环境有较大影响，需要恢复治理。本研究中采用的6个样品中的废石，其^{226}Ra含量为386～958Bq/kg(平均值为653Bq/kg)，含量不是很高，研究表明废石可以作为覆盖材料的来源。废石与红土混合物的覆盖降氡效果略低于红土和高岭土，但高岭土的来源远、成本高，而废石作为覆盖材料之一还可减少红土的取土量、减小取土对生态环境的破坏，特别是在废石的破碎过程中可以通过人工控制得到粒度分布分维值较大的物料，显然将废石破碎后与红土混合作为尾矿覆盖物是经济可行的。

参考文献

蔡旭晖，康凌，陈家宜，等. 2005. 福建惠安沿海大气扩散特性的数值分析与模拟. 气候与环境研究，10(1)：63-71.

常桂兰. 2002. 氡与氡的危害. 铀矿地质，18(2)：122-128.

陈程，孙以梅. 1996. 矿岩孔隙结构分维及其应用. 沉积学报，14(4)：108-113.

陈琳，郑毅，汪林. 2009. 基于多重蒙特卡罗方法的核爆放射性粒子形成模拟研究. 核电子学与探测技术，29(3)：647-651.

陈凌，刘森林，武奕华，等. 2004. 固体核径迹氡探测器刻度系数及其受大气压强影响的蒙特卡罗模拟计算. 原子能科学技术，38(1)：74-78.

陈牧笛，周曙. 2009. 热丝助进氢等离子体中电子及活性粒子输运过程的蒙特卡罗模拟. 西北大学学报(自然科学版)，39(6)：974-977.

陈士华，陆君安. 1998. 混沌动力学初步. 武汉：武汉水利电力大学出版社.

程冠，程建平，郭秋菊. 2006. 土壤氡析出率影响因素及估算模型. 环境放射性，26(5)：520-524.

董成兰. 2001. 铀尾矿库退役治理有关氡析出率问题的探讨. 铀矿冶，20(2)：93-102.

方美华，魏志勇，陈达. 2007. 高能 α 粒子辐射屏蔽的蒙特卡罗模拟. 核技术，30(4)：306-309.

傅锦. 2003. 用 γ 能谱测量确定铀尾矿氡析出率的可行性. 铀矿地质，19(3)：167-173.

傅锦，韩耀照，张彪. 2003. 活性炭吸附法测量铀尾矿氡析出率. 辐射防护通讯，23(3)：32-35.

苟全录. 1994. 氡及其子体测量方法简介. 辐射防护通讯，14(6)：34-40.

郭德科，吴山峰，孔令坤. 2001. 聊古-1 井水氡模糊分维值的变化与地震的关系. 地震学刊，21(4)：24-27.

何斌，过惠平，尚爱国. 1999. 对计算土壤和岩石中氡浓度及表面通量密度的表面边界条件的讨论. 辐射防护，19(2)：121-125.

何登良，邓跃全，董发勤. 2005. 防氡防辐射水泥砂浆的研究. 硅酸盐通报，(2)：99-102.

贺可强，孙林娜，王思敬. 2009. 滑坡位移分形参数 Hurst 指数及其在堆积层滑坡预报中的应用. 岩石力学与工程学报，28(6)：1107-1115.

胡寒桥，谭凯旋，吕俊文，等. 2010. 铀尾矿氡析出率的 Hurst 指数与分形特征. 南华大学学报(自然科学版)，24(4)：5-10.

黄文宇，孙业志，赵国彦. 2002. 散体渗流的分形行为及其计算机模拟. 矿业研究与开发，22(1)：13-15.

贾芬淑，沈平平，李克文. 1995. 砂岩孔隙结构的分形特征及应用研究. 断块油气田，2(1)：18-20.

贾文懿，方方，周蓉生，等. 2000. 氡及其子体运移规律与机理研究. 核技术，23(3)：169-175.

贾文懿，方方，周蓉生，等. 2002. 氡释放的实验研究与机理探讨. 成都理工学院学报，29(1)：61-64.

姜秀民，杨海平，李彦，等. 2003. 煤粉颗粒粒度分形分析. 煤炭学报，28(4)：415-417.

乐仁昌，贾文懿，吴允平. 2002. 氡运移实验研究与氡团簇运移机理. 辐射防护，22(3)：175-181.

乐仁昌，贾文懿，周蓉生，等. 2003. 理想条件下氡及其子体运移新理论及其运移方程. 物理学报，52(10)：2457-2461.

李迪开，陈刚，刘连寿. 2010. 高能碰撞末态粒子相空间分形特性与 HURST 指数的研究. 中国科学：物理学　力学　天文学，40(4)：440-447.

李华，邓继勇，王旭辉，等. 2004. 用高斯模型计算大气中放射性核素云团的扩散. 辐射防护，24(2)：92-93.

李韧杰. 2000. 氡析出率的测定及其影响因素的探讨. 铀矿冶，19(1)：56-61.

李先杰，蔡振民，何文星，等. 2005. 铀尾矿库滩面含水量分布于氡析出率预测. 铀矿冶，24(3)：145-148.

李小彦，解光新. 2004. 孔隙结构在煤层气运移过程中的作用——以沁水盆地为例. 天然气地球科学，15(4)：341-343.

李旭彤. 2001. 铀尾矿库覆盖层厚度的最优化分析. 铀矿冶，20(1)：28-34.

李永东，王洪广，刘纯亮，等. 2009. 一种补偿时间步长限制的粒子模拟蒙特卡罗碰撞模型. 强激光与粒子束，21(11)：1741-1744.

梁建龙，周炬，周星火，等. 2010. 降氡覆盖厚度确定方法的探讨. 辐射防护，30(2)：96-101.

刘畅荣，刘泽华，王志勇，等. 2007. 铀尾矿废石场辐射安全分析与评价. 南华大学学报(自然科学版)，21(02)：24-28.

刘畅荣，周星火，刘泽华，等. 2007. 铀矿井通风系统调整改进措施. 铀矿冶，26(03)：157-160.

刘鸿福，贾文懿，王广忠，等. 1998. 氡及其子体运移规律的实验研究. 太原理工大学学报，29(2)：109-117.

刘龙波，王旭辉. 2003. 由吸附等温线分析膨润土的分形孔隙. 高校化学工程学报，17(5)：591-595.

刘松玉，张继文. 1997. 土中孔隙分布的分形特征研究. 东南大学学报，27(3)：127-130.

刘延柱，陈立群. 2000. 非线性动力学. 上海：上海交通大学出版社.

吕金虎，陆君安，陈士华. 2002. 混沌时间序列分析及其应用. 武汉：武汉大学出版社.

潘英杰. 1997. 我国铀矿冶设施退役环境治理现状及应采取的对策，铀矿冶，16(4)，227-236.

潘英杰. 1998. 浅谈国外铀尾矿的退役治理. 铀矿冶，17(2)：102-110.

秦风，常安碧，丁恩燕，等. 2010. 腈火花开关放电的蒙特卡罗粒子模拟. 强激光与粒子束，

22(2)：447-451.

桑建国，温市耕. 1992. 大气扩散的数值计算. 北京：气象出版社.

帅永，董士奎，刘林华. 2005. 高温含粒子自由流红外辐射特性的反向蒙特卡罗法模拟. 红外与毫米波学报，24(2)：100-104.

孙凯男，郭秋菊，程建平. 2004. 我国部分地区土壤氡析出率的理论模型. 中国放射性医学与防护杂志，24(6)：581-584.

孙凯男，郭秋菊，程建平. 2005. 土壤物理性质对土壤氡浓度及地表氡析出率的影响. 环境放射性，25(1)：78-80.

谭凯旋，胡寒桥，刘泽华，等. 2012. 不同覆盖物抑制铀尾矿氡析出的效果. 矿物学报，32(2)：233-237.

谭凯旋，刘泽华，曾晟，等. 2010a. 铀尾矿中氡析出的分形和混沌分析//中国核科学技术进展报告(第一卷)，辐射防护分卷. 北京：原子能出版社：321-327.

谭凯旋，周媛，邢中华，等. 2010b. 铀尾矿粒度分形分布对氡析出影响的初步研究. 南华大学学报(自然科学版)，24(1)，8-12.

滕海云，郭秋菊，马丁. 2008. ^{222}Rn 在大气输运研究中的示踪应用. 辐射防护，28(1)：18-23.

王清，王剑平. 2000. 土孔隙的分形几何研究. 岩土工程学报，22(4)：496-498.

王文峰，徐磊，傅雪梅. 2002. 应用分形理论研究煤孔隙结构. 中国煤田地质，14(2)：26-33.

王志章. 2003. 铀尾矿库的退役环境治理. 铀矿冶，22(2)：95-99.

王子亭. 2002. 分形扩散的渗滤模型. 石油大学学报(自然科学版)，24(2)：73-75.

吴桂惠，周星火. 1994. 铀矿废石堆覆土厚度探讨. 铀矿冶，13(3)：149-155.

吴桂惠，周星火. 2001. 气象参数对不同堆型含铀废石表面氡析率的影响. 铀矿冶，20(2)：51-56.

吴慧山，白云生，林玉飞，等. 1997. 氡迁移的接力传递作用. 地球物理学报，40(1)：136-142.

谢东，王汉青，李向阳，等. 2008. 铀矿井排风放射性尾气在大气中扩散的数值模拟及实验研究. 安全与环境学报，8(3)：111-114.

谢和平，王金安. 1998. 岩石节理(断裂)表面的多重分形性质. 力学学报，30(3)：314-320.

谢腾飞，黄代富，张淑玲. 2010. 黏土压实度对铀尾矿覆盖降氡的影响. 铀矿冶，29(1)：33-36.

徐乐昌，戴兴业，唐天征，等. 1999. 覆盖材料降氡效果的野外确定. 铀矿冶，18(3)：179-184.

徐卫东，徐啸川，尧丽丽. 2010. 尾矿库覆土效果参数确定. 环境科学与技术，33(6)：128-129.

叶维荣. 1991. 用黄土覆盖废石堆降低氡析出率的研究. 工业安全与防尘，10：9-10.

张彦. 2008. 高空核试验放射性烟云扩散的数值模拟研究，安全与环境学报，8(3)：115-121.

张哲. 1993. 铀尾矿堆防氡覆盖分析. 铀矿冶，12(2)：99-102,

张哲. 1982. 氡的析出与排氡通风. 北京：原子能出版社.

周星火，邓文辉. 2004. 覆土密度对降低氡析出率的影响试验研究. 铀矿冶，23(1)：41-43.

Abdelouas A. 2006. Uranium mill tailings: geochemistry, mineralogy, and environmental impact. Elements, 2: 335-341.

Abdelouas A, Lutze W, Nuttall H E. 1999. Uranium contamination in the subsurface: characterization and remediation//Burns P C, Finch R. Uranium: Mineralogy, Geochemistry and the Environment. vol 38. Washington: Mineralogical Society of America: 433-473.

Amin Y M, Mahat R H, Doraisamy S J, et al. 1995. The effect of grain size on the radon emanation rate. Applied Radiation and Isotopes, 46(6/7): 621-622.

Barana G., Tsuda I. 1993. A new method for computing Lyapunov exponents, Phy. Lett. A, 175: 421-427.

Barillon R, Ozugumus A, Chambaudet A. 2005. Direct recoil radon emanation from crystalline phases. Influence of moisture content. Geochimica et Cosmochimica Acta, 69: 2735-2744.

Barton T P, Ziemer P L. 1986. The effects of particle size and moisture content on the emanation of Rn from coal ash. Health Physics, 50: 581-588.

Bossew P. 2003. The radon emanation power of building materials, soils and rocks. Applied Radiation and Isotopes, 59: 389-392.

Breitner D, Arvela H, Hellmuth K, et al. 2010. Effect of moisture content on emanation at different grain size fractions — A pilot study on granitic esker sand sample. Journal of Environmental Radioactivity, 101: 1002-1006.

Burke A K, Stancato K C, Paulon V A, et al. 2003. Study of radon emanation from polymer-modified cementitious materials. Building and Environment, 38(11): 1291-1295.

Chau N D, Chruściel E, Prokólski Ł. 2005. Factors controlling measurements of radon mass exhalation rate. Journal of Environmental Radioactivity, 82: 363-369.

Cuculeanu V, Lupu A. 2001. Deterministic chaos in atmospheric radon dynamics. Journal of geophysical research, 106: 17961-17968.

Cuculeanu V, Lupu A, Suto E. 1996. Fractal dimension of the outdoor radon isotopes time series. Environment International, 22(1), 171-179.

Donahue R, Hendry M J. 2003. Geochemistry of arsenic in uranium mine mill tailings, Saskatchewan, Canada. Applied Geochemistry, 18: 1733-1750.

Donahue R, Hendry M J, Landine P. 2000. Distribution of arsenic and nickel in uranium mill tailings, Rabbit Lake, Saskatchewan, Canada. Applied Geochemistry 15: 1097-1119.

Evertsz C J G, Mandelbrot B B. 1992. Multifractal measures, AppendixB//Peitgen H O, Jurgens H, Saupe D. Chaos and Fractals. New York: Springer: 922-953.

Ewing R C. 1999. Radioactivity and the 20th century. Reviews in mineralogy and geochemistry, 38: 1-21.

Feder J. 1988. Fractals. New York: Plenum Press.

Ferry C, Richon P, Beneito A, et al. 2001. Radon exhalation from uranium mill tailings: experimental validation of a 1-D model. Journal of Environmental Radioactivity, 54(1): 99-108.

Ferry C, Richon P, Beneito A, et al. 2002. Evaluation of the effect of a cover layer on radon exhalation from uranium mill tailing: transient radon flux analysis. Journal of Evironment Radioactivity, 63(1): 49-64.

Firestone R B, Shirley V S, Baglin C M, et al. 1998. Table of Isotopes. Eighth edition. New York: John Wiley & Sons, Inc.

Fleischer R L. 1983. Theory of alpha recoil effects on radon release and isotopic disequilibrium. Geochimica et Cosmochimica. Acta, 47: 779-784.

Fraser A M, Swinney H L. 1986. Independent coordinates for strange attractors from mutual information. Physical Review A, 33: 1134-1140.

Furuta S, Ito K, Ishimori Y. 2002. Measurements of radon aroud closed uranium mines. Journal of Environment Radioactivity, 62(1): 97-114.

Goulden W D, Hendry M J, Clifton A W, et al. 1998. Characterization of radium-226 in uranium mill tailings//Tailings and mine waste '98. Rotterdam: Balkema: 561-570.

Grassberger P, Procaccia I. 1983. Characterization of strange attractors. Physical Review Letters. 50: 346-355.

Hurst H E, Black R P, Simaika Y M. 1965. Long-term storage in reservoir: an experimental study. London: Constable Co.

IAEA (International Atomic Energy Agency). 2013. Measurement and Calculation of Radon Releases from NORM Residues. IAEA Technical Reports Series No. 474, Vienna.

Jaime B, Ugo F, Elio G, et al. 1995. Low dimensional chaos is present in radon time variations. Journal of Environmental Radioactivity, 28(1): 73-89.

Jha S, Khan A H, Mishra U C. 2000. A study of the Rn-222 flux from soil in the Umineralized belt at Jasuguda. Journal of Environmental Radioactivity, 49: 157-169.

Kantz H, Schreiber T. 1997. Nonlinear Time Series Analysis. Cambridge: Cambridge University Press.

Kantz H, Schreiber T, Hoffmann I, et al. 1993. Nonlinear noise reduction: a case study on experimental data. Physical Review E, 48: 1529-1538.

Kathren R L. 1998. NORM sources and their origins. Applied Radiation and Isotopes, 49: 149-168.

Krishnaswami S, Seidemann D E. 1988. Comparative study of ^{222}Rn, ^{40}Ar, ^{39}Ar and ^{37}Ar leakage from rocks and minerals: implication for the role of nanopores in gas transport through natural silicates. Geochimica et Cosmochimica. Acta, 52: 655-658.

Krohn C E, Thompsion A H. 1986. Fractal sandstone pores: automated measurements using sanning-electron-microscope images. Physical Review, 33(9): 6366-6374.

Kumar R, Sengupta D, Prasad R. 2003. Natural radioactivity and radon exhalation studies of rock samples from Surda Copper deposits in Singhbhum shear zone. Radiation Measurements, 36: 551-553.

Landa E R. 1987. Radium-226 Contents and Rn emanation coefficients of particle-size fractions of alkaline, acid and mixed U mill tailings. Health Physics, 52(3): 303-310.

Landa E R. 1999. Geochemical and biogeochemical controls on element mobility in and around uranium mill tailings//Filipek L H, Plumlee G S. The Environmental Geochemistry of Mineral Deposits. Part B: Case Studies and Research Topics. vol 6B. Littleton: Society of Economic Geologists: 527-538.

Landa E R, Gray J R. 1995. US Geological Survey research on the environmental fate of uranium mining and milling wastes. Environmental Geology, 26: 19-31.

Langmuir D, Mahoney J, MacDonald A, et al. 1999. Predicting the arsenic source-term from buried uranium mill tailings//Tailings and mine waste '99. Rotterdam: Balkema: 503-514.

Lorenz N. 1991. Dimension of weather and climate attractors. Nature, 353: 241-244.

Lottermoser B G. 2010. Mine Wastes: Characterization, Treatment, Environmental Impacts. Third Edition. Berlin: Springer.

Lysenko V, Vitiello J, Remaki B, et al. 2004. Gas permeability of porous silicon nanostructures. Physical review E, 70: 017301.

Mandelbrot B B. 1982. Fractal Geometry of Nature. San Francisco: W H Freeman & Co.

Markkanen M, Arvela H. 1992. Radon emanation from soils. Radiation Protection. Dosimetry, 45 : 269-272.

Martin A J, Crusius J, McNee J J, et al. 2003. The mobility of radium-226 and trace metals in preoxidized subaqueous uranium mill tailings. Applied Geochemistry, 18: 1095-1110.

Morawska L, Phillips C R. 1993. Dependence of the radon emanation coefficient on radium distribution and internal structure of the material. Geochimica et Cosmochimica. Acta, 57: 1783-1797.

Mudd G M. 2008. Radon releases from Australian uranium mining and milling projects: assessing the UNSCEAR approach. Journal of Environmental Radioactivity, 99: 288-315.

National Research Council. 1997. Barrier Technologies for Environmental Management. Washington D C: National Academy Press.

National Research Council. 2007. Assessment of the Performance of Engineered Waste Containment Barriers. Washington D C: National Academy Press.

Nielson D L, Linpei C, Ward S H. 1991. Gamma-ray spectrometry and radon emanometry in environmental geophysics//Ward S H. Geotechnical and Environmental Geophysics. vol 1. Review and tutorial. Tulsa: Society of Exploration Geophysicists: 219-250.

OECD (Organization for Economic Cooperation and Development). 1999. Environmental activities in uranium mining and milling. Joint report by the OECD Nuclear Energy Agency and the International Atomic Energy Agency. Paris: OECD Publications.

OECD, IAEA. 2014. Uranium 2014: Resources, Production and Demand. Paris: OECD Publishing.

Ota M, Iida T, Yamazawa H, et al. 2007. Suppression of radon exhalation from soil by covering with clay-mixed soil. Journal of Nuclear Science and Technology, 44(5): 791-800.

Panda M N, Lake L W. 1994. Estimation of single phase permeability from parameters of particle size distribution. American Association of Petroleum Geologists Bulletin, 78: 1028-1039.

Papachristodoulou C, Ioannides K, Spathis S. 2007. The effect of moisture content on radon diffusion through soil: assessment in laboratory and field experiments. Health Physics, 92 (3): 257-264.

Perfect E. 1997. Fractal models for the fragmentation of rocks and soils: a review. Engineering Geology, 48: 185-198.

Pfeifer P, Wu Y J, Cole M W, et al. 1989. Multilayer adsorption on a fractally rough surface. Physical Review Letters, 62(17): 1997-2000.

Pichler T, Hendry M J, Hall G E M. 2001. The mineralogy of arsenic in uranium mine tailings at theRabbit Lake in-pit facility, northern Saskatchewan, Canada. Environmental Geology, 40: 495-506

Planinic J, Vukovic B, Radolic V. 2004. Radon time variations and deterministic chaos. Journal of Environmental Radioactivity, 5: 35-45.

Provenzale A, Smith L A, Vio R, et al. 1992. Distinguishing between low-dimensional dynamies and randomness in measured time series. Physica D, 58: 31-49.

Rogers V C, Nielson K K. 1991. Correlations for predicting air permeabilities and ^{222}Rn diffusion coefficients of soils. Health Physics, 61: 225-230.

Rosenstein M T, Collins J J, DeLuca C J. 1993. A practical method for calculating largest Lyapunov exponents from small data sets, Physica D, 65: 117-134.

Rowe R K, Quigley R M, Brachman R W I, et al. 2004. Barrier Systems for Waste Disposal Facilities. 2nd Edition. New York: Taylor & Francis.

Sahoo B K, Mayya Y S, Sapra B K, et al. 2010. Radon exhalation studies in an Indian uranium tailings pile. Radiation Measurements, 45: 237-241.

Sahouli B, Blacher S, Brouers F. 1996. Fractal surface analysis by using nitrogen adsorption data: the case of the capillary condensation regime. Langmuir, 12(11): 2872-2874.

Sakoda A, Hanamoto K, Ishimori Y, et al. 2010a. First model of the effect of grain size on radon emanation. Applied Radiation and Isotopes, 68: 1169-1172.

Sakoda A, Ishimori Y, Hanamoto K, et al. 2010b. Experimental and modeling studies of grain size and moisture content effects on radon emanation. Radiation Measurements, 45: 204-210.

Sasaki T, Gunji Y, Okuda T. 2004. Mathematical modeling of radon emanation. Journal of Nuclear Science and Technology, 41(2): 142-151.

Sasaki T, Gunji Y, Okuda T. 2004. Radon emanation dependence on grain configuration. Journal of Nuclear Science and Technology, 41: 993-1002.

Schreiber T, Schmitz A. 2000. Surrogate time series. Physica D: Nonlinear Phnomena, 54(1): 136-143.

Schreiber T, Schmitz A. 1997. On the discrimination power of measures for nonlinearity in a time series. Physical Review E, 55: 5443-5448.

Schumann R R, Gundersen L C S. 1996. Geologic and climatic controls on the radon emanation coefficient. Environment International, 22 (S1): 439-446.

Semkow T M. 1991. Fractal model of radon emanation from solids. Physical Review Letters, 66(23): 3012-3015.

Semkow T M, Parekh P P. 1990. The role of radium distribution and porosity in radon emanation from solids. Geophysical Research letters, 17: 837-840.

Sharma P V. 1997. Environmental and engineering geophysics. Cambridge: Cambridge University Press.

Somot S, Pagel M, Thiry J, et al. 2000. Speciation of ^{226}Ra, uranium and metals in uranium mill tailings//Tailings and mine waste '00. Rotterdam: Balkema: 343-352.

Strong K P, Levins D M, 1982. Effect of moisture content on radon emanation from uranium ore and tailings. Health Physics, 42: 27-32.

Sullivan T J, Ellis J S, Foster C S, etal. 1993. Atmospheric release advisory capability: real-time modeling of air-borne hazardous materials. Bulletin of the American Meteorological Society, 74(12): 23-43.

Sun H B, Furbish D J. 1995. Moisture content effect on radon emanation in porous media. Journal of Contaminant Hydrology, 18: 239-255.

Tan K X, Liu Z H, Xia L S, et al. 2012. The influence of fractal size distribution of covers on radon exhalation from uranium mill tailings. Radiation Measurements, 47(2): 163-167.

Theiler J, Eubank S, Longin A, et al. 1992. Testing for nonlinearity in time series: the method of surrogate data. Physica D, 58: 77-94.

Theiler J, Prichard D. 1996. Constrained-realization Monte-Carlo method for hypothesis testing. Physica D, 94: 221.

Thomas M, Semkow, Pravin P P. 1990. The role of radium distribution and porosity in radon emanation from solids. Geophysical Research Letters, 17(6): 837-840.

Thompsion A H, Katz A J. 1987. The microgeometry and transport properties of sedimentary rock. Advances in Physicals, 36(5): 625-694.

Tuccimei P, Moroni M, Norcia D. 2006. Simultaneous determination of ^{222}Rn and ^{220}Rn exhalation rates from building materials used in Central Italy with accumulation chambers and a continuous solid state alpha detector: influence of particle size, humidity and precursors concentration. Applied Radiation and Isotopes, 24: 261-262.

U. S. Nuclear Regulatory Commission(U. S. NRC). 2011. Assessment of the Design of the Crescent Junction Disposal Cell Radon Barrier. Washington D C.

U. S. Nuclear Regulatory Commission. 1980. Characterization of Uranium Tailings Cover Materials for Radon Flux Reduction. NUREG/CR-1081. Washington D C.

U. S. Nuclear Regulatory Commission. 1984. Radon Attenuation Handbook for Uranium Mill Tailings Cover Design. NUREG/CR-3533. Washington D C.

U. S. Nuclear Regulatory Commission. 1989. Regulatory Guide 3. 64, Calculation of Radon Flux Attenuation by Earthen Uranium Mill Tailings Covers. Washington D C.

U. S. Nuclear Regulatory Commission. 2003. Standard Review Plan for the Review of a Reclamation Plan for Mill Tailings Sites Under Title Ⅱ of the Uranium Mill Tailings Radiation Control Act of 1978 (NUREG-1620, Revision 1). Washington D C.

U. S. EPA(U. S. Environmental Protection Agency). 2014. 40CFR192: Health and Environmental Protection Standards for Uranium and Thorium Mill Tailings (7-1-14 Edition). Washington D C: U. S. Government Printing Office.

UNSCEAR(United Nations Scientific Committee on the Effects of Atomic Radiation). 2008. Sources and Effects of Ionizing Radiation, UNSCEAR 2008 Report to the General Assembly with Scientific Annexes. New York: United Nation.

UNSCEAR. 1993. Sources and Effects of Ionizing Radiation, UNSCEAR 1993 Report to the General Assembly with Scientific Annexes. New York: United Nation.

UNSCEAR. 2000. Sources and Effects of Ionizing Radiation, UNSCEAR 2000 Report to the General Assembly with Scientific Annexes. New York: United Nation.

Waugh W J, Smith G M, Bergman-Tabbert D, et al. 2001. Evolution of Cover Systems for the Uranium Mill Tailings Remedial Action Project, USA. Mine Water and the Environment, 20: 190-197.

Willett I R, Noller B N, Beech T A. 1994. Mobility of radium and heavy metals from uranium mine tailings in acid sulfate soils. Austral J Soil Res, 32: 335-355.

Wilson W F. 1994. A guide to naturally occurring radioactive material (NORM). Tulsa: Penn Well Publishing.

Xie Y S, Tan K X, Chen L, et al. 2012. Fractal analysis of spatial distribution of radon exhalation rates of uranium mill tailings. Advanced Materials Research, 524-527: 584-587.

Yu B M, Li J H. 2001. Some fractal characters of porous media. Fractal, 9: 365-372.

Yu B, Cheng P. 2002. A fractal model for permeability of bi-dispersed porous media. International Journal of Heat and Mass Transfer, 22(2): 201-221.

Zhuo W, Iida T, Furukawa M. 2006. Modeling radon flux density from the earth's surface. Journal of Nuclear Science and Technology, 43(4): 479-482.